Mechanik – smart gelöst

Peter Kersten

Mechanik – smart gelöst

Einstieg in die Physik mit Wolfram|Alpha, MATLAB und Excel

Peter Kersten
Hochschule Hamm-Lippstadt
Hamm, Deutschland

ISBN 978-3-662-53705-3 ISBN 978-3-662-53706-0 (eBook)
DOI 10.1007/978-3-662-53706-0

Die Deutsche Nationalbibliothek verzeichnet diese Publikation in der Deutschen Nationalbibliografie; detaillierte bibliografische Daten sind im Internet über http://dnb.d-nb.de abrufbar.

Springer Spektrum

Planung: Margit Maly

Gedruckt auf säurefreiem und chlorfrei gebleichtem Papier

Springer Spektrum ist Teil von Springer Nature
Die eingetragene Gesellschaft ist Springer-Verlag GmbH Deutschland
Die Anschrift der Gesellschaft ist: Heidelberger Platz 3, 14197 Berlin, Germany

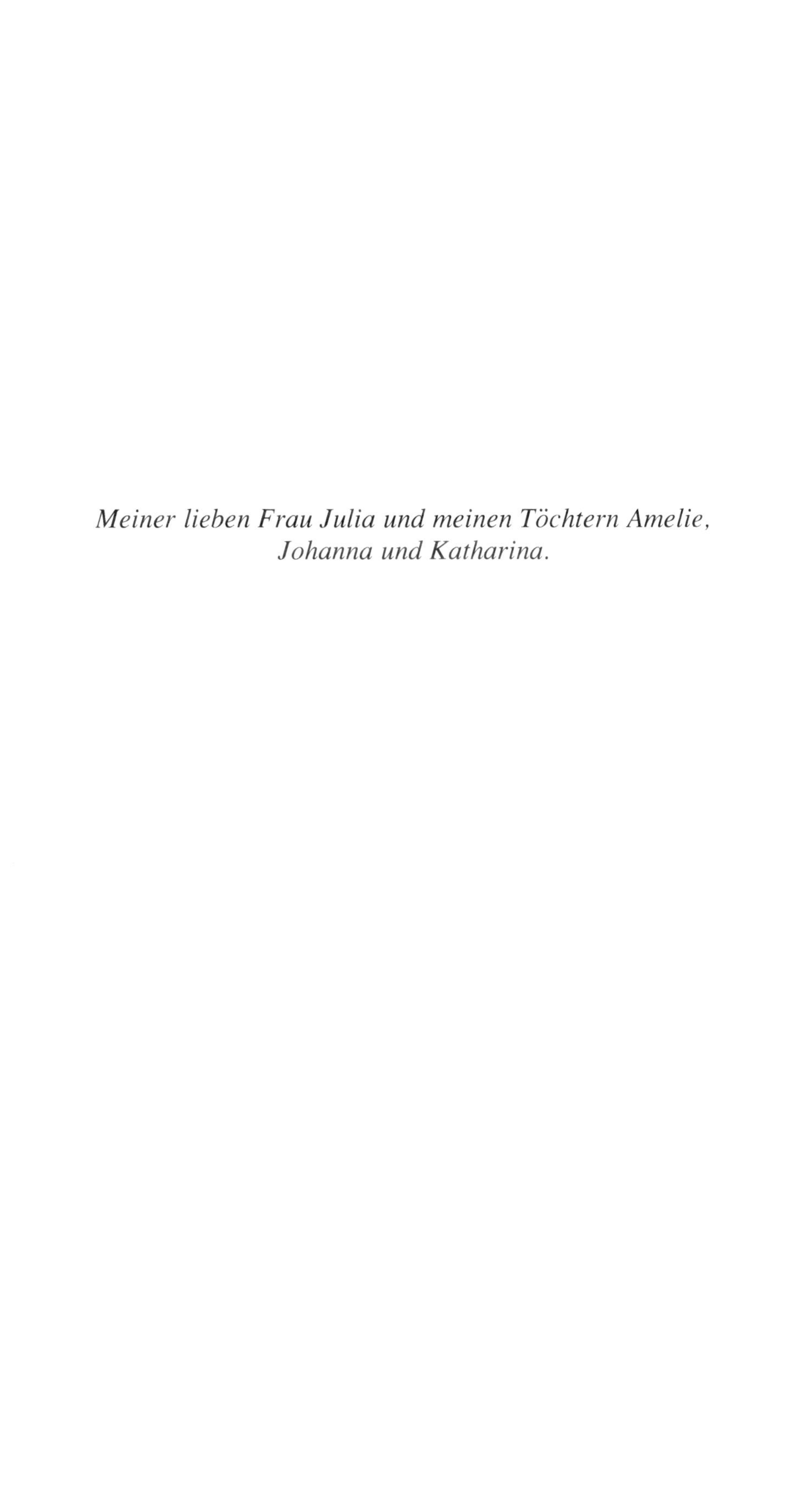

Meiner lieben Frau Julia und meinen Töchtern Amelie,
Johanna und Katharina.

Über den Autor

Peter A. Kersten, 1964 in Bochum geboren, hat Physik an der TU Dortmund studiert und an der TU Berlin im Fachbereich Elektrotechnik provomiert. Nach einem Auslandsaufenthalt an der Technischen Universität Dänemark war er in leitenden Funktionen in verschiedenen Industrieunternehmen tätig. Er ist Autor zahlreicher Patente und Publikationen im Bereich Mechatronik.

Seit 2009 ist er als Professor an der Hochschule Hamm-Lippstadt tätig und vertritt dort das Lehrgebiet Mechatronik. Er engagiert sich in der Lehrveranstaltung „Physik für Ingenieurinnen und Ingenieure“ in den verschiedenen MINT-Studiengängen der Hochschule. Neben einem hohen Praxisbezug sind ihm hierbei auch die Freude und das Interesse an physikalischen Fragestellungen wichtig. Diese Aspekte fördert er auch gerne in populärwissenschaftlichen Vorträgen und Veranstaltungen wie Kinder- und Jugendunis.

Über das Buch

Wer hat sich beim Lösen von Aufgaben in der Physik nicht schon einmal eine kleine Hilfestellung gewünscht? Einfach mal einen Funktionsverlauf visualisieren oder eine Gleichung lösen, ohne alles noch einmal mit Papier und Bleistift zu lösen oder das eigene Ergebnis zu überprüfen? Warum hierzu nicht das Smartphone nutzen, es ist weit verbreitet, schnell zur Hand und vor allem wird es immer leistungsfähiger. Software, die vor ein paar Jahren nur rechenstarken Desktoprechnern vorbehalten war, sind nun als Apps auf mobilen Endgeräten wie Smartphones oder Tablets verfügbar. Dadurch ist die Unterstützung immer dabei und schnell verfügbar. Ob in der Regionalbahn oder in der Pause zwischendurch, schnell können ein paar neue Sachen ausprobiert und grafisch veranschaulicht werden. Die ausgewählten Software-Tools können aber auch auf Desktop-Rechnern verwendet werden und besitzen einen Funktionsumfang, der die verschiedenen Aufgabenstellungen im gesamten Studienverlauf unterstützt. Die verwendeten Software-Tools werden auf typische Aufgaben der Physik angewendet und Schritt für Schritt erklärt. So macht die Einführung in die Welt der Physik Spaß und der erfolgreiche Einstieg in die MINT-Studiengänge ist optimal vorbereitet.

Vorwort

Als wichtiges Grundlagenfach hat die Physik einen festen Platz innerhalb der ersten Semester in den Studiengängen vieler Ingenieurwissenschaften und weiterer MINT-Disziplinen.

Hierbei steht eine ganze Menge Physik auf dem Programm, genauer gesagt in den Beschreibungen der Modulhandbücher. Hinzu kommt, dass neue mathematische Methoden angewendet werden, die teilweise erst später im Rahmen der Mathematikvorlesungen ausführlicher behandelt werden können. Sind die ersten Formeln erfolgreich gelöst, wartet schon die nächste Aufgabe: die Ergebnisse sollen im Rahmen von verschiedenen studentischen Arbeiten in schriftlichen Berichten oder mündlichen Präsentationen grafisch ansprechend aufbereitet werden. Hier ist jede Hilfestellung willkommen, um beispielsweise einen Funktionsverlauf schnell zu visualisieren oder das eigene Ergebnis noch einmal zu überprüfen.

An dieser Stelle möchte das Buch ansetzen und den Übergang von der Schule zur Hochschule im Sinne eines Brückenkurses unterstützen und in den ersten Semester begleiten. Durchgängig werden die Lösungen physikalischer Aufgaben dabei mit Hilfe leistungsstarker Software aus den Bereichen Tabellenkalkulation, Computeralgebra und technisch wissenschaftlichem Rechnen unterstützt. Hierzu wird das Tabellenkalkulationsprogramm Excel®, die Computeralgebra des Internetdienstes Wolfram|Alpha® sowie die Software MATLAB® eingesetzt, mit der man symbolisch und numerisch rechnen kann.

Bei der Auswahl der Software wurde darauf geachtet, dass diese sowohl auf Desktop-Rechnern als auch auf mobilen Endgeräten wie Tablets oder Smartphones verwendet werden kann. Ob in der Regionalbahn, der Bibliothek oder in der Cafeteria zwischen zwei Lehrveranstaltungen können so schnell ein paar Eingaben ausprobiert oder Zusammenhänge grafisch veranschaulicht werden. Ein weiteres Kriterium bei der Auswahl war der mögliche Einsatz im weiteren Studienverlauf und in der beruflichen Praxis.

Um das Buch möglichst kompakt zu halten, fokussiert sich der physikalische Inhalt auf die Bereiche der klassischen Mechanik mit den Teilgebieten Kinematik und Dynamik. Die softwaretechnische Umsetzung kann natürlich auch auf andere Disziplinen der Physik oder der Ingenieurwissenschaften übertragen werden.

Auch in diesem Buch werden die ersten Physikaufgaben so formuliert, dass diese mit vertretbarem Rechenaufwand und mit Papier und Bleistift gelöst werden können. Viele Zusammenhänge werden dabei vereinfacht, indem beispielsweise Reibung oder andere Umwelteinflüsse vernachlässigt werden. Der Einsatz von Software ermöglicht zum einen das schnelle Überprüfen der Ergebnisse, und zum anderen, weitere Effekte des realen Alltags bei den verschiedenen Aufgabenstellungen der klassischen Mechanik ohne großen Mehraufwand zu berücksichtigen. So wird die Berechnung des Energieverbrauchs zukünftiger Elektroautos, der Geschwindigkeitsfunktion eines fallenden Tennisballs mit Luftwiderstand oder der Schwingungsdauer eines Fadenpendels nicht nur für kleine, sondern für beliebige Auslenkungswinkel möglich.

Die Einarbeitung in die verwendete Software zahlt sich schnell aus und stellt eine gute Investition in die Zukunft dar. Technologische Megatrends wie das autonome Fahren oder das Thema Industrie 4.0 lassen erahnen, wie wichtig es sein wird, physikalische und technische Zusammenhänge nicht nur zu verstehen, sondern diese zukünftig auch mit Hilfe von Software praktisch anwenden zu können.

In diesem Sinne viel Spaß mit dem Buch!

Lippstadt
Sommer 2016

Peter Kersten

Danksagung

Frau Prof. Dr. Birka von Schmidt, Herrn Prof. Dr. Kai Gehrs, Herrn Prof. Dr. Oliver Sandfuchs und Herrn Prof. Dr. Christian Sturm von der Hochschule Hamm-Lippstadt danke ich für die kollegiale Unterstützung.

Birka von Schmidt gilt mein herzlicher Dank hierbei für die vielen Vorschläge zum mathematischen Teil des Buches und Kai Gehrs für seine wertvollen Hinweise zum Arbeiten mit MATLAB.

Oliver Sandfuchs danke ich für viele anregenden Diskussionen rund um die verschiedenen physikalischen Fragestellungen und Christian Sturm für viele wertvolle Ratschläge und das konkrete Anwenden des interdisziplinären Konzeptes in gemeinsamen Lehrveranstaltungen.

Frau Margit Maly danke ich für die Übernahme des Lektorates, die hervorragende Unterstützung während der Konzeptionierung und der Erstellung des Manuskriptes und die vielen motivierenden Gespräche zur Gestaltung des Buches.

Frau Stella Schmoll danke ich für die hervorragende Unterstützung bezüglich des Projektmanagements und allen organisatorischen Fragestellungen.

Bei The MathWorks, Inc. möchte ich mich für die Unterstützung im Rahmen des Autorenprogrammes bedanken, die Bereitstellung einer MATLAB Lizenz sowie die freundliche Genehmigung zur Verwendung des Bildmaterials.

Ebenso bedanke ich mich bei Wolfram Alpha LLC für die gute Unterstützung und die freundliche Genehmigung zur Verwendung des Bildmaterials und der Berechnungsergebnisse.

Auch bei Microsoft bedanke ich mich für die freundliche Genehmigung des verwendeten Bildmaterials.

Mein besonderer Dank geht an meine Familie, die mich zum Start des Buchprojektes ermutigt und in den verschiedenen Phasen proaktiv unterstützt hat.

Verwendete physikalische Größen

A	Fläche, Matrix
$\vec{a}$	Beschleunigung
$\vec{a}_n$	Normalbeschleunigung
$\vec{a}_t$	Tangentialbeschleunigung
$\vec{a}, \vec{b}, \vec{c}$	Vektoren
b	Reibungskoeffizient, Kreisbogen
c_p	Leistungsbeiwert
c_w	Luftwiderstandsbeiwert
D	Rotordurchmesser
d	Abstand, Schichtdicke
E	Energie
E_{ges}	Gesamte mechanische Energie
E_{kin}	Kinetische Energie
E_{kin}^{rot}	Kinetische Energie der Rotationsbewegung
E_{kin}^{trans}	Kinetische Energie der Translationsbewegung
E_{pot}	Potenzielle Energie
$\vec{e}$	Einheitsvektor
$\vec{F}$	Kraft
$\vec{F}_A$	Antriebskraft
$\vec{F}_G$	Gewichtskraft
$\vec{F}_{ges}$	Gesamtkraft
$\vec{F}_H$	Hangabtriebskraft
$\vec{F}_k$	Federkraft
$\vec{F}_N$	Normalkraft
f	Frequenz
$\vec{F}_R$	Reibungskraft
f_R	Reibungskoeffizient der Rollreibung
$\vec{F}_{RR}$	Reibungskraft der Rollreibung
$\vec{F}_W$	Luftwiderstand
$\vec{F}_{ZP}$	Zentripetalkraft
$\vec{g}$	Vektor der Erdbeschleunigung
g	Betrag der Erdbeschleunigung

h	Höhe
J	Trägheitsmoment
k	Federkonstante
$\mathbf{L}$	Dimension Länge
l	Länge
$\vec{M}$	Drehmoment
$\mathbf{M}$	Dimension Masse
m, M	Masse
n	Drehzahl
P	Leistung
$\vec{p}$	Impuls
R	Reichweite, Erdradius
$\vec{r}$	Ortsvektor
s	Wegstrecke
s_{B}	Bremsweg
$\mathbf{T}$	Dimension Zeit
T	Schwingungsdauer, Flugzeit, Fallzeit
t	Zeit
$\vec{v}$	Geschwindigkeit
W	Arbeit
W_{B}	Beschleunigungsarbeit
Y, G	Allgemeine physikalische Größen
α	Neigungswinkel, Winkelbeschleunigung, Exponent Dimensionsanalyse, Dämpfungskoeffizient, Faktor
$\vec{a}_{\mathrm{ZP}}$	Zentripetalbeschleunigung
β	Exponent Dimensionsanalyse
γ	Exponent Dimensionsanalyse
Δ	Differenz
φ	Drehwinkel
μ_{r}	Reibungskoeffizienten
$\vec{\omega}$	Winkelgeschwindigkeit
ω	Kreisfrequenz
ω_0	Eigenkreisfrequenz eines ungedämpften Schwingungssystems
ω_d	Eigenkreisfrequenz eines gedämpften Schwingungssystems
ρ	Dichte
ρ_{L}	Dichte der Luft
δ	Phasenwinkel
θ	Auslenkungswinkel des mathematischen Pendels, Winkel

Inhaltsverzeichnis

1 Einleitung

Physik und Smartphones, passt das zusammen? Telefonieren, Computerspiele, soziale Netzwerke, Musikhören, Internetsurfen und Fotografieren sind Begriffe, die wir unmittelbar mit Smartphones verbinden, aber seriöse Physikaufgaben lösen? Da würden wir doch schon eher den guten alten Taschenrechner aus der Schulzeit vermuten. Dieser ist auf jeden Fall noch hilfreich, gelangt aber dann schnell an seine Grenze.

Smartphones und Tablets werden immer leistungsfähiger und durch die große Verbreitung (der Endkundenabsatz von Smartphones betrug im Jahre 2014 1,2 Mrd. Stück) werden zunehmend auch Applikationen (kurz Apps) angeboten, die für technisch-wissenschaftliche Fragestellungen interessant sind.

Was die Leistungsfähigkeit moderner Smartphones angeht, so übersteigt diese schon längst die des Apollo Guidance Computers, welcher im Rahmen der Apollo 11 Mission im Flug zum Mond eingesetzt wurde. Die Software für diesen Computer musste sich noch mit einem Arbeitsspeicher von wenigen Kilobytes begnügen, der noch aus einem in Handarbeit mit Kupferdrähten aufgebauten Ringkernspeicher bestand. Moderne Smartphones verfügen hingegen über Arbeitsspeicher von einigen Gigabytes und teilweise bereits über Quad-Core-Prozessoren, die auch anspruchsvolle Rechenaufgaben in kurzer Zeit meistern.

Im Rahmen dieses Buches wird gezeigt, wie man Smartphones und Tablets mit den entsprechenden Software-Tools in der Physik einsetzten kann. Hierbei werden die Software-Tools so ausgewählt, dass diese bei komplexeren Aufgaben auch auf Desktop-Rechnern eingesetzt werden können.

Hierzu werden praxisnahe Beispiele aus den Physikdisziplinen Kinematik und Dynamik vorgestellt und konkret mit der jeweiligen Software Schritt für Schritt berechnet.

P. Kersten, *Mechanik – smart gelöst*, DOI 10.1007/978-3-662-53706-0_1

Tipp
Smartphones und Tablets sind weit verbreitet und werden immer leistungsfähiger. Mit der richtigen Software lassen sich diese mobilen Begleiter auch zum Lösen physikalischer Fragestellungen einsetzen. Ob in der Regionalbahn oder in der Pause zwischendurch, schnell können ein paar neue Sachen ausprobiert und grafisch veranschaulicht werden.

Wenn die Formel erst einmal eingegeben ist, können Eingangsgrößen in physikalischen Aufgabenstellungen schnell verändert werden und so deren Einfluss analysiert werden. Auch die Überprüfung der eigenen Lösung, die klassisch mit Papier und Bleistift entwickelt wurde, kann schnell überprüft werden. Auf dem Smartphone oder dem Tablet ist die Unterstützung immer in Reichweite und schnell verfügbar.

Gerade beim Übergang von der weiterführenden Schule zum Studium gibt es eine Reihe von Möglichkeiten, Smartphones und Tablets einzusetzen, um Themen aus der Physik zu wiederholen und zu trainieren. Hier setzt die Idee für dieses Buch an und soll im Sinne eines Brückenkurses den Übergang von der weiterführenden Schule bis zum Start des Studiums begleiten. Denn in vielen MINT-Studiengängen hat die Physik als Grundlagen- und Querschnittsdisziplin einen festen Platz in den Lehrplänen der ersten Semester.

Ein weiterer Aspekt ist es, so früh wie möglich in das Arbeiten mit Software einzusteigen. So wird der Einstieg in MINT-Studiengänge mit den Fachrichtungen Mathematik, Informatik, Naturwissenschaften und Technik ebenfalls gut vorbereitet, da im Verlauf dieser Studiengänge Software für viele weitere Aufgaben eingesetzt wird.

1.1 Was ist Physik?

Die Physik ist eine Fachdisziplin innerhalb der Naturwissenschaften und beschäftigt sich mit der unbelebten Natur. In der Physik stellt man Thesen auf, die die Zusammenhänge von physikalischen Größen beschreiben, und überprüft diese dann mit Hilfe von Experimenten. Werden die Thesen durch die Experimente verifiziert, kann man mit diesen Naturgesetzen Voraussagen über zukünftige Ereignisse formulieren. Betrachtet man beispielsweise die Planetenbewegung und formuliert daraus Gesetzmäßigkeiten wie beispielsweise die Keplerschen Gesetze, kann man zukünftige Ereignisse wie beispielsweise eine Mond- oder Sonnenfinsternis voraussagen.

Möchte man Eigenschaften von Systemen beschreiben, so eignen sich physikalische Modelle. In Abhängigkeit der jeweiligen Fragestellung wird ein reales System durch ein gleichwertiges Ersatzsystem abgebildet, das man dann mathematisch einfacher beschreiben kann.

Nehmen wir einmal an, dass wir für eine Machbarkeitsstudie eines zukünftigen Elektroautos berechnen wollen, wie viel Energie dieses Fahrzeug auf einer Wegstrecke

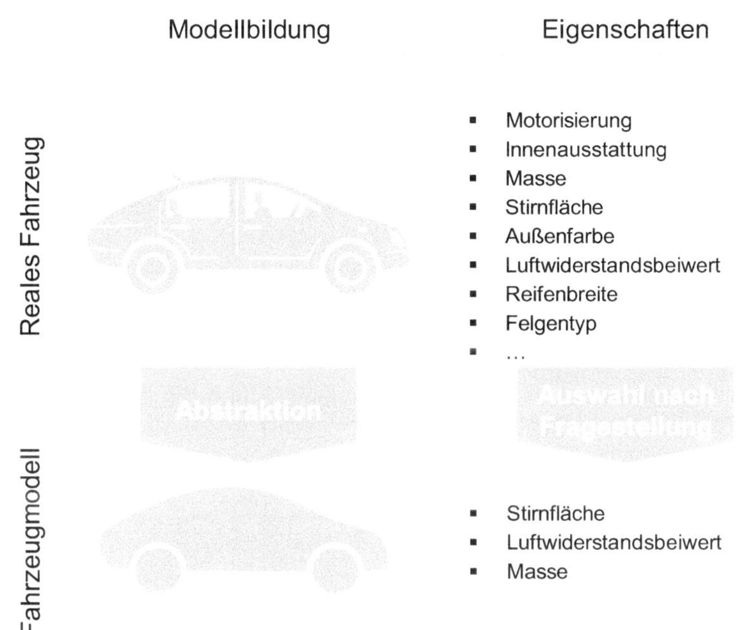

Abb. 1.1 Modellbildung am Beispiel eines Automobils mit der Zielsetzung, den Energieverbrauch zu berechnen

von 100 km verbrauchen wird. Eine interessante Fragestellung, da wir mit diesem Ergebnis auch berechnen können, wie viel Energie die Batterie speichern müsste, um eine bestimmte Reichweite zurücklegen zu können.

Zur Lösung dieser Fragestellung können wir ein Fahrzeugmodell entwickeln, das die Komplexität eines Autos auf die Eigenschaften reduziert, die den Energieverbrauch hauptsächlich bestimmen. In Abb. 1.1 wird der Prozess der Modellbildung anhand dieser Fragestellung schematisch beschrieben.

Die exemplarisch aufgelisteten Eigenschaften eines realen Fahrzeugs, wie beispielsweise die Motorisierung, die Innenausstattung, die Masse, die Stirnfläche oder die Außenfarbe werden darauf hin analysiert, welchen Einfluss diese auf den Energieverbrauch haben.

Das ist keine ganz einfache Aufgabe, besonders wenn man mit einem neuen Themenfeld startet. Denn während es vergleichsweise einfach ist, den Einfluss der Außenfarbe oder der Innenausstattung des Autos als eher gering einzuschätzen, wird es bei Bewertung der Reifenbreite schon etwas schwieriger. Hier erwarten wir einen gewissen Einfluss, entscheiden uns aber dafür, diesen doch als vergleichsweise gering einzuschätzen. Die Reifenbreite werden wir daher zunächst auch nicht berücksichtigen. Am Ende dieses Abstraktionsprozesses identifizieren wir die Stirnfläche, den Luftwiderstandsbeiwert und die Fahrzeugmasse als die Haupteinflussfaktoren, welche wir daher auch in unserem Fahrzeugmodell berücksichtigen wollen, mit dem wir in Kap. 7 den Energieverbrauch eines Elektroautos berechnen werden, längst bevor dieses gebaut ist.

Für jede Modellbildung ist daher die Frage entscheidend, welcher Effekt mit dem Modell jeweils untersucht werden soll. Während wir beispielsweise den Einfluss der Außenfarbe auf den Energieverbrauch durch Fahrwiderstände vernachlässigen konnten, würden wir diese in einem Modell zur Berechnung der Klimatisierung des Fahrzeuginnenraumes an einem Tagen mit hoher Sonneneinstrahlung sicherlich berücksichtigen.

Auch Technologien, deren Realisierung eher im Bereich Science Fiction einzuordnen sind, können wir mit Hilfe von – wenn auch stark vereinfachten – Modellen beschreiben und berechnen. Beispielsweise werden wir in Kap. 9 die Frage beantworten, wie schnell sich eine Raumstation um ihre Achse drehen muss, um eine künstliche Schwerkraft zu erzeugen, oder wie lange die Reise in einem Fahrstuhl durch einen Tunnel nahe des Erdmittelpunktes dauern würde, der zwei Kontinente miteinander verbindet.

1.2 Physik im Alltag

Um fundamentale Naturgesetze zu finden, werden physikalische Aufgabenstellungen häufig stark abstrahiert. Viele Zusammenhänge werden vereinfacht, indem beispielsweise Reibung oder andere Umwelteinflüsse vernachlässigt werden. Daher stellen sich die Anwendungsgebiete häufig sehr abstrakt und wenig praxisnah dar. Dennoch treffen wir auch im Alltagsleben immer wieder auf physikalische Fragestellungen. Beispielsweise können wir vor dem Radwechsel eines Autos in der Bedienungsanleitung eine Beschreibung lesen wie „Das Anzugsdrehmoment der Radschrauben bei Stahl- und Leichtmetallfelgen beträgt 120 N m (88 ft lbs)“. Oder wir erwarten Gäste und fragen uns, wo die Getränke schneller kühl werden, im Kühl- oder im Eisfach? Oder wir benötigen eine neue Brille und finden im Brillenpass neben der Abkürzung „Sph“ einen Zahlenwert, welche Bedeutung hat dieser Wert und was sagt er über die Brennweite aus?

> Vom Drehmoment beim Radwechsel, über das schnelle Kühlen von Getränken bis zur Dioptrienzahl beim Optiker: die Physik taucht auch im Alltag häufig auf.

1.3 Klassische Mechanik und der Fahrplan zum Buch

Die physikalischen Inhalte dieses Buches sind auf den Bereich der klassischen Mechanik mit den Teilgebieten Kinematik und Dynamik fokussiert, mit dem die meisten Lehrveranstaltungen der Physik typischerweise auch starten. Abb. 1.2 zeigt

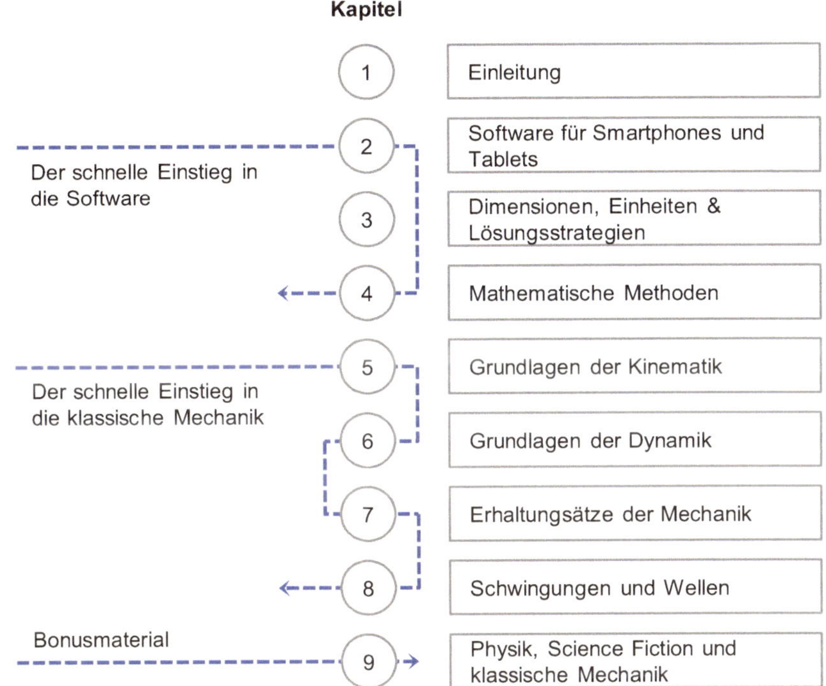

Abb. 1.2 Kapitelübersicht und Empfehlungen für den Quereinstieg in die Software oder in die klassische Mechanik

eine Übersicht über den Aufbau des Buches und gibt Empfehlungen für den schnellen Einstieg in die Software und in die klassische Mechanik.

Für den schnellen Einstieg in die Software empfehlen sich die Kap. 2 und 4 im ersten Teil des Buches, in denen die Anwendung der Software im Kontext der natur- und ingenieurswissenschaftlichen Fragestellungen beschrieben wird. Die Aufgaben und Beispiele können mit Schulkenntnissen gelöst werden. Der Schwerpunkt liegt hier nicht auf der Physik, sondern auf dem schnellen Einstieg und dem sicheren Umgang mit der Software.

Kap. 3 beschäftigt sich mit den Themen Dimensionen, Einheiten und generellen Lösungsstrategien für physikalische Aufgabenstellungen.

In den Kap. 5 bis 8 finden sich dann die physikalischen Inhalte der klassischen Mechanik mit den Teildisziplinen Kinematik und Dynamik.

In den Grundlagen der Kinematik in Kap. 5 wird zunächst die Bewegung von Masseteilchen beschrieben. In den Grundlagen der Dynamik in Kap. 6 wird dann ausgeführt, unter welchen Bedingungen diese Masseteilchen ihren Bewegungszustand verändern, beispielsweise wenn Gewichtskräfte oder Reibungskräfte wirken. Ein Schwerpunkt in Kap. 7 bilden die Erhaltungsgrößen, wie die Energie-, die Impuls- und die Drehimpulserhaltung, mit denen man viele Aufgaben elegant lösen kann. In Kap. 8 werden die Schwingungen und Wellen beschrieben und Systeme wie ein Fadenpendel oder ein Masse-Feder-System berechnet.

Alle Leser, die einen schnellen Start in die Physik bevorzugen, können daher mit den Kap. 5 bis 8 starten. Falls sich in diesem Zusammenhang Fragen zur Software ergeben, kann man diese zielgerichtet in Kap. 2 und 4 nachschlagen, beispielsweise wenn es um spezielle Eingaben oder Fragen der Syntax geht.

In Kap. 9 findet sich dann mit dem Titel Physik, Science Fiction und klassische Mechanik das Bonusmaterial des Buches, das in Ruhe gelesen werden kann, wenn das Pflichtprogramm erfolgreich abgeschlossen wurde.

Bezüglich weiterführender Literatur zu den Grundlagen der Physik wird gerne auf die Standardwerke Physik im Kontext der Ingenieurswissenschaften verwiesen [1–7]. Darüber hinaus sind auch sehr gute Vorlesungsskripte frei im Internet verfügbar, wie beispielsweise [8–10].

- In vielen MINT-Studiengängen hat die Physik als Grundlagen- und Querschnittsdisziplin einen festen Platz in den Lehrplänen der ersten Semester.
- Mit Hilfe von physikalischen Modellen können reale Systeme durch Ersatzsysteme abgebildet werden, die mathematisch einfacher beschrieben werden können.
- Viele Aufgabenstellungen, die dann mit Papier und Bleistift berechnet werden können, wirken dadurch teilweise aber auch sehr abstrakt.
- Hier können Software-Tools unterstützen, mit denen man nicht nur schnell die eigenen Rechnungen überprüfen, sondern mit denen man auch mühelos komplexere Berechnungen durchführen kann.
- So können Aufgaben schnell variiert und um zusätzliche Effekte wie beispielsweise Reibung und andere Umwelteinflüsse erweitert werden.

Literatur

1. Tipler PA, Mosca G, Wagner J et al (Hrsg) (2015) Physik: Für Wissenschaftler und Ingenieure, 7. Aufl. Springer Spektrum, Berlin
2. Halliday D, Resnick R, Walker J et al (Hrsg) (2013) Physik, Bachelor-Ed., 2., überarb. Aufl. Wiley-VCH, Weinheim
3. Hering E, Martin R, Stohrer M (2012) Physik für Ingenieure, 11., bearb. Aufl. Springer Lehrbuch/Springer, Heidelberg
4. Meschede D (2015) Gerthsen Physik, 25. Aufl. Springer-Lehrbuch/Springer Spektrum, Berlin
5. Dobrinski P, Krakau G, Vogel A (2013) Physik für Ingenieure. Vieweg + Teubner Verlag, Wiesbaden
6. Harten U (2014) Physik: Eine Einführung für Ingenieure und Naturwissenschaftler, 6. Aufl. Springer-Lehrbuch/Springer Vieweg, Berlin
7. Kommer C, Tugendhat T, Wahl N (2015) Tutorium Physik fürs Nebenfach: Übersetzt aus dem Unverständlichen, 1. Aufl. Springer Spektrum/Lehrbuch, Berlin

8. May-Britt Kallenrode Einführung in die Physik: Vorlesungsskript mit zahlreichen Aufgaben und Fragen. http://www.sotere.uni-osnabrueck.de/Lehre/skript/biophys-master.pdf. Zugegriffen am 12.03.2016
9. Othmar Marti Vorlesungsskript Physik 1 für Ingenieure. http://wwwex.physik.uni-ulm.de/lehre/physing1/phying1.pdf. Zugegriffen am 20.04.2016
10. Rudolf Gross, Achim Marx Physik 1: Mechanik, Akustik, Wärme. http://www.wmi.badw.de/teaching/Lecturenotes/Physik1/Gross_Physik_I_Kap_1.pdf. Zugegriffen am 03.03.2016

2 Software für Smartphones und Tablets

Inzwischen stehen einige leistungsfähige Rechentools für die Anwendung auf Smartphones und Tablets zur Verfügung. Einige der Anwendungssoftwares, die noch vor einiger Zeit leistungsfähigen Desktop-Rechnern vorbehalten waren, werden inzwischen als Apps für Smartphones und Tablets angeboten. Einige Programme können auch als Webanwendung genutzt und damit sowohl von Desktop-Rechnern als auch von mobilen Endgeräten aus bedient werden. Eine auf die Bildschirme der mobilen Begleiter optimierte Darstellung erleichtert hierbei die Handhabung.

Auf vielen Smartphones sind bereits kleine Apps zum Rechnen, wie beispielsweise Taschenrechner, vorinstalliert. Durch Drehen des Smartphones können diese häufig in eine wissenschaftliche Ansicht gebracht werden und zusätzliche mathematische Operationen wie trigonometrische Funktionen oder Potenzfunktionen werden verfügbar, oder die Eingabe in einer exponentiellen Schreibweise wird möglich. Sollen komplexere Berechnungen durchgeführt werden, so kommen diese Anwendungen schnell an ihre Grenzen und man startet die Suche nach leistungsfähigerer Software.

Neben den Anwendungen, die ausschließlich numerische Berechnungen ermöglichen, sind hierbei auch Applikationen attraktiv, mit denen symbolisch gerechnet werden kann. Hier können Variablen und Funktionen definiert werden, Gleichungssysteme gelöst und Funktionen abgeleitet oder integriert werden. Auch das Rechnen mit Vektoren und Matrizen ist möglich. Diese Programme fasst man unter der Gruppe der Computeralgebrasysteme (kurz CAS) zusammen. Gibt man „Computeralgebrasystem“ oder „CAS“ als Suchbegriff in den verschiedenen App-Stores ein, so findet man bereits eine Reihe vielversprechender, teilweise kostenfreier Anwendungen. Hier stellt man sich schnell die Frage, welche dieser Tools im Hinblick auf das gewählte Studium geeignet sind. Schließlich soll sich ja der nicht ganz unerhebliche Einarbeitungsaufwand auch lohnen.

P. Kersten, *Mechanik – smart gelöst*, DOI 10.1007/978-3-662-53706-0_2

Tipp
Tabellenkalkulationsprogramme, Computeralgebrasysteme und Programmiertools sind inzwischen als Apps auch für Smartphones und Tablets verfügbar. Einige Softwareprodukte für Desktop-Rechner werden von den Hochschulen als Campuslizenz kostenlos zur Verfügung gestellt. Viele Hochschulen informieren schon vor dem Studienstart darüber, welche Software verfügbar ist.

Im Rahmen dieses Buches wurden drei Anwendungen ausgewählt, welche die Bereiche Tabellenkalkulation, Computeralgebra und technisch-wissenschaftliches Rechnen repräsentieren.

Wichtige Kriterien bei der Auswahl der Apps war, dass diese für die verschiedenen Betriebssysteme der mobilen Endgeräte Android™, iOS™ und Windows Phone® verfügbar ist, die Software auch auf Desktop-Rechnern verwendet werden kann und ein Funktionsumfang, der die Aufgabenstellungen im gesamten Studienverlauf unterstützt.

2.1 Computeralgebra mit dem Internetdienst Wolfram|Alpha

Besteht eine Internetverbindung, stellt Wolfram|Alpha® eine sofort verfügbare Möglichkeit dar, komplexe Berechnungen symbolisch durchzuführen. Wolfram|Alpha® ist ein registrierter Handelsname der Wolfram Alpha LLC und stellt einen auf dem Computeralgebrasystem Mathematica® basierenden Internetdienst dar. Wolfram|Alpha versteht sich als *computational knowledge engine* [1], was man sinngemäß mit rechnender Wissensmaschine übersetzen könnte. Neben dem Auffinden von Informationen sind auch das numerische und symbolische Rechnen möglich. Die Ergebnisse können mit Hilfe von Grafiken visualisiert werden. In Tab. 2.1 sind einige Basisinformationen für diese Anwendung zusammengefasst.

Wolfram|Alpha ist im Internet unter http://www.wolframalpha.com/ frei verfügbar. Unter http://m.wolframalpha.com steht zusätzlich eine Wolfram|Alpha Webseite zur Verfügung, die für die Anwendung auf mobilen Endgeräten optimiert

Tab. 2.1 Basisinformationen zur Anwendung Wolfram|Alpha

Bezeichnung der App	Wolfram|Alpha
Anbieter	Wolfram Group
Art der Anwendung	Internetdienst zum Auffinden und Darstellen von Informationen*
Betriebssysteme	Android™, iOS™, Windows Phone®
Webzugang	http://www.wolframalpha.com http://m.wolframalpha.com**
Kosten	Der Webzugang ist kostenfrei, die App ist kostenpflichtig
Voraussetzungen	Internetzugang

[*auf Basis des Computeralgebrasystems Wolfram Mathematica, **für Anwendungen auf mobilen Endgeräten optimiert]

Abb. 2.1 Eingabefeld nach dem Starten von Wolfram|Alpha, ©Wolfram Alpha LLC (www.wolframalpha.com)

ist. Hier kann man zwischen der Ansicht `Mobile` und `Standard` wählen. Bei häufigem Einsatz auf dem Smartphone oder dem Tablet steht die Wolfram|Alpha App zur Verfügung. Nach Aufrufen des Dienstes kann sofort mit der Eingabe begonnen werden. Nach Eingabe von `Hello` in das in Abb. 2.1 gezeigte Eingabefeld und Bestätigung mit der `Return`-Taste, wird man im Antwortfenster ebenfalls mit einem freundlichen `Hello, human` begrüßt.

Im Folgenden werden die Eingaben mit der Überschrift `Wolfram|Alpha (...)` und einer kapitelweise fortlaufenden Nummerierung in Klammern versehen. Die Eingaben befinden sich zwischen dem Pfeilsymbol › und dem Symbol `<RETURN>` für das Bestätigen der Eingabetaste. Die Eingabe wird mit der Eingabetaste abgeschlossen, bzw. bei Verwendung der Wolfram|Alpha App durch Tippen auf die mit `Go` bezeichnete Taste.

```
Wolfram|Alpha (1)
› Hello <RETURN>
Response: Hello, human.
```

Die Eingabe sollte in englischer Sprache erfolgen, auch wenn Wolfram|Alpha bereits einige Begriffe in deutscher Sprache akzeptiert. Auch komplexere Eingaben werden so schnell beantwortet.

Ist man beispielsweise auf der Suche nach den Primzahlen im Bereich von 50 bis 100, so erfährt man, dass es in diesem Bereich 10 Primzahlen gibt, die auch aufgeführt werden.

```
Wolfram|Alpha (2)
› primes between 50 and 100 <RETURN>
Values: 53 | 59 | 61 | 67 | 71 | 73 | 79 | 83 | 89 | 97 (10 primes)
```

Die besondere Innovation des im Jahre 2009 gestarteten Internetservice Wolfram|Alpha besteht in der freien sprachlichen Eingabe, die keinen festen Befehlssatz erforderlich macht. Zur Lösung einer Aufgabenstellung können unterschiedliche Eingaben gemacht werden. Will man beispielsweise den Arkuskosinus von 0,75 berechnen, können hierzu die Eingaben `acos(0.75)`, `cos^(-1)(0.75)`, `arc cosine(0.75)` oder `arccos(0.75)` gemacht werden, die Eingabe kann also intuitiv erfolgen. Wolfram|Alpha gibt an, wie die Eingabe interpretiert wurde und macht gegebenenfalls alternative Vorschläge.

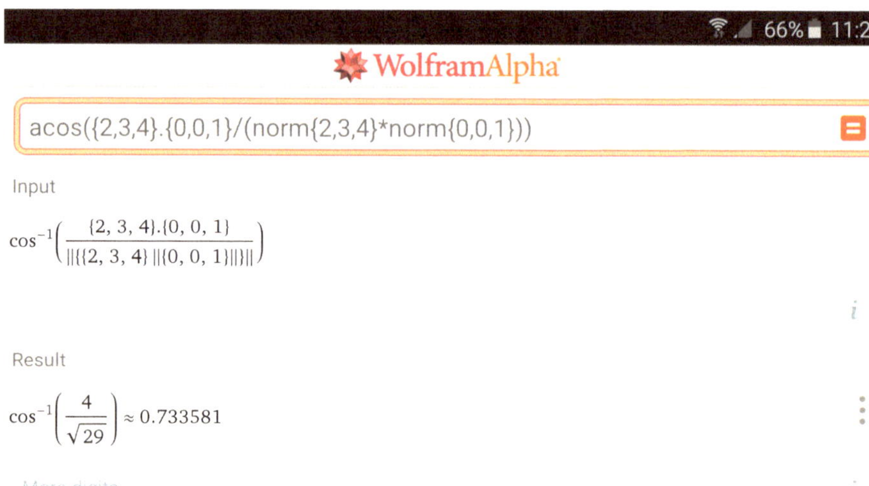

Abb. 2.2 Berechnung des Winkels zwischen dem Vektor (2,3,4) und der z-Achse mit Hilfe des Skalarproduktes und der Wolfram|Alpha App, ©Wolfram Alpha LLC (www.wolframalpha.com)

Eine typische Aufgabe, bei der man den Arkuskosinus einsetzen kann, ist die Berechnung eines Winkels zwischen zwei Vektoren mit Hilfe des Skalarproduktes.

$$\sphericalangle\left(\vec{a},\vec{b}\right) = \arccos\left(\frac{\vec{a}\cdot\vec{b}}{\left|\vec{a}\right|\cdot\left|\vec{b}\right|}\right)$$

Beispielsweise können wir so den Winkel zwischen dem Vektor (2,3,4) und der z-Achse (0,0,1) bestimmen. Die Eingabe dieser Aufgabe wird in Abb. 2.2 gezeigt, in diesem Fall wurde die Wolfram|Alpha App auf dem Smartphone eingesetzt.

Das Feld `Input` weist aus, wie Wolfram|Alpha die Eingabe interpretiert und im Feld `Result` wird das Ergebnis dargestellt. Der Winkel wird hierbei in Bogenmaß ausgegeben, das wir in Kap. 3 noch detaillierter kennenlernen. Das Skalarprodukt wird in Kap. 4 beschreiben.

Da Wolfram|Alpha auf der Software Mathematica basiert, kann man sich zur Einarbeitung gut an den Befehlssätzen des Computeralgebrasystems Mathematica orientieren, die sehr gut dokumentiert sind (siehe http://reference.wolfram.com/language/). Um die ersten Eingaben auszuprobieren listet Tab. 2.2 einige Beispiele für die ersten Aufgaben in Wolfram|Alpha auf.

Ist eine Internetverbindung verfügbar, stellt Wolfram|Alpha den Taschenrechner der heutigen Zeit dar [2] und stellt eine gute Möglichkeit dar, durch das Nutzen von Computersoftware auch das Interesse zum Lösen von Mathematikaufgaben zu wecken [3].

Tab. 2.2 Beispiele und Syntax zur Eingaben der ersten Aufgaben in Wolfram|Alpha

Aufgabe	Eingabe/Syntax/Beispiel
Grundrechenarten ausführen	`3 + 5, 5 - 2, 1/2, 2*7`
Potenzieren	`2^8`
Quadratwurzel ziehen	`sqrt(9)`
Funktion plotten	`plot x^2`
Funktion plotten, definierter x-Bereich	`plot[x^2,{x,0,10}]`
Funktion plotten, definierter x- und y-Bereich	`plot[x^2,{x,0,10},{y,0,120}]`
Mehrere Funktionen in einem Diagramm plotten	`plot[x^2,2*x + 3,x^3,{x,0,10}]`
Funktionsplot mit logarithmischer y-Achse	`log plot[x^2,2*x + 3,x^3,{x,0,10}]`
Wertepaare plotten	`plot{1,1},{2,4},{3,9},{4,16}`
Wertetabelle erstellen	`table[x^2,{x,0,10,1}]`
Wertetabelle plotten	`plot table[x^2,{x,0,10,1}]`
Gleichung nach einer Variablen auflösen	`F = m*a, solve a`
Trigonometrische Berechnungen durchführen*	`sin(pi/4), cos(pi/4), ..., sin (45 degrees), sind(45), ...`
Zeilenvektor eingeben	`{1,0,0}`
Spaltenvektor eingeben	`{{1},{0},{0}}`
Vektoren addieren	`{1,1,0} + {1,0,0}`
Kreuzprodukt bilden	`{2,0,0}x{0,5,0}`
Skalarprodukt bilden	`{1,2,4}.{3,4,1}`

[*standardmäßig wird die Eingabe von Winkeln als Bogenmaß interpretiert. Sollen Winkel in Grad eingegeben werden, muss der Zusatz `degrees` folgen. Alternativ kann die Eingabe von Winkeln in Grad mit sind(), cosd(), usw. erfolgen.]

Tipp

- Als webbasierte Anwendungen steht Wolfram|Alpha ohne Installationsaufwand auf Desktop-Rechner und mobilen Endgeräten unmittelbar zur Verfügung, sobald eine Internetverbindung vorhanden ist.
- Beim Arbeiten mit Wolfram|Alpha immer einen Punkt anstelle des Kommas als Dezimaltrennzeichen verwenden.
- Im Gegensatz zu vielen Programmiersprachen gibt es bei Wolfram|Alpha nicht nur einen verbindlichen Eingabebefehl, sondern verschiedene Möglichkeiten der Syntax.
- Die Eingabe kann daher intuitiv erfolgen und man kann unmittelbar starten. Das Einarbeiten kann nach dem Prinzip Versuch und Irrtum (engl. *trial and error*) erfolgen.
- Zur Einarbeitung kann sich sehr gut an den zahlreichen Beispielen und an den Befehlssätzen des Computeralgebrasystems Mathematica orientieren.

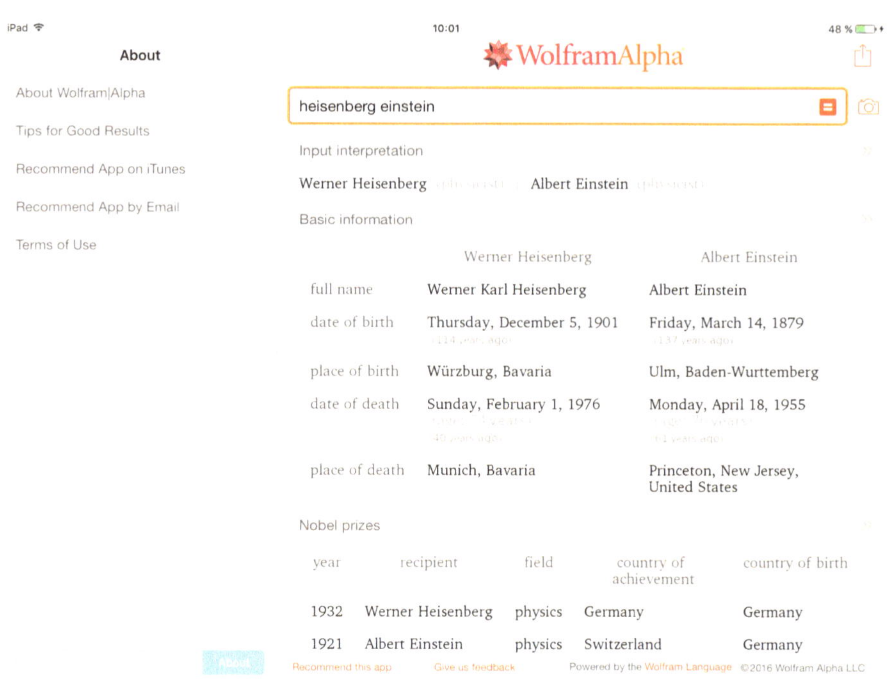

Abb. 2.3 Vergleich der Lebensläufe der großen Physiker Werner Heisenberg und Albert Einstein auf dem Tablet, ©Wolfram Alpha LLC (www.wolframalpha.com)

Über den Einsatz in der Mathematik und Physik hinaus ergeben sich durch den Charakter einer Suchmaschine auch Möglichkeiten, Daten abzurufen und zu analysieren. Durch die Eingabe von `Heisenberg Einstein` können beispielsweise die Lebensläufe der beiden großen Physiker gegenübergestellt werden. Wie in Abb. 2.3 gezeigt, wurde hierzu die Wolfram|Alpha App auf einem Tablet verwendet.

Oder man vergleicht nach Eingabe `citizens chicago orlando` die Bevölkerungszahl der Städte Chicago und Orlando, die dann grafisch im Verlauf der Jahre 2009 bis 2012 dargestellt wird.

2.2 Symbolisches und numerisches Rechnen mit MATLAB

MATLAB® ist eine kommerzielle Software, mit der man schwerpunktmäßig numerische Aufgabenstellungen lösen kann und die in Forschung und Wissenschaft weit verbreitet ist. MATLAB® ist ein registrierter Handelsname der The MathWorks, Inc. (kurz MathWorks). MATLAB ist auch als kostengünstigere Studentenlizenz verfügbar und wird den Studierenden von den Hochschulen häufig über eine Campuslizenz kostenlos zur Verfügung gestellt. MATLAB Mobile™ ist

Tab. 2.3 Basisinformationen zur Anwendung MATLAB Mobile

Bezeichnung der App	MATLAB Mobile
Anbieter	The MathWorks, Inc.
Art der Anwendung	Technische Berechnungen und Programmieren
Betriebssysteme	Android™, iOS™, Windows Phone®
Webzugang	https://matlab.mathworks.com/
Kosten	Kostenfreie App
Voraussetzungen	MATLAB Lizenz, MathWorks Account und Internetzugang*

[*alternativ kann eine Verbindung zum Desktop-Rechner verwendet werden]

Abb. 2.4 Startbildschirm der MATLAB® Mobile™ App auf dem Smartphone, Nachdruck mit freundlicher Genehmigung durch The MathWorks, Inc.

als kostenlose App verfügbar, setzt aber eine MATLAB-Lizenz voraus. Die Eigenschaften von MATLAB Mobile sind in Tab. 2.3 dargestellt.

Der Name MATLAB steht für Matrix Laboratory und deutet schon an, dass der Schwerpunkt dieses Programms ursprünglich in der numerischen linearen Algebra lag. MATLAB basiert auf Matrizen, selbst Zahlen werden als 1×1 Matrix repräsentiert.

Nach dem Aufrufen der MATLAB Mobile App erscheint der in Abb. 2.4 gezeigte Startbildschirm. Danach werden zwei Optionen angezeigt, die Anwendung auf dem Smartphone auszuführen. Eine Möglichkeit besteht darin, durch Anwahl der Option `Connect to MathWorks Cloud`, die Anwendung in der Cloud durchzuführen. Eine alternative Möglichkeit ist es, durch Wahl der Option `Connect to Your Computer`, das Programm auf dem PC ablaufen zu lassen.

Nach dem Log-in erscheint der Startbildschirm mit dem als Command Window bezeichneten Eingabefenster. In diesem Eingabefenster befindet sich auch der sogenannte MATLAB-Doppelprompt >> und die Eingabe kann beginnen. Im Folgenden werden die Eingaben mit der Überschrift `MATLAB Command Window (...)` und einer kapitelweise fortlaufenden Nummerierung in Klammern versehen. Die Eingabebefehle befinden sich zwischen dem Pfeilsymbol > und dem `<RETURN>` Symbol, das für das Betätigen durch die Eingabetaste steht.

Bei MATLAB ist die exakte Eingabe der Befehle erforderlich. Eine ausführliche Dokumentation der Befehle steht unter http://de.mathworks.com/help/ zur Verfügung. Um die ersten Eingaben mit MATLAB auszuprobieren, sind in Tab. 2.4 einige Basisbefehle aufgeführt.

Bestimmte Funktionen, wie beispielsweise das symbolische Rechnen, sind nur möglich, wenn die entsprechenden Toolboxen vorhanden sind. Durch Eingabe des

Tab. 2.4 Beispiele für einige erste Eingabebefehle im MATLAB Command Window

Aufgabe	Eingabebefehl/Syntax/Beispiel
Grundrechenarten ausführen	`3 + 5, 5 - 2, 1/2, 2*7`
Potenzieren	`2^8`
Quadratwurzel ziehen	`sqrt(9)`
Funktion plotten	`fplot(@(x) x^2,[0,10])`
Funktion plotten, definierter x- und y-Bereich	`x = 0:0.1:20; y = x.^2; plot(x,y); axis ([0 10 0 120])`
Mehrere Funktionen in einem Diagramm plotten	`x = 0:0.1:10; y1 = x.^2;` `y2 = 2.*x + 3; y3 = x.^3;` `plot(x,y1,x,y2,x,y3)`
Funktionsplot mit logarithmischer y-Achse	`x = 0:0.1:10; y = x.^2; semilogy(x,y)`
Funktionsplot mit logarithmischer x- und y-Achse	`x = 0:0.1:10; y = x.^2; loglog(x,y)`
Wertepaare plotten	`x = [1 2 3 4]; y = [1 4 9 16]; plot(x,y)`
Wertetabelle erstellen	`x = 0:1:10; f = x.^2; table(x',f')`
Gleichung nach einer Variablen auflösen	`syms F m a; solve(F == m*a,a)`
Trigonometrische Berechnungen durchführen*	`sin(pi/4), cos(pi/4), ...` `sind(45), cosd(45), ...`
Zeilenvektor eingeben	`[1 0 0]`
Spaltenvektor eingeben	`[1;0;0]`
Vektoren addieren	`[1 1 0] + [1 0 0]`
Kreuzprodukt bilden	`cross([2;0;0],[0;5;0])`
Skalarprodukt bilden	`dot([1;2;4],[3;4;1])`
Differenzieren**	`syms x; diff(x^2,x)`
Bestimmtes Integral berechnen**	`syms x; int(x^2,x,[0,10])`
Unbestimmtes Integral berechnen	`syms x; int(x^2,x)`

[*standardmäßig wird rad als Einheit für eine Winkelangabe erwartet, die Eingabe von Winkeln in Grad kann mit sind(), cosd(), ... erfolgen, **setzt die Symbolic Math Toolbox™ voraus]

Abb. 2.5 Berechnung eines Drehmoments mit der MATLAB® Mobile™ App auf dem Smartphone, Nachdruck mit freundlicher Genehmigung durch The MathWorks, Inc.

Befehls `ver` kann die installierte MATLAB Version ermittelt werden. Auch alle anderen installierten Produkte wie Simulink® oder die installierten Toolboxen können so aufgelistet werden.

Wir starten sofort mit Physik und berechnen mit der MATLAB Mobile App auf dem Smartphone das Drehmoment $\vec{M}$, das von einer Kraft $\vec{F} = 25$ N verursacht wird, die auf den Hebelarm der Länge $\vec{r} = 0,5$ m wirkt. Die physikalische Größe Drehmoment $\vec{M}$, die in Kap. 7 noch detaillierter beschrieben wird, kann man mit Hilfe des Kreuzproduktes berechnet werden.

$$\vec{M} = \vec{r} \times \vec{F}$$

Wie in Abb. 2.5 gezeigt, sind dazu nur wenige Eingaben erforderlich. Zunächst erfolgt die Definition der beiden Vektoren `F` und `r` als Spaltenvektoren mit den Eingaben `F=[0;-25;0]` und `r=[0.5;0;0]`. Wird eine Zeile wie in diesem Fall mit einem Semikolon abgeschlossen, so wird die Ausgabe unterdrückt. Dann erfolgt die Berechnung des Kreuzproduktes (engl. *cross product*) mit Hilfe des Befehls `M=cross(r,F)`.

Sollen physikalische Aufgaben gelöst werden, so kann man mit der Eingabe der bekannten Größen starten. Beispielsweise können wir der Variablen g den Wert für die Erdbeschleunigung $g = 9,81$ m s^{-2} zuweisen. In den weiteren Berechnungen können wir dann einfach mit der Variablen rechnen und müssen nicht bei jeder Rechnung den Wert für g erneut eingeben.

```
MATLAB Command Window (1)
> g = 9.81% Erdbeschleunigung in m/s^2 <RETURN>
g =
   9.8100
```

Bei dem Text hinter dem Prozentzeichen handelt es sich um einen Kommentar, der vom MATLAB-Interpreter ignoriert wird. Die so gekennzeichneten Kommentare müssen daher auch nicht eingegeben werden, sie dienen im Folgenden ausschließlich zur Kommentierung des Eingabetextes.

Tipp

- MATLAB kann als Software auf dem Desktop-Rechner und als MATLAB Mobile™ App auf mobilen Endgeräten installiert werden.
- MATLAB ist auch als webbasierte Anwendung unter https://matlab.mathworks.com/ online verfügbar, sobald eine Internetverbindung vorhanden ist.
- Beim Arbeiten mit MATLAB immer einen Punkt anstelle des Kommas als Dezimaltrennzeichen verwenden.
- Bei der Eingabe muss auf eine präzise Eingabe der vorgesehenen Syntax geachtet werden.
- Eine ausführliche Dokumentation der Eingabebefehle steht im Internet unter http://de.mathworks.com/help/matlab/ zur Verfügung.
- Mit dem Befehl `help` können Informationen zu Eingaben und Funktionen abgerufen werden.
- Wer noch über keine MATLAB Lizenz verfügt, kann auch mit der freien Software Octave starten. Octave ist befehlskompatibel zu MATLAB, allerdings stehen einige Kommandos aus den Toolboxen nicht zur Verfügung.

Um zu überprüfen, welche Variablen bereits definiert wurden, kann der Befehl `whos` eingegeben werden.

```
MATLAB Command Window (2)
> whos % zeigt die bereits definierten Variablen an <RETURN>
  Name      Size      Bytes     Class     Attributes
  g         1x1       8         double
```

Man erkennt, dass bislang eine Variable g mit der Größe 1×1 definiert wurde und diese vom Typ double ist mit einem Speicherplatz von 8 Bytes. Wir können aber auch unmittelbar mit einer Berechnung starten. Nehmen wir beispielsweise an, wir wollen die Fläche eines Kreises mit dem Radius $r = 0,1$ m berechnen. Hierzu können wir mit der vordefinierten Konstanten `pi` rechnen.

```
MATLAB Command Window (3)
> pi*0.1^2% pi ist eine vordefinierte Konstante <RETURN>
ans =
    0.0314
```

Wenn keine andere Variable spezifiziert wird, generiert MATLAB die Variable ans, welcher in diesem Fall der Wert 0,0314 zugewiesen wird. Mit der Variable ans könnten wir prinzipiell weiterrechnen, beispielsweise wenn wir wissen wollen, wie groß 25 % des berechneten Flächeninhaltes sind.

```
MATLAB Command Window (4)
> ans*25/100% so besser nicht, schlechter Stil ;-) <RETURN>
ans =
    0.0079
```

Da wir bei komplexeren Berechnungen so möglicherweise den Überblick verlieren würden, welcher Wert der Variablen ans zugewiesen ist, gilt dieses Vorgehen unter MATLAB-Anwendern eher als schlechter Stil. Das wollen wir natürlich nicht riskieren und werden daher im Folgenden darauf verzichten. Wir führen die Berechnung daher erneut durch und weisen das Ergebnis der Variablen A zu.

```
MATLAB Command Window (5)
> A = pi*0.1^2 <RETURN>
A =
   0.0314
```

Mit der Variablen A können wir und weiterrechnen und 25 % des Flächeninhaltes berechnen.

```
MATLAB Command Window (6)
> A*25/100 <RETURN>
ans =
    0.0079
```

Aber auch symbolisches Rechnen ist möglich. Beispielsweise können wir folgende Funktion definieren, mit der wir dann nachfolgend symbolisch rechnen können.

$$f(x) = x^2 + 2 \cdot x + 3$$

Hierzu wird der Befehl syms ausgeführt, gefolgt von den Variablen, mit denen symbolisch gerechnet werden soll. Voraussetzung für die Durchführung von symbolischen Berechnungen ist die Symbolic Math Toolbox.

```
MATLAB Command Window (7)
> syms x % Symbolic Math Toolbox erforderlich <RETURN>
> f(x) = x^2 + 2*x + 3 <RETURN>
f(x) =
x^2 + 2*x + 3
```

Mit dieser Funktion können wir anschließend weiter symbolisch rechnen, wie beispielsweise die Funktion ableiten oder integrieren. Starten wir mit dem Befehl `diff(f,x)`, um die zuvor definierte Funktion `f(x)` abzuleiten.

```
MATLAB Command Window (8)
> syms x % Symbolic Math Toolbox erforderlich <RETURN>
> f(x) = x^2 + 2*x + 3; <RETURN>
> diff(f,x) % leitet die Funktion f(x) nach x ab <RETURN>
ans(x) =
2*x + 2
```

Oder wir berechnen das unbestimmte Integral der im MATLAB Command Window (8) definierten Funktion mit dem Befehl `int(f,x)`.

```
MATLAB Command Window (9)
> int(f,x) % berechnet das unbestimmte Integral <RETURN>
ans(x) =
x*(x^2 + 3*x + 9))/3
```

Selbstverständlich können wir auch das bestimmte Integral durch Einsetzen der Grenzen berechnen. In diesem Fall soll das Integral der bereits zuvor definierten Funktion `f(x)` in den Grenzen von $x = 0$ bis 10 berechnet werden.

```
MATLAB Command Window (10)
> F = int(f,x,0,10) % berechnet das bestimmte Integral <RETURN>
F =
1390/3
```

Wenn wir statt des Wertes 1390/3 den Dezimalbruch wünschen, können wir die Antwort weiterbearbeiten und mit dem Befehl `double(F)` der Variablen `F` den Datentyp `double` zuweisen.

```
MATLAB Command Window (11)
> double(F) % weist der Variablen F den Datentyp double zu <RETURN>
ans =
 463.3333
```

Ist die Symbolic Math Toolbox verfügbar, können wir alternativ auch den Befehl `vpa` (von engl. *variable-precision arithmetic*) verwenden. Mit diesem Befehl können Zahlenwerte im Gleitkommaformat mit definierbarer Stellenanzahl dargestellt werden. Ein großer Vorteil bei der Verwendung des `vpa`-Befehls besteht darin, dass dieser auch auf symbolische Ausdrücke angewendet werden kann. Durch die Eingabe von `vpa(F,4)` können wir erreichen, dass die Variable `F` mit vier signifikanten Stellen ausgegeben wird.

```
MATLAB Command Window (12)
> vpa(F,4)% Ausgabe von F mit vier signifikanten Stellen <RETURN>
ans =
463.3
```

Werden Funktionen häufiger benötigt, so können diese in MATLAB Programmdateien (sogenannten M-Files) gespeichert werden. Diese Funktion steht dann nach Aufrufen des Dateinamens zur Verfügung. Soll kein eigenes M-File geschrieben werden, können die sogenannten anonymen Funktionen verwendet werden.

Tipp
Funktionen in MATLAB werden standardmäßig in sogenannte M-Files geschrieben und dann im Hauptprogramm ausgeführt. Eine Alternative besteht in der Verwendung sogenannter anonymer Funktionen, die ohne M-File definieren werden können, und die jederzeit im Command Window aufgerufen werden können.

Eine anonyme Funktion wird also nicht in einem Programmfile gespeichert, sondern wird mit einer Variablen verbunden, die den Datentyp `function handle` aufweist. In diesem Fall haben wir dieser Variablen den Namen `f` gegeben. Beim Aufruf der Funktion `f` können in Klammern Zahlenwerte übergeben werden. Durch Aufrufen von `f(2.45)` können wir so schnell den Funktionswert an der Stelle $x = 2,45$ berechnen.

```
MATLAB Command Window (13)
> f = @(x) x.^2 + 2.*x + 3 % Definition der anonymen Funktion f <RETURN>
f =
   @(x)x.^2+2.*x+3
> f(2.45) % Berechnet f für den x-Wert 2,45 <RETURN>
ans =
   13.9025
```

Mit dem Befehl `clear` können alle zuvor definierten Variablen wieder gelöscht werden. Soll nur eine einzelne Variable gelöscht werden, so wird diese nach dem Befehl `clear` angegeben, beispielsweise `clear a`. Mit einem Blick auf den

Workspace können wir diese Eingabe überprüfen. Den gesamten Inhalt des Command Windows können wir mit dem Befehl `clc` löschen.

Mit dem Befehl `help` können Informationen zu Eingaben und Funktionen direkt im Command Window abgerufen werden. Wollen wir beispielsweise wissen, wie wir das Skalarprodukt (engl. *dot product*) anwenden können, wird folgende Eingabe gemacht.

```
MATLAB Command Window (14)
› help dot <RETURN>
dot – Dot product
    This MATLAB function returns the scalar dot product of A and B.
    C = dot(A,B)
    C = dot(A,B,dim)
    Reference page for dot
    See also conj, cross, sum
```

Zusätzlich steht eine Online-Hilfe unter http://de.mathworks.com/help/ mit vielen Beispielen zur Anwendung der Syntax zur Verfügung.

Bei Verwenden von MATLAB Mobile können die Eingaben in der Cloud gespeichert werden und stehen bei dem nächsten Aufrufen des Programms wieder zur Verfügung. Durch Aufrufen der Internetseite https://matlab.mathworks.com/ kann man wieder auf diese Daten zugreifen und die Arbeit beispielsweise auf dem Desktop-Rechner oder dem Tablet fortsetzen.

Auch hier wollen wir mit einem Beispiel aus der Physik starten, und wie in Abb. 2.6 gezeigt, die Rotationsenergie $E_{\mathrm{kin}}^{\mathrm{rot}}$ eines Vollzylinders mit einer Masse von $M = 6\,\mathrm{kg}$ und einem Durchmesser von $D = 20\,\mathrm{cm}$ berechnen, der sich mit der Drehzahl $n = 60.000\,\mathrm{U\,min^{-1}}$ um seine Achse dreht. Die Rotationsenergie eines Körpers werden wir in Kap. 7 noch ausführlich besprechen.

In die ersten beiden Zeilen des Command Windows definieren wir die Variablen `M` und `R` und geben die entsprechenden Zahlenwerte ein. In der dritten und vierten Zeile erfolgt dann die Berechnung des Trägheitsmomentes `I` und der Rotationsenergie `E`. Links unten kann man in dem als Workspace bezeichneten Bereich die bereits definierten Variablen sehen.

Eine weitere Besonderheit bei der Verwendung von MATLAB Mobile ist die Möglichkeit, dass die im Smartphone eingebauten Sensoren ausgelesen werden können. So können die Werte für die Beschleunigung, die magnetische Feldstärke, die Orientierung, die Winkelgeschwindigkeit und die Position ausgelesen und nachfolgend verarbeitet werden [4]. Zur Einarbeitung in MATLAB steht eine umfangreiche Literatur zur Verfügung wie [5–8] sowie sehr gute Skripte wie beispielsweise [9].

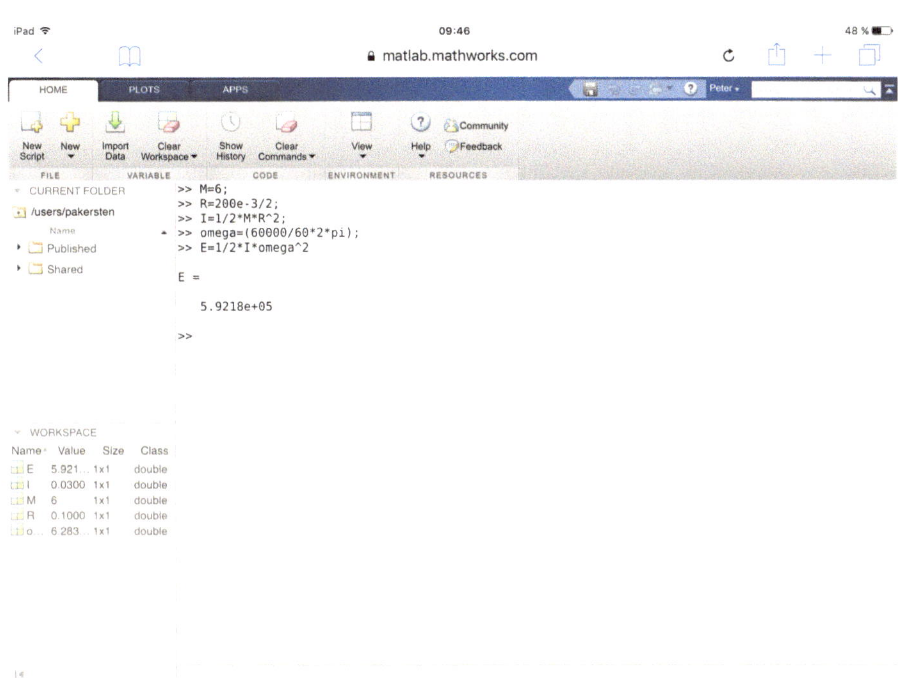

Abb. 2.6 Berechnung der Rotationsenergie eines Vollzylinders mit MATLAB® auf dem Tablet, Nachdruck mit freundlicher Genehmigung durch The MathWorks, Inc.

2.3 Tabellenkalkulation mit Excel

Das wohl bekannteste Produkt im Bereich Tabellenkalkulation stellt das Programm Excel® von Microsoft® dar. Kaum ein Desktop-Rechner an einem Industriearbeitsplatz, auf dem man diese Software nicht findet. Eine Einarbeitung in dieses Programm stellt daher auf jeden Fall eine gute Investition dar.

Obschon der Schwerpunkt der Tabellenkalkulation auf kaufmännischen Anwendungen liegt, können aber auch Daten in technischen und naturwissenschaftlichen Bereichen effizient verarbeitet werden [10]. Im Folgenden wird gezeigt, wie erste physikalische Aufgabenstellungen mit der Tabellenkalkulation gelöst und visualisiert werden können. Da man mit der Tabellenkalkulation nicht symbolisch rechnen kann, sind bestimmte Aufgaben, wie beispielsweise das Differenzieren und Integrieren von Funktionen oder das Lösen von Differenzialgleichungen nur mit Hilfe numerischer Verfahren möglich.

Für die Anwendung auf dem Smartphone oder dem Tablet steht mit der App Excel® Mobile eine in der Basisversion kostenlose App zur Verfügung, mit der Tabellen und Grafiken in der Cloud gespeichert werden können. Voraussetzung für das Arbeiten mit der App ist das Einrichten eines Microsoft-Kontos. Die

Tab. 2.5 Basisinformationen zur Anwendung Microsoft Excel Mobile

Bezeichnung der App	Excel®-Mobile
Anbieter	Microsoft Corporation
Art der Anwendung	Tabellenkalkulation
Betriebssysteme	Android™, iOS™, Windows Phone®
Webzugang	https://www.office.com/
Kosten	Kostenfreie App als Basisversion*
Voraussetzungen	Microsoft Konto Internetzugang

[*Die Office 365™ Version mit einem erweiterten Funktionsumfang ist gebührenpflichtig]

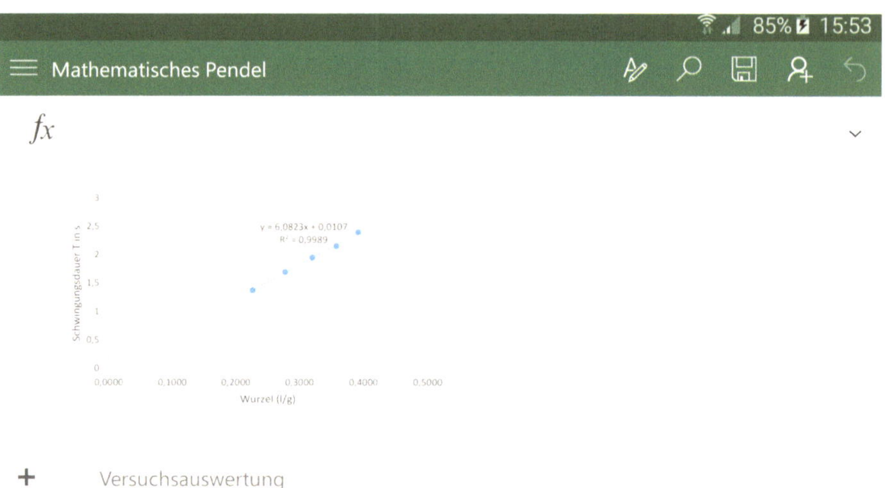

Abb. 2.7 Auswertung von Messwerten mit der App Excel Mobile auf dem Smartphone, verwendet mit freundlicher Genehmigung von Microsoft

Basisinformationen der App Excel Mobile sind in Tab. 2.5 aufgeführt. Auf Smartphones mit dem Betriebssystem Windows Phone® ist die Software häufig bereits vorinstalliert.

Eine typische Aufgabe für die Tabellenkalkulation ist die Auswertung von Messwerten. Am Beispiel eines einfachen Experimentes mit einem Fadenpendel zeigt Abb. 2.7 die Auswertung der Messwerte mit Hilfe eines in Excel Mobile auf einem Smartphone angefertigten Diagramms.

Warum wir hier die Schwingungsdauer T auf der y-Achse gegen das Verhältnis $\sqrt{l/g}$ auf der x-Achse auftragen, werden wir in Kap. 3 noch detailliert besprechen. Zusätzlich zur Visualisierung der Messwerte in einem Diagramm wird hier noch eine sogenannte Regressionsanalyse durchgeführt, deren Ergebnis als Formel mit ausgegeben wird.

Nach dem Anmelden findet man am unteren Rand die Menüpunkte `Konto` > `Neu` > `Zuletzt verwendet` und `Öffnen`. Wird der Menüpunkt `Neu` gewählt, kann man unter verschiedenen Formatvorlagen wählen, hierzu gehört auch die Option Leere Arbeitsmappe. Durch Drehen des Smartphones kann das Querformat gewählt werden.

Zum generellen Arbeiten mit dem Tabellenkalkulationsprogramm stehen eine Reihe sehr guter Einführungen zur Verfügung [10,11], darunter auch spezifische Anleitungen für das Arbeiten mit Microsoft Excel Mobile [12].

Eine Alternative zu Excel ist das Tabellenkalkulationsprogramm mit der Bezeichnung CALC aus dem OpenOffice-Paket für Desktop-Rechner, das eine vergleichbare Funktionalität bietet und kostenlos im Internet (http://www.openoffice.org) zur Verfügung steht.

Tipp
Die mit der Excel Mobile App gespeicherten Dateien sind auch online auf dem Desktop-Rechner verfügbar, wenn man die Internetadresse https://www.office.com/ aufruft. Die auf dem Smartphone oder Tablet begonnene Arbeit kann so auf dem Desktop-Rechner fortgesetzt werden, wenn die Eingabe von großen Datenmengen auf dem Smartphone-Display zu mühsam werden sollte.

Wie in Abb. 2.8 dargestellt, ist ein Arbeitsblatt aus den mit Buchstaben `A`, `B`, `C`, … gekennzeichneten Spalten und den mit den Zahlen `1`, `2`, `3`, … gekennzeichneten Zeilen aufgebaut. Die Spalten und Zeilen bauen die einzelnen Zellen auf, die markierten Zellen sind beispielsweise die Zellen `D3` bis `E7`. In die Zellen können Texte, Zahlen oder andere Inhalte eingetragen werden. Das jeweilige Format für die einzelnen Zellen kann in Abhängigkeit der Aufgabenstellung definiert werden, je nachdem, ob es sich um ein Datum, eine Währung, einen Text oder eine Zahl handelt. Werden die Zellen markiert, kann mit der rechten Maustaste das Menü `Zellen formatieren` gewählt werden. Unter der Rubrik `Zahlen` finden sich dann die Optionen `Standard`, `Zahl`, `Währung`, `Buchhaltung` und `Datum`

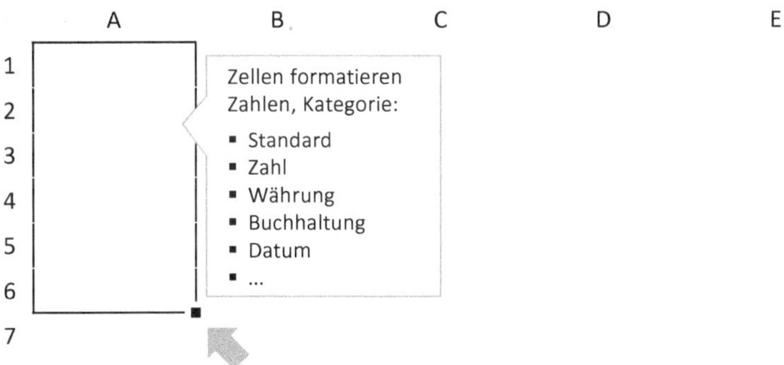

Abb. 2.8 Aufbau einer Excel-Arbeitsmappe und Formatierung der Zellen

Tab. 2.6 Beispiele und Syntax zur Eingaben der ersten Aufgaben in Excel

Aufgabe	Eingabe/Syntax/Beispiel
Grundrechenarten ausführen	`= 3 + 5`, `= 5 - 2`, `= 1/2`, `= 2*7`
Potenzieren	`= 2^8`
Quadratwurzel ziehen	`= WURZEL(9)`
Funktion plotten	`Zellen markieren, Option Diagramme und Punkt (XY) Darstellung wählen`
Trigonometrische Berechnungen durchführen*	`= SIN(PI()/4)`, `= COS(PI()/4)`, `= TAN(PI()/4)`
Einheiten umwandeln	`= UMWANDELN(1000;"m";"mi")`
Winkel von Grad in Bogenmaß umformen	`= BOGENMASS(45)`
Winkel von Bogenmaß in Grad umformen	`= GRAD((PI()/4))`
Summen bilden	`= SUMME(3;4;5)`, `= SUMME(A1:A3)`
Produkte bilden	`= PRODUKT(2;3;4)`, `= PRODUKT(A1:A3)`

[*standardmäßig wird rad als Einheit für Winkel erwartet]

usw. Wählt man `Zahl` aus, so kann die Anzahl der Dezimalstellen eingegeben sowie die Option `1000er-Trennzeichen verwenden (.)` ausgewählt werden. In Tab. 2.6 sind exemplarisch einige Beispiele für die ersten Eingaben in Excel aufgelistet.

Zur Eingabe wählt man eine entsprechende Zelle aus und gibt in das mit `fx` gekennzeichnete Eingabefeld den jeweiligen Inhalt ein. Die Daten in den Zellen können weiterbearbeitet werden, beispielsweise können Summen aus den Inhalten mehrerer Zellen gebildet werden oder andere mathematische Operation mit den Zahlenwerten der Zelleninhalte durchgeführt werden. Werden Zellen markiert, so können deren Inhalte auch grafisch dargestellt werden. Hierzu Menüpunkt `A` auf der oberen Schaltfläche wählen und im Dropdown-Menü auf der linken Seite die Befehle `Einfügen` > `Diagramme` > `Punkt (XY)` wählen. Die gewünschte grafische Darstellung – Punkte, Punkte und Linien bzw. nur Linie – wählen, und das Diagramm wird aufgebaut. Mit Hilfe des Menüpunktes `Ablage`, der sich nach dem Antippen des Symbols `Seite` auf der oberen Schaltfläche öffnet, können Optionen wie `Speichern`, `Drucken` oder `Hilfe und Support` angewählt werden.

Die Eingaben zur Lösung der Beispielaufgaben werden im Folgenden mit der Überschrift `Excel Arbeitsblatt` (...) versehen. In Klammern wird jeweils auf die Abbildung verwiesen, in der das entsprechende Arbeitsblatt (engl. *Worksheet*) dargestellt ist.

Als Dezimaltrennzeichen verwenden wir im Folgenden ein Komma und als Tausendertrennzeichen einen Punkt. Die Trennzeichen können unter den Menüpunkten `Datei` > `Optionen` > `Erweitert` eingestellt werden.

2.4 Tabellenkalkulation, CAS & Co. im Vergleich

Die ausgewählten Softwaretools unterscheiden sich deutlich in der Lösungsstrategie. Diese wollen wir im Folgenden im Kontext erster physikalischer und mathematischer Fragestellungen anwenden.

Die Aufgaben und Beispiele können mit Schulkenntnissen gelöst werden. Der Schwerpunkt liegt hier nicht auf der Physik, sondern auf dem schnellen Einstieg und dem sicheren Umgang mit der Software. Die physikalischen und mathematischen Grundlagen werden dann in den folgenden Kapiteln detaillierter beschrieben. Zur Lösung der Beispielaufgaben werden die ausgewählten Softwaretools in der Reihenfolge Wolfram|Alpha, MATLAB und Excel angewendet.

Die Eingabe bei Wolfram|Alpha soll intuitiv erfolgen und ohne feste Zuweisung der Inhalte mit Formaten. Bei der Verwendung von MATLAB spielt die Zuweisung von Eingaben zu bestimmten Datentypen und die korrekte Verwendung der Syntax eine große Rolle. Die Tabellenkalkulation Excel basiert auf Zellen, deren Inhalt aus unterschiedlichen Datentypen wie Buchstaben, Zahlen oder Formeln bestehen können. Markiert man eine oder mehrere Zellen, so lassen sich mit der rechten Maustaste der Befehl `Zellen formatieren` wählen und dem Inhalt der Zelle verschiedene Kategorien wie Zahl, Währung und Text zuweisen.

Während man mit Wolfram|Alpha und MATLAB symbolisch und numerisch rechnen kann, können mit Hilfe der Tabellenkalkulation ausschließlich numerische Berechnungen durchgeführt werden. Der Vorteil des symbolischen Rechnens liegt darin, als Ergebnis einen algebraischen Ausdruck zu erhalten, wie beispielsweise eine Ableitung oder ein unbestimmtes Integral. Eine numerische Berechnung liefert immer eine Zahl als Ergebnis, die in Abhängigkeit der verwendeten numerischen Lösungsmethode immer mit einem Fehler behaftet ist.

Tipp
Zur Visualisierung der grafischen Ausgaben von Wolfram|Alpha sind in diesem Kapitel QR-Codes angegeben. Nach dem Einscannen des QR-Codes mit dem Smartphone oder dem Tablet können mit geeigneten Apps (wie NeoReader®, ZXing oder Norton™ Snap) die Eingaben an die Wolfram|Alpha-Seite weitergeleitet und die Funktionsplots so auf dem Display des Smartphones oder des Tablets angezeigt werden.

2.4.1 Das erste Beispiel: Zahlen addieren

Jetzt wollen wir die beschriebene Software natürlich kennenlernen und die ersten Eingaben tätigen. Das geht nur durch praktisches Ausprobieren. Daher sollen im Folgenden einige Beispiele aus dem Bereich der mathematischen Methoden und der Physik berechnet werden.

Beispiel

Zahlen von 1 bis 10 addieren: Es sollen die Zahlen 1 bis 10 addiert werden gemäß Rechenvorschrift in Gl. 2.1

$$\sum_{i=1}^{10} i = 1 + 2 + \ldots + 10 \tag{2.1}$$

Die Lösung mit Wolfram|Alpha ist mit Hilfe des Befehls `sum` gefolgt vom Start- und Endwert denkbar einfach.

```
Wolfram|Alpha (3)
> sum i from i = 1 to 10 <RETURN>
SUM: 55
```

Zur Lösung mit MATLAB können wir uns mit dem Befehl `A = 1:10` einen Zeilenvektor mit den Elementen 1, 2, 3, ... 10 definieren, deren Summe wir nachfolgend mit dem Befehl `sum(A)` bilden.

```
MATLAB Command Window (15)
> A = 1:10% Definition des Zeilenvektors A <RETURN>
A =
     1     2     3     4     5     6     7     8     9    10
> sum(A)
ans =
    55
```

Die Summenbildung mit MATLAB können wir auch durch eine kleine Programmierschleife realisieren. Hierzu wir zunächst eine Variable n definiert, welcher der Wert 0 zugewiesen wir. Für die Schleife wird die Variable i definiert, welche die Werte 1 bis 10 durchläuft. Mit dem Befehl `disp(n)` wird der Wert für n nach Durchlauf der Programmierschleife ausgegeben.

```
MATLAB Command Window (16)
> n = 0; for i = 1:10; n = n+i; end; disp(n) <RETURN>
    55
```

Die Lösung mit der Tabellenkalkulation Excel erfordert zunächst das Eintragen der Zahlen `1` bis `10` in die Zellen `A1` bis `A10` des in Abb. 2.9. gezeigten Arbeitsblattes.

Beim Arbeiten mit dem Desktop-Rechner müssen lediglich die ersten beiden Zahlen `1` und `2` eingegeben und markiert werden. Mit der Markierung am unteren rechten Rand kann das Feld dann nach unten gezogen werden, wodurch automatisch die Zahlen `3, 4, 5` ... bis `10` ergänzt werden.

Die Zeile `A12` enthält dann mit dem Inhalt `= SUMME(A1:A10)` die Anweisung, den Inhalt der Zellen `A1` bis `A10` zu addieren.

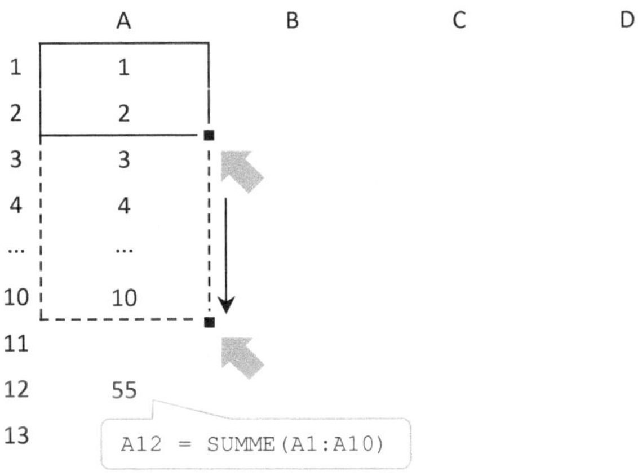

Abb. 2.9 Excel-Arbeitsblatt zur Addition der Zahlen 1 bis 10

```
Excel-Arbeitsblatt (Abb. 2.9)
A12 = SUMME(A1:A10)
```

Der Vorteil beim Arbeiten mit Wolfram|Alpha oder MATLAB wird sofort klar, wenn die Summen größer werden, beispielsweise wenn die Zahlen 1 bis 1.000.000 addiert werden sollen. Mit Wolfram|Alpha können wir dies einfach durch die Eingabe `from i = 1 to 1e6` erreichen. Bei MATLAB können wir dies mit der Eingabe von `A = 1:1000000` oder durch das Anpassen des oberen Wert für i in der Programmierschleife mit dem Befehl `i = 1:1000000` ebenfalls einfach realisieren.

2.4.2 Eine Wertetabelle erstellen

Kennt man den funktionalen Zusammenhang von physikalischen Größen, so kann die Berechnung von Funktionswerten in Form einer Tabelle durchführen. Für eine Funktion können wir beispielsweise die Funktionswerte $f(x)$ für einige ausgewählte x-Werte in Form einer Wertetabelle aufführen.

Beispiel

Wertetabelle erstellen: Wir wollen die folgende Funktion skizzieren und hierzu eine Wertetabelle anfertigen. Für die x-Werte wollen wir einen Bereich von 0 bis 10 berücksichtigen.

$$f(x) = x^2 + 2 \cdot x + 3$$

Selbst wenn wir, wie in diesem Fall, die Funktion nur für jeweils 11 x-Werte berechnen wollen, benötigen wir dafür mit Papier und Bleistift doch schon ein paar

Tab. 2.7 Aufbau einer Wertetabelle, die man beispielsweise zur Darstellung eines Funktionsverlaufes in einer Skizze verwenden kann

x	0	1	2	3	4	5	6	7	8	9	10
$x^2 + 2 \cdot x + 3$	3	6	11	18	27	38	51	66	83	102	123

Minuten Zeit und das Risiko von Flüchtigkeitsfehlern steigt. Hier helfen unsere Software-Tools weiter. Bei Wolfram|Alpha steht für die Aufgabe, eine Wertetabelle zu erstellen, die Funktion `table` zur Verfügung. Die Funktion `x^2 + 2*x + 3` können wir in eckige Klammern setzen, den Wertebereich `{x,0,10,1}` in geschweifte Klammern. Die Zahlen geben hierbei den Start- und den Zielwert sowie die Schrittweite an (Tab. 2.7).

```
Wolfram|Alpha (4)
> table[x^2 + 2*x + 3,{x,0,10,1}] <RETURN>
Result: siehe Tab. 2.7
```

Wie erwähnt, führen bei Wolfram|Alpha unterschiedliche Eingaben zum Erfolg. Die Angabe der Schrittweite für die x-Werte kann beispielsweise auch mit Hilfe einer Zahlenfolge realisiert werden.

```
Wolfram|Alpha (5)
> table[x^2 + 2*x + 3,{x,{0,1,2,...,10}}] <RETURN>
Result: siehe Tab. 2.7
```

Um die Aufgabe mit MATLAB zu lösen, definieren wir uns zunächst die x-Werte in Form eines Zeilenvektors mit Hilfe der Eingabe `x = 0:1:10`. Hierbei gibt die 0 den Startwert und die 10 den Endwert an. Der Wert 1 gibt das Intervall vor, mit dem die Werte zwischen den Grenzen 0 und 10 gebildet werden. Nun wollen wir die zugehörigen $f(x)$-Werte berechnen und geben hierzu unsere Funktion ein, für die wir eine Wertetabelle erstellen wollen. Nach der Bestätigung der Eingabe mit der `Return`-Taste wird allerdings folgende Fehlermeldung angezeigt:

```
MATLAB Command Window (17)
> x = 0:1:10; % Definition des Zeilenvektors x <RETURN>
> f = x^2 + 2*x + 3; <RETURN>
Error using ^
Inputs must be a scalar and a square matrix.
To compute elementwise POWER, use POWER (.^) instead.
```

MATLAB weist uns darauf hin, dass wenn wir eine Berechnung elementweise vornehmen wollen, wir vor dem Quadrieren einen Punkt setzen sollen, also mit einer Eingabe `.^2`. Das Prinzip der elementweisen Berechnung können wir an einem einfachen Beispiel ausprobieren. Hierzu definieren wir die Zeilenvektoren `a=[1 2 3]` und `b=[4 5 6]`, die wir nachfolgend elementweise multiplizieren wollen.

```
MATLAB Command Window (18)
> a=[1 2 3]; % Eingabe des Zeilenvektors a <RETURN>
> b=[4 5 6]; % Eingabe des Zeilenvektors b <RETURN>
> a.*b; % elementweises multiplizieren von a und b <RETURN>
ans =
     4    10    18
> clear a b; % löscht a und b aus dem Workspace <RETURN>
```

Beim elementweisen Multiplizieren wird das erste Element des Zeilenvektors a mit dem ersten Element des Zeilenvektors b multipliziert, das zweite Element des Zeilenvektors a mit dem zweiten Element des Zeilenvektors b u.s.w. mit allen weiteren Elementen der Vektoren. Da wir an den Vektoren a und b nur die elementweise Berechnung ausprobieren wollten, können wir diese mit dem Befehl `clear a b` aus dem Workspace löschen.

Zurück zur Eingabe unserer Funktion `f`. Wenn wir diese wiederholen müssen, können wir gleichzeitig den Zeilenvektor für die x-Werte zunächst mit dem Befehl `x = x'` transponieren. Somit erhalten wir einen Spaltenvektor, der für den Aufbau einer Tabelle erforderlich ist. Dann können wir den Befehl `table` anwenden gefolgt von den Variablen, die in der Tabelle aufgeführt werden sollen.

```
MATLAB Command Window (19)
> x = 0:1:10; <RETURN>
> x = x'; % wandelt den Zeilen- in einen Spaltenvektor um <RETURN>
> f = x.^2 + 2.*x + 3; <RETURN>
> table(x,f) <RETURN>
ans =
     x     f
    __    ___
     0     3
     1     6
     .    ...
    10   123
```

Mit der Tabellenkalkulation Excel ist diese Aufgabe ebenfalls schnell erledigt. Die Schrittweite wird als Variable Δx definiert, deren Wert in der Zelle `E2` eingetragen wird.

In der Zelle `B2` berechnen wir nun den ersten Funktionswert für $x = 0$, hierzu geben wir in diese Zelle unsere Funktion in der Form `=A2^2+2*A2+3` ein. Wie in Abb. 2.10 gezeigt, kann man mit der Markierung am unteren rechten Rand den Inhalt der Zelle `B2` in die darunterliegenden Zellen der Spalte B kopieren, in diesem Fall bis zur Zelle `B2`. Der Zeilenindex wird hierbei automatisch von 2 bis 12 angepasst. Wählen wir die Zelle `B12` an, wird daher der Inhalt `=A12^2+2*A12+3` angezeigt. Um das automatische Anpassen der Zellenindizes zu vermeiden, wird das `$`-Zeichen verwendet. Beispielsweise wird dies in der Zelle `A3` in der Form `= A2+$E$2` angewendet.

	A	B	C	D	E	F
1	x	f(x)				
2	0	3		Δx	1	
3	1	6				
4	2	11				
…	…	…				
12	10	123				

Abb. 2.10 Excel-Arbeitsblatt zur Erstellung der Wertetabelle

```
Excel-Arbeitsblatt (Abb. 2.10)
A2 = 0
B2 = A2^2 + 2*A2 + 3
A3 = A2 + $E$2
```

2.4.3 Ergebnisse visualisieren

Nach der erfolgreichen Berechnung der ersten Aufgaben sollen die Ergebnisse früher oder später in Form von grafischen Darstellungen visualisiert werden, beispielsweise wenn die ersten schriftlichen Berichte angefertigt werden sollen. Eine typische Aufgabe ist das Zeichnen von Funktionsgraphen, das unter dem Begriff Plotten (von engl. *to plot* für zeichnen) bekannt ist.

Beispiel

Plotten einer Funktion: Wir wollen die bereits betrachtete Funktion plotten und dabei für die x-Werte einen Bereich von 0 bis 10 betrachten.

$$f(x) = x^2 + 2 \cdot x + 3$$

Die Lösung mit Wolfram|Alpha erfolgt mit Hilfe des Befehls `plot` gefolgt von der Funktion, die geplottet werden soll, und der Angabe des Wertebereiches, in diesem Fall für x-Werte von 0 bis 10 (Abb. 2.11).

```
Wolfram|Alpha (6) <RETURN>
> plot x^2 + 2x + 3 from x = 0 to 10
Plot: siehe QR-Code in Abb. 2.11
```

Die y-Achse wird hierbei automatisch skaliert. Man kann aber auch einen bestimmten Bereich für die x-und y-Achsen vorgeben. Dies kann sinnvoll sein, wenn bei mehreren Grafiken die gleiche Achsenskalierung gewünscht wird, um eine bessere

Abb. 2.11 QR-Code zu Wolfram|Alpha (6)

Abb. 2.12 QR-Code zu Wolfram|Alpha (7)

Abb. 2.13 QR-Code zu Wolfram|Alpha (8)

Vergleichbarkeit zu ermöglichen. In diesem Fall kann die Skalierung für x- und y-Achse jeweils in geschweifte Klammern gesetzt werden (Abb. 2.12).

```
Wolfram|Alpha (7) <RETURN>
> plot [x^2 + 2x + 3,{x,0,10},{y,0,200}] <RETURN>
Plot: siehe QR-Code in Abb. 2.12
```

Sollen die einzelnen diskreten Wertepaare in der Grafik erkennbar sein, so können diese in einer Tabelle berechnet und dann mit der Eingabe `plot` visualisiert werden. Das folgende Beispiel zeigt diese Möglichkeit am Beispiel von x-Werten im Bereich von 0 bis 10 und einer Schrittweite von 1 (Abb. 2.13).

```
Wolfram|Alpha (8) <RETURN>
> plot[table[x^2 + 2x + 3,{x,0,10,1}]] <RETURN>
Plot: siehe QR-Code in Abb. 2.13
```

Bei der Lösung der gleichen Aufgabe mit MATLAB definieren wir zunächst einen Zeilenvektor x mit dem Befehl `x = 0:0.1:10`. Hierdurch wird eine Variable x

vom Typ `1×101 double` angelegt. Dann erfolgt die Eingabe der Funktion. Der Punkt vor dem Operator `^2` stellt hierbei ein elementweises Quadrieren sicher. Das Plotten der Funktion erfolgt dann mit dem Befehl `plot(x,y)`.

```
MATLAB Command Window (20)
> x = 0:0.1:10; <RETURN>
> y = x.^2 + 2*x + 3; <RETURN>
> plot(x,y) <RETURN>
```

Alternativ können Funktionen auch direkt mit dem Befehl `fplot` geplottet werden. So ist es nicht notwendig, zuvor explizit einen Zeilenvektor zu definieren. Hierzu definieren wir die in Abschn. 2.2 beschriebene anonyme Funktion f, die in diesem Fall von der Variablen x abhängt. Zum Plotten kann man dann den Befehl `fplot(f,[0 10])` verwenden. In den eckigen Klammern erfolgt die Eingabe des Wertebereiches für die x-Achse.

```
MATLAB Command Window (21)
> f = @(x) x.^2 + 2*x + 3% Definition als anonyme Funktion <RETURN>
f =
    @(x)x.^2+2*x+3
> fplot(f,[0 10]) <RETURN>
```

Zur Lösung mit Excel beginnen wir mit einem neuen Arbeitsblatt. Wie in Abb. 2.14 gezeigt, definieren in der Spalte `A` zunächst die x-Werte. Mit der Schrittweite $\Delta x = 0,1$ in Zelle `B1` und mit dem in Zelle `A4` auf den Wert 0 gesetzten Startwert erhalten wir 101 x-Werte, bis in der Zelle `A104` der x-Wert 10 erreicht wird. In den Zellen der Spalte `B` erfolgt die Berechnung der Funktionswerte, beginnend mit der Zelle `B4`.

	A	B	C	D	E
1	Δx	0,1			
2					
3	x	f(x)			
4	0,00	3,00			
5	0,10	3,21			
6	0,20	3,44			
...	...	...			
104	10,00	123,00			
105					

Abb. 2.14 Excel-Arbeitsblatt zum Plotten der Beispielfunktion

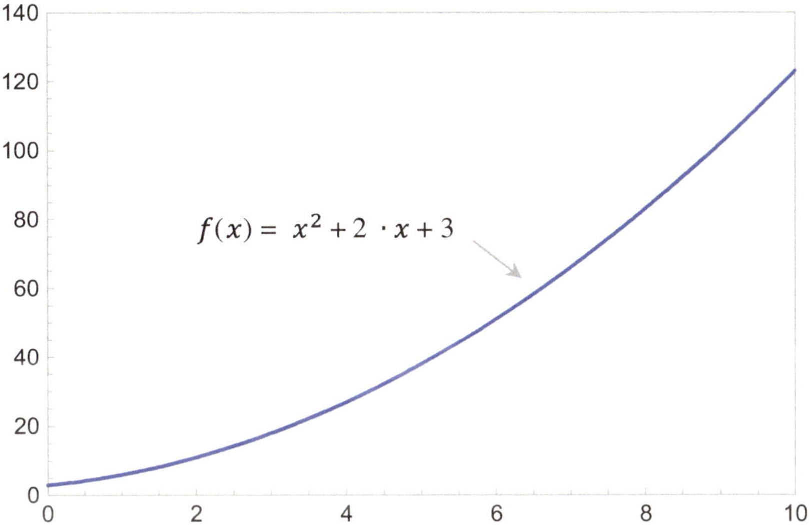

Abb. 2.15 Ausgabe des Funktionsgraphen mit Hilfe der Tabellenkalkulationssoftware Excel

Die `$`-Zeichen verhindern das automatische Hochzählen der Indizes, so dass immer auf den Inhalt der Zelle `$B$1` mit dem Wert von 0,1 für die Schrittweite zurückgegriffen wird.

```
Excel-Arbeitsblatt (Abb. 2.14)
A4 = 0
B4 = A4^2 + 2*A4 + 3
A5 = A4 + $B$1
```

Zum Plotten werden die Zellen `A4` bis `B104` ausgewählt. Um die Grafik einzufügen, kann man unter dem Menüpunkt `Einfügen` die Darstellung `Punkt (XY)` wählen. Nach dem Plotten können zusätzlich Achsenbeschriftungen hinzugefügt werden und wir erhalten den Funktionsplot in Abb. 2.15.

Tipp

- Bereits in den ersten Semestern sollen die ersten eigenen Ergebnisse in den verschiedenen studentischen Arbeiten mit Hilfe von Grafiken präsentiert werden. Hierzu kann die vorgestellte Software eingesetzt werden.
- Das Speichern von Grafiken mit Wolfram|Alpha erfordert die kostenpflichtige Pro-Version, die dann aber auch eine große Auswahl an Datenformaten für die Grafiken zur Verfügung stellt.
- Auch bei MATLAB steht zum Speichern von Grafiken eine große Auswahl an Datenformaten zur Verfügung. Werden die Grafiken als

MATLAB Figure (*.fig) gespeichert, kann man diese zu einem späteren Zeitpunkt noch einmal bearbeiten.
- Die mit der Tabellenkalkulation Excel erstellten Grafiken können mit Hilfe der Zwischenablage einfach in alle anderen Office-Programme eingefügt werden oder als Bilddateien gespeichert werden. Bei der Visualisierung von Wertepaaren mit Excel immer darauf achten, die Darstellung `Punkt (XY)` zu wählen.

2.4.4 Kurvendiskussion: Das Maximum finden

Mit Hilfe des symbolischen Rechnens können wir auch die bereits aus der Schulmathematik bekannten Aufgaben aus dem Bereich der Kurvendiskussion durchführen. Beispiele sind das Auffinden von lokalen und absoluten Maxima, oder das Berechnen von Wendepunkten.

Im Folgenden wollen wir zur Optimierung einer Windkraftanlage das Maximum einer Funktion finden, die wir in Kap. 7 herleiten werden.

Beispiel

Das Maximum einer Funktion finden: Zur Optimierung einer Windkraftanlage werden wir in Kap. 7 folgenden funktionalen Zusammenhang zwischen dem Parameter x und der zu optimierenden Größe c ermitteln:

$$c = \frac{1}{2} \cdot (1 + x) \cdot \left(1 - x^2\right)$$

Die Größe c soll einen möglichst großen Wert annehmen. Gesucht ist daher das Maximum von c, wenn man x-Werte im Bereich von 0 bis 1 berücksichtigt.

Zur Lösung dieser Aufgabe steht bei Wolfram|Alpha die Eingabe `maximize` zur Verfügung, in diesem Fall gefolgt von dem Wertebereich, der analysiert werden soll.

```
Wolfram|Alpha (9)
> maximize 1/2*(1 + x)*(1 - x^2) from x = 0 to 1 <RETURN>
Global maximum: max{1/2 (1+x) (1-x^2)|0<=x<=1} = 16/27 at x = 1/3
```

Als Ergebnis erhalten wir, dass die Größe c einen maximalen Wert von 16/27 annehmen kann und dass dieses Maximum bei einem x-Wert von 1/3 erreicht wird.

Bei der Lösung mit MATLAB definieren wir zunächst einen Zeilenvektor für die x-Werte von 0 bis 1 und wählen eine kleine Schrittweite, in diesem Fall in der Größe von 0,01. Nachdem die Werte für c berechnet wurden, kann der maximale Wert für `c` mit dem Befehl `max(x)` identifiziert werden. Der Befehl `find` gibt dann an, an welcher Stelle dieses Maximum zu finden ist. Mit dem Befehl `disp` können die Werte ausgegeben werden.

	A	B	C	D	E	F	G	H
1	x	c(x)						
2	0,00	0,5000						
3	0,01	0,5049		Maximum	0,5926			
4	0,02	0,5098		Position	34			
5	0,03	0,5145						
...	...	...						
102	1,00	0,0000						

Abb. 2.16 Excel-Arbeitsblatt zur Bestimmung eines Maximums einer gegebenen Funktion

```
MATLAB Command Window (22)
> x = 0:0.01:1; <RETURN>
> c = 1/2.*(1 + x).*(1 - x.^2); <RETURN>
> find(c == max(c)) <RETURN>
ans =
    34
> disp(x(34)); disp(c(34)) <RETURN>
    0.3300
    0.5926
```

Zur Lösung mit Excel öffnen wir zunächst ein neues Arbeitsblatt, das wir wie in Abb. 2.16 gezeigt aufbauen können. Auch hier haben wir eine Schrittweite von 0,01 verwendet. Dann erfolgt die Eingabe der Funktion in die Zellen `B2` bis `B102`. Mit der Funktion `MAX(B2:B102)` in der Zelle `E3` kann das Maximum von `c` ermittelt werden. Um festzustellen, bei welchem x-Wert das Maximum erreicht wird, können wir die Funktion `VERGLEICH(E3; B2:B102; 0)` in der Zelle `E4` verwenden, die uns die relative Position in der Suchmatrix (`B2:B100`) ausgibt.

Für den Parameter Vergleichstyp wird die `0` eingegeben: Hierdurch wird nach dem ersten Wert gesucht, der mit dem Suchkriterium genau übereinstimmt. Auch hier finden wir einen maximalen Wert von 0,5926 für `c` bei einem x-Wert von 0,33.

```
Excel-Arbeitsblatt (Abb. 2.16)
B2 = 1/2*(1 + A2)*(1 - A2^2)
E3 = MAX(B2:B102)
E4 = VERGLEICH(E3;B2:B102;0)
```

2.4.5 Rechnen mit Vektoren: Die Vektoraddition

Eine häufige Aufgabe in der Mechanik ist die Addition von Vektoren. Beispielsweise wenn die resultierende Gesamtkraft als Summe der Vektoren aller einzelnen Kräfte berechnet werden soll, die auf eine Punktmasse wirken.

Beispiel

Addition von Vektoren: Wir wollen die Vektoren $\vec{a}$, $\vec{b}$ und $\vec{c}$ addieren und den resultierenden Vektor $\vec{a} + \vec{b} + \vec{c}$ bestimmen.

$$\vec{a} = \begin{pmatrix} +3 \\ +4 \\ +7 \end{pmatrix}, \vec{b} = \begin{pmatrix} +2 \\ -1 \\ +6 \end{pmatrix}, \vec{c} = \begin{pmatrix} -8 \\ +7 \\ -1 \end{pmatrix}$$

Eine einfache Aufgabe für Wolfram|Alpha. Die drei Komponenten der Vektoren $\vec{a}$, $\vec{b}$ und $\vec{c}$ werden in geschweifte Klammern gesetzt und addiert. Neben den Komponenten des Ergebnisvektors wird auch noch die Länge des Vektors ausgegeben.

```
Wolfram|Alpha (10)
> {3,4,7} + {2,-1,6} + {-8,7,-1} <RETURN>
Result: {-3, 10, 12}
Vector length: sqrt(253)~~15.906
```

Auch mit MATLAB ist diese Aufgabe schnell erledigt. Zunächst definieren wir die einzelnen Vektoren $\vec{a}$, $\vec{b}$ und $\vec{c}$ als Spaltenvektoren. Dies wird durch die Trennung der einzelnen Komponenten mit einem Semikolon erreicht.

```
MATLAB Command Window (23)
> a = [3;4;7]; <RETURN>
> b = [2;-1;6]; <RETURN>
> c = [-8;7;-1]; <RETURN>
> a + b + c <RETURN>
ans =
    -3
    10
    12
```

Ebenfalls können wir mit Excel die Vektoraddition durchführen. Hierzu tragen wir, wie in Abb. 2.17 gezeigt, die Werte für die Vektoren $\vec{a}$, $\vec{b}$ und $\vec{c}$ in drei Spalten ein.

Dann werden die Zellen eines Vektors ausgewählt, beispielsweise die Zellen `A2:A4`. Mit der rechten Maustaste kann nun der Befehl `Namen definieren...` gewählt werden und in das vorgesehene Feld ein Name eingetragen werden, hier wurde beispielsweise der Name `Vektor_a` gewählt. Analog erfolgt die Definition der Vektoren $\vec{b}$ und $\vec{c}$.

Zur Berechnung des Summenvektors werden dann die noch leeren Zellen `D2:D4` markiert und in das Eingabefeld die Summe der Vektoren in der Form `Vektor_a + Vektor_b + Vektor_c` eingetragen. Zur Durchführung der

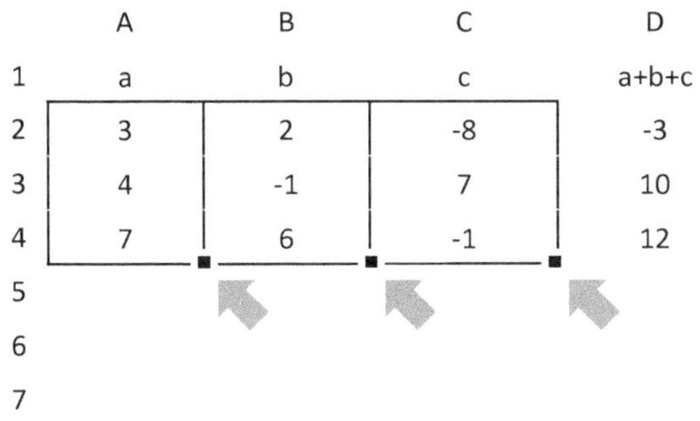

	A	B	C	D	E	F
1	a	b	c	a+b+c		
2	3	2	-8	-3		
3	4	-1	7	10		
4	7	6	-1	12		
5						
6						
7						

Abb. 2.17 Excel-Arbeitsblatt zur Addition der Vektoren $\vec{a}$, $\vec{b}$ und $\vec{c}$

Berechnung werden gleichzeitig die `Strg`- und `Shift`-Taste gehalten und die Taste `Return` gedrückt.

```
Excel-Arbeitsblatt (Abb.2.17)
D2 = Vektor_a + Vektor_b + Vektor_c
D3 = Vektor_a + Vektor_b + Vektor_c
D4 = Vektor_a + Vektor_b + Vektor_c
```

2.4.6 Rechnen mit Vektoren: Das Skalarprodukt

In der klassischen Mechanik spielt die Berechnung von Winkeln, die Vektoren zueinander einnehmen, eine große Rolle. Ein Beispiel ist die Berechnung der Arbeit, die aufgewendet werden muss, um einen Gegenstand mit einer Kraft vom Punkt A zum Punkt B zu bewegen. Zur Berechnung der Arbeit interessiert der Winkel, den der Kraftvektor mit dem Verschiebungsvektor bildet. Die Winkel zwischen zwei Vektoren können mit Hilfe der trigonometrischen Funktionen oder mit Hilfe des Skalarproduktes berechnet werden.

Beispiel

Den Winkel zwischen zwei Vektoren berechnen: Wir wollen den Winkel zwischen dem Vektor $\vec{a}$ $\left(a_x = 2,\ a_y = 3,\ a_z = 4\right)$ und der z-Achse mit Hilfe des Skalarproduktes berechnen.

Den Winkel zwischen zwei Vektoren $\vec{a}$ und $\vec{b}$ können wir mit Hilfe der nachfolgenden Definition des Skalarproduktes berechnen.

$$\vec{a} \cdot \vec{b} = \left|\vec{a}\right| \cdot \left|\vec{b}\right| \cdot \cos\theta$$

Da der Winkel gesucht ist, lösen wir diese Gleichung nach θ auf.

$$\theta = \operatorname{acos}\left(\frac{\vec{a}\cdot\vec{b}}{\left|\vec{a}\right|\cdot\left|\vec{b}\right|}\right)$$

Mit Hilfe dieser Definition können wir auch den Winkel θ zwischen dem Vektor $\vec{a}$ und der z-Achse berechnen. Hierzu können wir beispielsweise einen Vektor $\vec{b}$ mit den Komponenten $(b_x = 0,\ b_y = 0,\ b_z = 1)$ wählen, der in Richtung z-Achse zeigt. Diese Gleichung können wir in Wolfram|Alpha eingeben, wobei das Skalarprodukt (engl. *dot product*) mit einem Punkt dargestellt wird.

```
Wolfram|Alpha (11)
> acos(((2,3,4).(0,0,1))/(norm(2,3,4)*norm(0,0,1))) <RETURN>
Result: cos^(-1)(4/sqrt(29))~~0.733581
```

Der Winkel zwischen den Vektoren wird in Bogenmaß ausgegeben. Eine weitere einfache Möglichkeit, den Winkel zwischen zwei Vektoren zu berechnen, besteht in der Eingabe `VectorAngle`.

```
Wolfram|Alpha (12)
> VectorAngle[{2, 3, 4}, {0, 0, 1}] <RETURN>
Result: cos^(-1)(4/sqrt(29))~~0.733581
```

Auch hier erfolgt die Ausgabe des Winkels in Bogenmaß. Das Ergebnis können wir folgendermaßen noch in Gradmaß umrechnen.

```
Wolfram|Alpha (13)
> convert 0.733581 radians to degrees <RETURN>
Results: 42.0311° (degrees)
```

Die Berechnung und Ausgabe des Winkels θ in Grad können wir ebenso mit nur einer Eingabezeile erreichen.

```
Wolfram|Alpha (14)
> convert VectorAngle[{2, 3, 4}, {0, 0, 1}] to deg <RETURN>
Result: 42.03° (degrees)
```

Bei der Lösung mit MATLAB definieren wir die Vektoren $\vec{a}$ und $\vec{b}$ zunächst als Spaltenvektoren. Ein Spaltenvektor bei MATLAB wird durch eine n×1 Matrix dargestellt, in diesem Fall jeweils eine Matrix der Form 3×1 und dem Datentyp `double`. Das Ausführen eines Skalarproduktes erfolgt hier durch den Befehl `dot (a.b)`.

```
MATLAB Command Window (24)
> a = [2;3;4]; <RETURN>
> b = [0;0;1]; <RETURN>
> theta = acos(dot(a,b)/(norm(a)*norm(b))) <RETURN>
theta =
    0.7336
```

Auch hier erhalten wir den Winkel θ als Bogenmaß. Diesen können wir in Grad umrechnen, wenn wir mit dem Ergebnis weiterrechnen.

```
MATLAB Command Window (25)
> theta*360/(2*pi) <RETURN>
ans =
   42.0311
```

Alternativ können wir die Funktion `rad2deg` verwenden. Mit der Funktion `deg2rad` können wir umgekehrt eine Winkelangabe in Grad in Bogenmaß umrechnen.

```
MATLAB Command Window (26)
> rad2deg(theta) <RETURN>
ans =
   42.0311
```

Gleichermaßen können wir diese Berechnung in einer Zeile durchführen, indem wir den Befehl `rad2deg` vor die Berechnung des Skalarproduktes setzen.

```
MATLAB Command Window (27)
> a = [2;3;4]; <RETURN>
> b = [0;0;1]; <RETURN>
> rad2deg(acos(dot(a,b)/(norm(a)*norm(b)))) <RETURN>
ans =
   42.0311
```

Auch wenn man es vielleicht nicht sofort vermuten würde, auch mit Excel können wir Skalarprodukte berechnen. Hierzu können wir die Funktion `Summenprodukt` verwenden. Zunächst werden in einem neuen Arbeitsblatt, wie in Abb. 2.18 gezeigt, die Werte der Spaltenvektoren $\vec{a}$ und $\vec{b}$ untereinander geschrieben. Für den Vektor $\vec{a}$ in die Zellen `A2:A4` und für den Vektor $\vec{b}$ in die Zellen `B2:B4`. Dann werden die Zellen `A2:A4` ausgewählt und markiert. Mit der rechten Maustaste kann nun der Befehl `Namen definieren` ... gewählt werden und in das vorgesehene Feld ein Name eingetragen werden, hier wurde der Name `Vektor_a` gewählt. Analog erfolgt die Definition des `Vektor_b`.

Um einen Überblick über bereits vergebene Namen zu bekommen, kann im Menü Formel der Namensmanager aufgerufen werden, der alle Namen und die

	A	B	C	D	E	F
1	Vektor a	Vektor b				
2	2	0		Skalarprodukt (a, b)	4,00	
3	3	0		Länge Vektor a	5,39	
4	4	1		Länge Vektor b	1,00	
5						
6				Winkel (a, b)	0,73	Rad
7				Winkel (a, b)	42,03	Deg

Abb. 2.18 Excel-Arbeitsblatt zur Berechnung eines Winkels zwischen zwei Vektoren mit Hilfe des Skalarproduktes

zugehörigen Werte anzeigt. Hier können neue Namen definiert werden und bestehende Namen bearbeitet oder gelöscht werden.

Das Skalarprodukt kann dann in Zelle `E2` mit dem Befehl `SUMMENPRODUKT (Vektor_a; Vektor_b)` berechnet werden. Die Beträge der Vektoren $\vec{a}$ und $\vec{b}$ können in den Zellen `E3` und `E4` folgendermaßen aus der Skalarprodukt des Vektors mit sich selber berechnet werden.

$$\left|\vec{a}\right| = \sqrt{\vec{a} \cdot \vec{a}}$$

Im Feld `E6` kann dann der Winkel in Bogenmaß berechnet werden mit Hilfe des Befehls `ARCCOS`. Im Feld `E7` erfolgt dann das Umrechnen von Bogenmaß in den Grad mit Hilfe der Funktion `GRAD`.

```
Excel-Arbeitsblatt (Abb. 2.18)
E2 = SUMMENPRODUKT(Vektor_a;Vektor_b)
E3 = WURZEL(SUMMENPRODUKT(Vektor_a;Vektor_a))
E4 = WURZEL(SUMMENPRODUKT(Vektor_b;Vektor_b))
E6 = ARCCOS(E2/(E3*E4))
E7 = GRAD(E6)
```

2.4.7 Rechnen mit Vektoren: Das Vektorprodukt

Die Multiplikation zweier Vektoren mit Hilfe des Skalarproduktes ergibt als Ergebnis einen Skalar. Wird als Ergebnis eine vektorielle Größe erwartet, benötigen wir eine weitere Vektoroperation – und zwar das Vektorprodukt, das auch als äußeres Produkt oder Kreuzprodukt (engl. *cross product*) bezeichnet wird und das wir in Kap. 4 noch detailliert kennenlernen werden.

Beispiel

Ein Kreuzprodukt von zwei Vektoren berechnen: Wir wollen mit der angegebenen Formel das Drehmoment $\vec{M}$ berechnen, das die Kraft $\vec{F}$ ausübt, die senkrecht auf dem Hebelarm $\vec{r}$ steht.

$$\vec{M} = \vec{r} \times \vec{F}$$

$$\vec{r} = \begin{pmatrix} 0,5\ \mathrm{m} \\ 0 \\ 0 \end{pmatrix}, \vec{F} = \begin{pmatrix} 0 \\ -25\ \mathrm{N} \\ 0 \end{pmatrix}$$

Zur Berechnung des Kreuzproduktes mit Wolfram|Alpha können wir das `x`-Zeichen verwenden oder den Befehl `cross` schreiben. Wir erhalten für das Drehmoment den Vektor $\vec{M}$, der senkrecht auf dem Hebelarm und der Kraft steht und der den Betrag 12,5 N m aufweist.

```
Wolfram|Alpha (15)
> (0.5,0,0)x(0,-25,0) <RETURN>
Result: (0, 0, -12.5)
```

Zur Berechnung des Kreuzproduktes mit MATLAB definieren wir zunächst die Spaltenvektoren $\vec{F}$ und $\vec{r}$, die jeweils als 3×1 Matrix definiert werden. Mit dem Befehl `cross(r,F)` berechnen wir das Kreuzprodukt und weisen diesen Wert der Variablen $\vec{M}$ zu.

```
MATLAB Command Window (28)
> F = [0;-25;0]; r = [0.5;0;0]; <RETURN>
> M = cross(r,F) <RETURN>
M =
         0
         0
  -12.5000
```

Da man mit Excel das Kreuzprodukt nicht direkt berechnen kann, wird hier auf eine Berechnung verzichtet. Das in Kap. 4 vorgestellte Rechenschema für das Vektorprodukt kann man prinzipiell aber auch in einer Tabellenkalkulation umsetzten.

2.4.8 Rechnen mit Vektoren: Die Rotationsmatrix

Bei der Beschreibung der Bewegung eines Masseteilchens auf einer Kreisbahn kann es von Vorteil sein, anstelle der x- und y-Werte einen Radius und einen Winkel anzugeben. In Kap. 5 werden wir dieses Prinzip auf die Bewegung eines Masseteilchens auf einer Kreisbahn anwenden.

Wenn wir den 2-dimensionalen Vektor $\vec{a}$ um den Winkel φ drehen wollen, so können wir die Koordinaten des gedrehten Vektors $\vec{a}'$ mit der Drehmatrix R_φ berechnen, die folgendermaßen definiert ist:

$$R_\varphi = \begin{pmatrix} \cos(\varphi) & -\sin(\varphi) \\ \sin(\varphi) & \cos(\varphi) \end{pmatrix}$$

Durch Multiplikation der Drehmatrix R_φ mit dem Vektor $\vec{a}$ erhalten wir den gedrehten Vektor $\vec{a}'$.

$$\vec{a}' = R_\varphi \cdot \vec{a}$$

Die Berechnung der x- und y-Koordinaten eines Vektors, den wir um einen bestimmten Winkel gedreht haben, wollen wir an einem Beispiel berechnen.

Beispiel

Drehen eines zweidimensionalen Vektors: Wir wollen die Koordinaten des zweidimensionalen Vektors berechnen, der sich aus der Drehung des Vektors $\vec{a}$ um den Winkel φ ergibt.

$$\vec{a} = \begin{pmatrix} 4 \\ 0 \end{pmatrix}, \ \varphi = 45^\circ$$

Hierzu können wir die beschriebene Rotationsmatrix $\boldsymbol{R}_\varphi$ definieren und auf den Vektor $\vec{a}$ anwenden. Zuvor rechnen wir die Winkelangabe in Grad in Bogenmaß $\varphi = \pi/4$ um.

$$\vec{a}' = R_{\pi/4} \cdot \vec{a} = \begin{pmatrix} +\cos(\pi/4) & -\sin(\pi/4) \\ +\sin(\pi/4) & +\cos(\pi/4) \end{pmatrix} \cdot \begin{pmatrix} 4 \\ 0 \end{pmatrix} = \begin{pmatrix} 2,83 \\ 2,83 \end{pmatrix}$$

```
Wolfram|Alpha (16)
> [{cos(pi/4),-sin(pi/4)},{sin(pi/4),cos(pi/4)}]*{4,0}] <RETURN>
Result: {2 Sqrt[2], 2 Sqrt[2]}
```

Alternativ kann die Drehung des Vektors (4,0) um den Winkel 45° mit dem Befehl `rotate` erfolgen, gefolgt von dem Drehwinkel 45°. Da die Angabe des Winkels in Grad erfolgt, setzen wir hinter den Wert für den Winkel noch die Angabe `deg`.

```
Wolfram|Alpha (17)
> rotate(4,0) 45 deg <RETURN>
Input interpretation: angle | 45 ° = /4 radians (counterclockwise)
Transformed point: (4, 0)-->(2 sqrt(2), 2 sqrt(2))
```

Wolfram|Alpha vermerkt, dass es sich um eine Drehung gegen den Uhrzeigersinn handelt (engl. *counterclockwise*). Eine Drehung gegen den Uhrzeigersinn entspricht dem mathematisch positiven Drehsinn. Bei Angabe des Winkels in Bogenmaß setzen wir `rad` hinter den Wert für den Winkel $\pi/4$.

```
Wolfram|Alpha (18)
> rotate(4,0) (pi/4) rad <RETURN>
Input interpretation: angle | /4 radians = 45 ° (counterclockwise)
Transformed point: (4, 0)-->(2 sqrt(2), 2 sqrt(2))
```

Bei der Lösung mit MATLAB definieren wir zunächst den Drehwinkel φ in Bogenmaß und geben den Vektor $\vec{a}$ als Spaltenvektor ein.

```
MATLAB Command Window (29)
> phi = pi/4 <RETURN>
phi =
    0.7854
> a = [4;0] <RETURN>
a =
     4
     0
```

Nun können wir die Drehmatrix $\boldsymbol{R}$ eingeben. Die Eingabe einer Matrix erfolgt in eckigen Klammern, wobei die einzelnen Matrixelemente einer Zeile durch ein Komma oder ein Leerzeichen voneinander getrennt werden. Das Ende einer Zeile wird mit einem Semikolon gekennzeichnet.

```
MATLAB Command Window (30)
> R = [cos(phi), -sin(phi); sin(phi), cos(phi)] <RETURN>
R =
    0.7071 -0.7071
    0.7071  0.7071
```

Nun kann die eigentliche Multiplikation der Drehmatrix $\boldsymbol{R}$ mit dem Vektor $\vec{a}$ erfolgen.

```
MATLAB Command Window (31)
> R*a <RETURN>
ans =
    2.8284
    2.8284
```

Auch bei der Lösung mit Excel definieren wir zunächst den Drehwinkel φ, die Drehmatrix und den Vektor $\vec{a}$. Abb. 2.19 zeigt das entsprechende Excel-Arbeitsblatt.

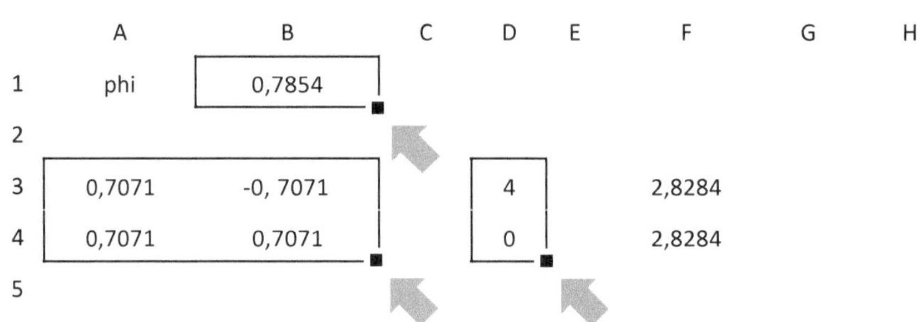

Abb. 2.19 Excel-Arbeitsblatt zur Drehung eines Vektors mit Hilfe einer Drehmatrix

Dem Wert für den Drehwinkel in Zelle `B1` weisen wir den Namen `phi` zu (Zellen markieren, rechte Maustaste, Namen definieren ...). In die Zellen `A3:B4` schreiben wir die Matrixelemente der Drehmatrix und in die Zellen `D3:D4` die Komponenten unseres Vektors $\vec{a}$. Die Zellen `D3:D4` werden markiert und wir weisen diesem Array den Namen `Vektor_a` zu (`Zellen markieren, rechte Maustaste, Namen definieren` ...). Nun werden die noch leeren Zellen `F3:F4` markiert und die Funktion `MMULT(Drehmatrix; Vektor_a)` eingefügt, mit der die Multiplikation der Matrix mit dem Vektor durchgeführt wird. Dann werden die `Strg-` und `Shift`-Tasten gedrückt und gehalten und zusätzlich die Taste `Return` betätigt, und es erscheinen die Komponenten des um den Winkel 45° gedrehten Vektors.

```
Excel-Arbeitsblatt (Abb. 2.19)
B1 = PI()/4
A3 = COS(phi)
B3 = -SIN(phi)
F3 = MMULT(Drehmatrix;Vektor_a)
A4 = SIN(phi)
B4 = COS(phi)
F4 = MMULT(Drehmatrix;Vektor_a)
```

2.4.9 Integrale berechnen

Die Berechnung von Integralen ist eine häufige Aufgabe in der Physik. Einfache Beispiele sind die Integration der Geschwindigkeit über die Zeit, um den zurückgelegten Weg zu berechnen, oder die Integration der Kraft über den Weg, um die verrichtete Arbeit zu bestimmen. Wir starten mit einem einfachen Beispiel, das wir in Kap. 4 noch einmal ausführlich mit Papier und Bleistift rechnen.

Beispiel

Ein bestimmtes Integral berechnen: Wir wollen das bestimmte Integral der aufgeführten Funktion $f(x)$ in den Grenzen von $x_1 = 1,5$ und $x_2 = 3,5$ berechnen.

$$f(x) = x^2 + 2 \cdot x + 3$$

Auch dieses Beispiel lässt sich unmittelbar mit Wolfram|Alpha umsetzen unter Verwendung der Eingabe `integrate` gefolgt von der Funktion und der unteren und oberen Grenze.

```
Wolfram|Alpha (19)
> integrate x^2 + 2*x + 3 from x = 1.5 to 3.5 <RETURN>
Definite integral: integral_1.5^3.5 (x^2+2 x+3) dx = 29.1667
```

Alternativ kann auch eine Eingabe verwendet werden, bei der explizit ausgewiesen wird, nach welcher Variablen integriert werden soll.

```
Wolfram|Alpha (20)
> integrate [x^2 + 2*x + 3,{x,1.5,3.5}] <RETURN>
Definite integral: integral_1.5^3.5 (x^2+2 x+3) dx = 29.1667
```

Mit MATLAB kann man ebenso symbolisch rechnen, wenn die entsprechende Toolbox verfügbar ist, in diesem Fall die Symbolic Math Toolbox.

Wir starten, in dem wir die verschiedenen Variablen definieren, die wir für das symbolische Rechnen verwenden wollen. Dies geschieht durch den Befehl `syms`, gefolgt von den entsprechenden Variablen. In unserem Fall reicht zunächst die Definition der Variablen x aus.

```
MATLAB Command Window (32)
> syms x % Symbolic Math Toolbox erforderlich <RETURN>
> f(x) = x^2 + 2*x + 3 <RETURN>
f(x) =
x^2 + 2*x + 3
> int(f,1.5,3.5)<RETURN>
ans =
175/6
```

Mit Wolfram|Alpha und MATLAB können Funktionen auch numerisch integriert werden. Bei der numerischen Integration setzt man an Stelle der algebraischen Lösung durch Bilden einer Stammfunktion verschiedene Näherungsverfahren ein. Bei Wolfram|Alpha stehen hierzu Näherungsverfahren zur Verfügung, die beispielsweise auf der Rechteck-, der Trapez- oder der Simpson-Regel basieren.

Steht bei MATLAB nicht die Toolbox zum symbolischen Rechnen zur Verfügung oder soll numerisch gerechnet werden, kann man beispielsweise mit dem

Befehl `trapz` die Trapezmethode anwenden. Hierzu definieren wir für die x-Werte zunächst einen Zeilenvektor mit einem Startwert, eine Schrittweite und einem Endwert.

Da man mit Excel nicht symbolisch rechnen kann, kommt zur Lösung des Integrals ausschließlich eine numerische Lösung in Frage. In Kap. 4 werden wir hierzu das Trapezverfahren mit Hilfe der Tabellenkalkulation vorstellen.

2.4.10 Rechnen mit Differenzialen und Ableitungen

Viele physikalische Größen werden durch Ableitungen charakterisiert. Beispielsweise wird die Momentangeschwindigkeit durch die Ableitung der Ortsfunktion nach der Zeit berechnet. Eine detaillierte Beschreibung der Bewegungsabläufe mit Hilfe der Ableitung erfolgt in Kap. 5.

Beispiel

Geradensteigung mit Hilfe der Ableitung berechnen: Wir wollen die Steigung der genannten Funktion $f(x)$ an der Stelle $x = 2$ mit Hilfe der ersten Ableitung berechnen.

$$f(x) = x^2 + 2 \cdot x + 3$$

Mit Hilfe von WolramlAlpha kann eine Funktion abgeleitet werden. Hierzu können wir beispielsweise die Eingaben `derivate` oder `d/dx` verwenden.

```
Wolfram|Alpha (21)
> derivate x^2 + 2*x + 3 <RETURN>
Derivative: d/dx(x^2+2 x+3) = 2 (x+1)
```

Durch den Zusatz `where x=2` kann die Steigung an der Stelle $x = 2$ bestimmt werden.

```
Wolfram|Alpha (22)
> derivate x^2 + 2*x + 3 where x = 2 <RETURN>
Result: 6
```

Zur Lösung mit MATLAB definieren wir zunächst mit dem Befehl `syms` wieder, dass es sich um eine symbolische Funktion handelt, bevor wir mit der Eingabe der Funktion starten.

```
MATLAB Command Window (33)
> syms x % Symbolic Math Toolbox erforderlich <RETURN>
> f(x) = x^2 + 2*x + 3 <RETURN>
f(x) =
x^2 + 2*x + 3
```

```
> df = diff(f,x) <RETURN>
df(x) =
2*x + 2>
> df(2) <RETURN>
ans =
6
```

Numerisch kann die Geradensteigung durch Bilden von Differenzenquotienten erfolgen, diese Methode wird im Kap. 4 beschrieben.

2.4.11 Gleichungssysteme lösen

Für Anwendungen von der Berechnung einfacher Bewegungsgleichungen bis hin zu den bildgebenden Verfahren der Computertomographie ist das Lösen linearer Gleichungssysteme erforderlich. Selbst nichtlineare Effekte können mit iterativen Verfahren gelöst werden, die auf linearen Gleichungssystemen basieren.

Beispiel

Lösen eines linearen Gleichungssystems: Gesucht sind Werte für die Variablen x, y und z, mit denen das gegebene lineare Gleichungssystem gelöst werden kann.

$$3 \cdot x + 2 \cdot y + 4 \cdot z = 95$$

$$5 \cdot x + 3 \cdot y + 1 \cdot z = 16$$

$$8 \cdot x + 2 \cdot y + 4 \cdot z = 45$$

Mit Wolfram|Alpha können wir die drei genannten Gleichungen einfach hintereinander in das Eingabefeld schreiben, jeweils durch ein Komma getrennt. Nach Drücken der `Return`-Taste kann man im Feld `Input:` die Eingabe überprüfen und im Feld `Solution` die Lösung für x, y und z abzulesen.

```
Wolfram|Alpha (23)
> 3x + 2y + 4z = 95, 5x + 3y + 1z = 16, 8x + 2y + 4z = 45 <RETURN>
Solution: x = -10, y = 139/10, z = 243/10
```

Wir können zum Lösen des Gleichungssystems aber auch die Matrixschreibweise wählen.

$$\begin{pmatrix} 3 & 2 & 4 \\ 5 & 3 & 1 \\ 8 & 2 & 4 \end{pmatrix} \cdot \begin{pmatrix} x \\ y \\ z \end{pmatrix} = \begin{pmatrix} 95 \\ 16 \\ 45 \end{pmatrix}$$

Hierzu würden wir folgenden Ausdruck in das Eingabefeld von Wolfram|Alpha schreiben:

```
Wolfram|Alpha (24)
> ({3,2,4},{5,3,1},{8,2,4}).{x,y,z} = {95,16,45} <RETURN>
Result: {3 x + 2 y + 4 z, 5 x + 3 y + z, 8 x + 2 y + 4 z} = {95, 16, 45}
Solution:    x = -10,    y = 139/10,    z = 243/10
```

Zum Lösen des Gleichungssystems mit MATLAB können wir ebenfalls die Matrixschreibweise wählen. Hierzu definieren wir die Matrix $\boldsymbol{A}$, wobei die Zeilen jeweils wieder durch ein Semikolon getrennt werden, und den Spaltenvektor $\vec{b}$. Damit können wir unser lineares Gleichungssystem folgendermaßen schreiben:

$$\boldsymbol{A} \cdot \vec{x} = \vec{b}$$

Die inverse Matrix $\boldsymbol{A}^{-1}$ mit dem Vektor $\vec{b}$ multipliziert ergibt dann unseren Ergebnisvektor $\vec{x}$. Der MATLAB-Befehl zur Berechnung der inversen Matrix $\boldsymbol{A}^{-1}$ lautet hierbei `inv(A)`.

$$\vec{x} = \boldsymbol{A}^{-1} \cdot \vec{b}$$

```
MATLAB Command Window (34)
> A = [3 2 4; 5 3 1; 8 2 4] <RETURN>
A =
     3     2     4
     5     3     1
     8     2     4
> b = [95;16;45] <RETURN>
b =
    95
    16
    45
> x=inv(A)*b <RETURN>
x =
  -10.0000
   13.9000
   24.3000
```

Auch mit Excel kann die Lösung des linearen Gleichungssystems mit Hilfe der inversen Matrix erfolgen. Die Multiplikation der inversen Matrix $\boldsymbol{A}^{-1}$ mit dem Vektor `b` ergibt ebenfalls wieder unseren Ergebnisvektor `x`. Die Umsetzung in Excel wird in Abb. 2.20 gezeigt. Zunächst werden in die Zellen `A1:C3` die Werte der Matrix $\boldsymbol{A}$ eingetragen, die Matrixelemente markiert und der Name `A` zugeordnet. In die Zellen `E1:E3` werden die Werte des Vektors $\vec{b}$ eingetragen und das Array mit `b` bezeichnet. Die Zellen `A5:C7` werden ausgewählt und die Funktion `MINV(A)` zur Berechnung der inversen Matrix $\boldsymbol{A}^{-1}$ eingetragen. Die inverse Matrix können wir wieder markieren und dieser den Namen `Ainv` zuweisen. Dann werden die Zellen `E5:E7` markiert und die Funktion `MMULT(...)` eingetragen,

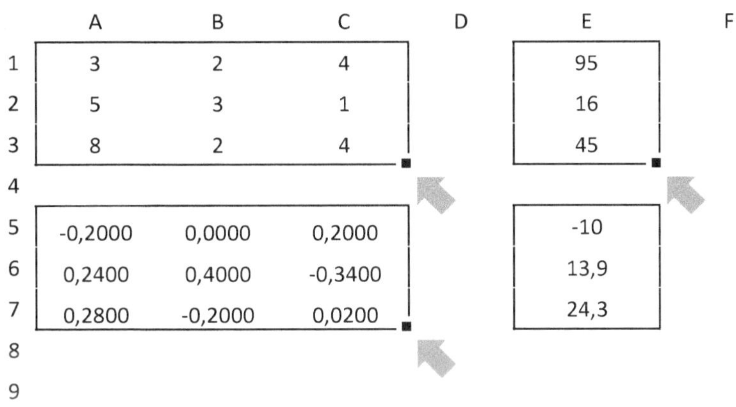

	A	B	C	D	E	F
1	3	2	4		95	
2	5	3	1		16	
3	8	2	4		45	
4						
5	-0,2000	0,0000	0,2000		-10	
6	0,2400	0,4000	-0,3400		13,9	
7	0,2800	-0,2000	0,0200		24,3	
8						
9						

Abb. 2.20 Excel-Arbeitsblatt zum Lösen eines linearen Gleichungssystems

und wir können den Ergebnisvektor $\vec{x}$ berechnen. Hierbei wieder daran denken, die `Strg-` und `Shift`-Taste gleichzeitig zu drücken und zu halten und dann die Taste `Return` zu drücken.

```
Excel-Arbeitsblatt (Abb.2.20)
A5:C7 = MINV(A)
E5:E7 = MMULT(Ainv;b)
```

Lineare Gleichungssysteme können mit Hilfe der Tabellenkalkulation Excel also einfach gelöst werden.

2.4.12 Gleichungen nach einer Variable auflösen

Eine Standardaufgabe in der Physik ist das Auflösen von Formeln nach bestimmten Variablen. In Abhängigkeit des Gleichungstyps kann sich diese Aufgabe einfach oder doch etwas schwieriger darstellen. Wir starten mit einem einfachen Beispiel.

Beispiel

Gleichungen nach einer Variablen auflösen: Wir wollen berechnen, wie schnell ein Auto der Masse 1.400 kg fahren darf, damit der Wert für die kinetische Energie von 1,5 MJ nicht überschritten wird. Die kinetische Energie wird folgender bekannten Formel berechnet:

$$E_{\text{kin}} = \frac{1}{2} \cdot m \cdot v^2$$

Dazu lösen wir die Formel für die kinetische Energie nach v auf. Bei der Lösung mit Wolfram|Alpha können wir die bekannten Größen für die Masse (1.400 kg) und die kinetischen Energie (1,5 MJ = 1,5 · 10^6 J) in die Gleichung einsetzen. Da wir symbolisch rechnen können, schreiben wir für die gesuchte Größe einfach v in die Formel. Getrennt durch ein Komma folgt der Befehl `solve` mit der Angabe, nach welcher Größe die Formel aufgelöst werden soll. Um den Wert $1,5 \cdot 10^6$ J einzugeben, wählen wir die Schreibweise `1.5 e6`.

```
Wolfram|Alpha (25)
> 1.5e6 = 1/2*1400*v^2, solve v <RETURN>
Result: v~~±46.291
```

Aufgrund der quadratischen Funktion erhalten wir zwei Ergebnisse als Lösung, physikalisch vermerken wir den positiven Wert für die Geschwindigkeit $v = 46,291$ m s^{-1} entsprechend ca. entsprechend ca. 167 km h^{-1}.

Bei MATLAB vermerken wir zunächst durch den Befehl `syms`, dass wir symbolisch rechnen wollen und benennen die Variablen m und v. Nun geben wir den Befehl `solve` ein, gefolgt von der eigentlichen Gleichung und der Variablen v, nach der wir auflösen wollen.

```
MATLAB Command Window (35)
> syms v % Symbolic Math Toolbox erforderlich <RETURN>
> vel = solve(1/2*1400*v^2 == 1.5e6, v) <RETURN>
vel =
  (50*42^(1/2))/7
 -(50*42^(1/2))/7
> double(vel)
ans =
   46.2910
  -46.2910
```

Da man mit Excel nicht symbolisch rechnen kann, können wir unsere Gleichung auch nicht auflösen. Die Lösung müssen wir hier zunächst mit Papier und Bleistift entwickeln und dann die Zahlenwerte in die umgeformte Gleichung einsetzten.

2.4.13 Versuchsauswertung mit der Regressionsanalyse

Mit Hilfe von Experimenten können theoretische Überlegungen überprüft werden. Bei der Auswertung der Versuchsergebnisse stellt die Regressionsanalyse eine wichtige Methode dar.

Beispiel

Regressionsanalyse des Experimentes zum freien Fall: Wir wollen die Fallzeit einer kleinen Kugel in Abhängigkeit der Fallhöhe ermitteln und führen ein kleines Experiment durch. Die Messwerte haben wir in Tab. 2.8 dokumentiert. Wir wollen mit Hilfe der Regressionsanalyse die Funktion für die Fallzeit t in Abhängigkeit der Fallhöhe h bestimmen.

Mithilfe der Regressionsanalyse sollen Kurven und Oberflächen ermittelt werden, welche optimal an die Messwerte angepasst sind (engl. *curve fitting*). Mit Wolfram|Alpha kann eine solche Analyse mit der Eingabe `fit` durchgeführt werden, gefolgt von den entsprechenden Wertepaaren. Erfolgt die Eingabe `fit` ohne weitere Zusätze, wird eine Anpassung mit Hilfe von Polynomen durchgeführt.

Wie gut die Annäherung zwischen der ermittelten Funktion und den Messwerten gelingt, wird mit den entsprechenden Kennziffern (`fit diagnostics`, `plot of the residuals`) ausgewiesen. Wird ein bestimmter mathematischer Zusammenhang zwischen den betrachteten physikalischen Größen aufgrund theoretischer Überlegungen erwartet, können wir die Regressionsanalyse zielgerichteter anwenden.

Nehmen wir als Beispiel einmal an, dass wir für den freien Fall einer Masse folgenden Zusammenhang zwischen der Fallhöhe h und der Zeit t erwarten.

$$h \sim a \cdot t^2$$

In Kap. 3 werden wir mit der Dimensionsanalyse eine Methode kennenlernen, mit der man solche Zusammenhänge systematisch entwickeln kann. Was unser Experiment angeht, so erwarten wir für die Fallzeit t eine Potenzfunktion mit dem Exponenten 0,5.

$$t \sim \sqrt{h/a} = (h/a)^{0,5}$$

Aufgrund dieser Erwartung führen eine Regressionsanalyse mit einer Potenzfunktion durch. Zur Durchführung mit Wolfram|Alpha verwenden wir die Eingabe `power fit`, gefolgt von den gemessenen Wertepaaren in geschweiften Klammern für Listenausdrücke. Mit dieser Eingabe werden die Parameter a und b an folgende Funktion angepasst.

Tab. 2.8 Dokumentation des Fallexperimentes in einer Wertetabelle

Fallhöhe h in m	Fallzeit t in s
0,10	0,14
0,30	0,26
0,50	0,34
0,80	0,41
1,20	0,51
1,50	0,60

$$y = a \cdot x^b$$

Das Anpassen mit Hilfe der Parameter a und b erfolgt hierbei so, dass insgesamt ein möglichst geringer Fehler zwischen den Messwerten und der Fit-Funktion erzielt wird.

```
Wolfram|Alpha (26)
> power fit
{{0.10,0.14},{0.30,0.26},{0.50,0.34},{0.80,0.41},{1.20,0.51},
{1.50,0.60}} <RETURN>
Least-squares best fit: 0.475034 x^0.521722
```

Wolfram|Alpha gibt neben dem Ergebnis an, dass hier die Methode der kleinsten *Fehlerquadrate* (engl. *least squares best fit*) angewendet wurde. Auf unser Experiment übertragen, erhalten wir somit folgende Fit-Funktion für die Fallzeit t in Abhängigkeit der Fallhöhe h.

$$t(h) = 0,475 \cdot h^{0,52}$$

Tipp
Bei Wolfram|Alpha steht mit der Eingabe fit die Möglichkeit, verschiedene Regressionsanalysen durchzuführen. Wird bereits ein bestimmter funktionaler Zusammenhang erwartet kann die Eingabe ergänzt werden, um ein bestimmtes Modell vorzugeben, Beispiele sind:

- Lineare Funktion mit der Eingabe `linear fit`
- Potenzfunktion mit der Eingabe `power fit`
- Exponentialfunktion mit der Eingabe `exponential fit`
- Logarithmusfunktion mit der Eingabe `logarithmic fit`

Bei der Lösung mit MATLAB schreiben wir die Messwerte zunächst in die Vektoren h und t. Mit dem Befehl `fit` gefolgt von den Vektoren und dem gewählten Modell kann dann die Regressionsanalyse beginnen. Voraussetzung hierfür ist die Curve Fitting Toolbox. Auch hier stehen unterschiedliche Modelle zur Verfügung, für unser Beispiel wählen wir das Modell `power1`.

```
MATLAB Command Window (36)
> h = [0.10; 0.30; 0.50; 0.80; 1.20; 1.50]; <RETURN>
> t = [0.14; 0.26; 0.34; 0.41; 0.51; 0.60]; <RETURN>
> fit(h,t,'power1') % Curve Fitting Toolbox erforderlich <RETURN>
ans =
     General model Power1:
     ans(x) = a*x^b
```

```
Coefficients (with 95% confidence bounds):
  a =       0.475 (0.4584, 0.4917)
  b =      0.5217 (0.461, 0.5825)
```

Wie gut die Messwerte mit der Fit-Kurve beschrieben werden können, kann mithilfe der sogenannten Vertrauensgrenzen (engl. *confidence bounds*) angegeben werden. In Kap. 3 werden wir dieses Thema noch einmal aufnehmen.

Tipp
Steht die Curve Fitting Toolbox zur Verfügung, können wir mit MATLAB unterschiedliche Regressionsanalysen durchführen. Wird ein funktionaler Zusammenhang erwartet, kann aus einer sehr großen Auswahl ein bestimmtes Modell vorgegeben werden, Beispiele sind:

- Potenzfunktion: Befehl `fit(x,y,'power1')`
- Lineare Funktion: Eingabe `polyfit(x,y,1)`
- Exponentialfunktion: Eingabe `fit(x,y,'exp1')`
- Logarithmusfunktion: Eingabe `polyfit(log(h),t,1)`

In gleicher Weise können wir eine Regressionsanalyse mit der Tabellenkalkulation durchführen. Hierzu fertigen wir die in Abb. 2.21 gezeigte Tabelle an und tragen die Werte für die Fallhöhe h und die Fallzeit t ein.

Nach Markieren der Werte kann unter `Einfügen Diagramme` der Diagrammtyp `Punkt (XY)` gewählt und die Grafik erstellt werden. Nun können die Datenpunkte ausgewählt werden. Nach Betätigen der rechten Maustaste kann man die Option `Trendlinie hinzufügen` ... anwählen. Als Trendlinienoption wählen wir den Regressionstyp `Potenz`. Durch Anwählen der Option `Formel im Diagramm anzeigen` können wir das Regressionsergebnis in die Grafik schreiben.

	A	B	C	D	E
1	h in m	t in s			
2					
3	0,10	0,14			
4	0,30	0,26			
5	0,50	0,34			
6	0,80	0,41			
7	1,20	0,51			
8	1,50	0,60			
9					

- Zellen markieren
- Einfügen Diagramme
- Diagrammtyp Punkt (XY) wählen
- Datenreihe markieren
- Trendlinie hinzufügen ...
- Trend-/Regressionstyp: Potenz
- Formel in Diagramm anzeigen wählen
- ...

Abb. 2.21 Excel-Arbeitsblatt zur Durchführung der Regressionsanalyse

2.4.14 Parametrische Plots erstellen

Soll beispielsweise die Bewegung eines Massepunktes in einer Fläche beschrieben werden, so werden die x- und y-Koordinaten in Abhängigkeit des Parameters t dargestellt. Eine solche Darstellung bezeichnet man als parametrische Darstellung.

Beispiel

Plotten einer Archimedischen Spirale: Wir wollen die zweidimensionale Bewegung eines Masseteilchens visualisieren, dass sich auf einer Spiralbahn bewegt. Das Masseteilchen startet im Koordinatenursprung und beschreibt drei vollständige Umdrehungen, bei denen der Radius von 0 auf einen Wert von 1 zunimmt.

Zur Visualisierung der Bewegung können wir bei Wolfram|Alpha die Eingabe `parametric plot` verwenden. Hierbei werden die x- und y-Werte in Abhängigkeit des Drehwinkels φ dargestellt (Abb. 2.22).

```
Wolfram|Alpha (27)
> parametric plot (cos(phi)*phi/(2*pi*3), sin(phi)*phi/(2*pi*3))
from phi=0 to 3*2*pi <RETURN>
Parametric plot: siehe QR-Code in Abb. 2.22
```

Zur Visualisierung in MATLAB definieren wir zunächst den Zeilenvektor φ und berechnen mit Hilfe der trigonometrischen Funktionen $\cos(\varphi)$ und $\sin(\varphi)$ die entsprechenden x- und y-Werte, die wir dann mit dem Befehl `plot(x,y)`, wie in Abb. 2.23 dargestellt, in einer Grafik visualisieren können.

```
MATLAB Command Window (37)
> phi = 0:0.1:3*2*pi; <RETURN>
> x = cos(phi).*phi/(3*2*pi); <RETURN>
> y = sin(phi).*phi/(2*pi*3); <RETURN>
> plot(x,y) <RETURN>
```

Abb. 2.22 QR-Code zu Wolfram|Alpha (27)

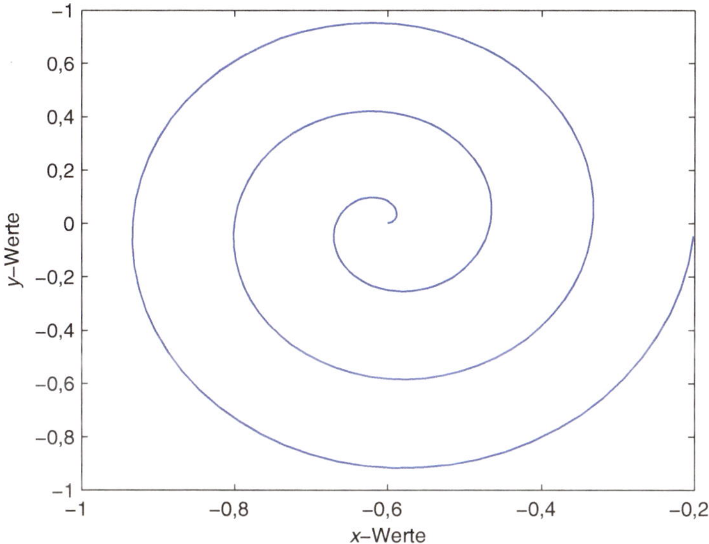

Abb. 2.23 Visualisierung der Archimedischen Spirale

	A	B	C	D	E	F
1	phi	x	y			
2	0,10	0,0053	0,0005			
3	0,20	0,0104	0,0021			
4	0,30	0,0152	0,0047			
...	...	...	...			
189	18,80	0,9961	-0,0494			

Abb. 2.24 Excel-Arbeitsblatt zur Visualisierung der Archimedes Spirale

Zur Lösung mit Excel fertigen wir das in Abb. 2.24 gezeigte Arbeitsblatt an, mit den Spalten für den Drehwinkel φ und die x-und y-Werte. Da wir drei ganze Drehungen darstellen wollen, wählen wir für den Drehwinkel Werte von 0 bis $6{\cdot}\pi$, als Schrittweite wählen wir einen Wert von 0,1. Nach Fertigstellung der Tabelle können wir die x- und y-Werte auswählen und grafisch darstellen.

```
Excel-Arbeitsblatt (Abb.2.24)
B2 = COS(A2)*A2/(3*2*PI())
C2 = SIN(A2)*A2/(3*2*PI())
```

2.4.15 Bahnkurven in drei Dimensionen

Soll beispielsweise die Bewegung eines Massepunktes im Raum beschrieben werden, so kommt zu den x- und y-Koordinaten noch die z-Komponente hinzu. Alle drei Komponenten sollen dann in Abhängigkeit des Parameters t dargestellt werden. Eine solche Darstellung bezeichnet man als dreidimensionale parametrische Darstellung.

Beispiel

Plotten einer 3D-Raumkurve: Wir wollen die Raumkurve eines Masseteilchens visualisieren, das eine Schraubenlinie beschreibt. Das Masseteilchen startet bei $s_0 = (1\text{ m}, 0, 0)$ und erreicht nach fünf ganzen Umdrehungen mit konstantem Abstand zur Drehachse eine Höhe von 4 m.

Zur Visualisierung der Bewegung können wir bei Wolfram|Alpha die Eingabe `parametric plot` verwenden. Hierbei werden die x- und y-Werte sowie die z-Werte (für die Höhe) in Abhängigkeit des Drehwinkels φ dargestellt (Abb. 2.25).

```
Wolfram|Alpha (28)
> parametric plot(sin(phi),cos(phi),4/(2*pi*5)*phi) from phi = 0 to
2*pi*5 <RETURN>
Parametric plot: siehe QR-Code in Abb. 2.25
```

Zur Visualisierung der 3D-Raumkurve in MATLAB definieren wir zunächst wieder einen Drehwinkel φ als Zeilenvektor. Die x- und y-Werte ergeben sich wieder durch Anwenden der Kosinus- und Sinusfunktion. Die z-Komponente soll Werte von 0 bis 4 m annehmen, diese sollen linear mit dem Drehwinkel ansteigen. Nach dem Plotten mit dem Befehl `plot3(x,y,z)` erhalten wir die in Abb. 2.26 gezeigte dreidimensionale Raumkurve.

```
MATLAB Command Window (38)
> phi = 0:0.1:5*2*pi; <RETURN>
> x = cos(phi); <RETURN>
> y = sin(phi); <RETURN>
> z = 4/(5*2*pi)*phi; <RETURN>
> plot3(x,y,z) <RETURN>
```

Abb. 2.25 QR-Code zu Wolfram|Alpha (28)

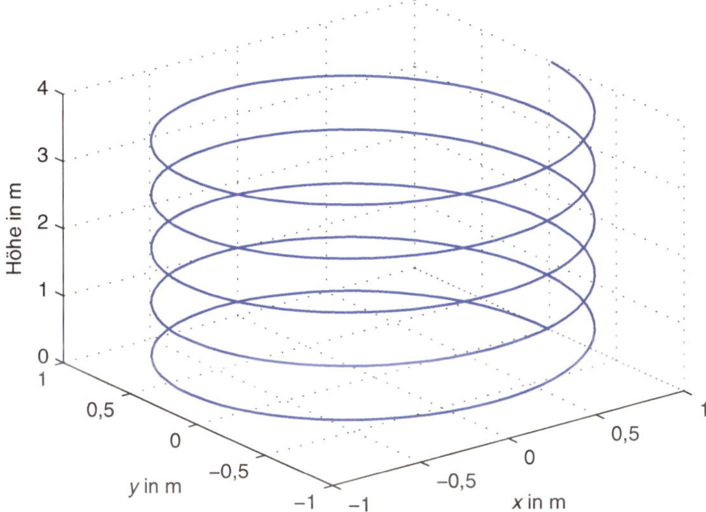

Abb. 2.26 Visualisierung einer 3D-Raumkurve eines Masseteilchens, das sich auf einer Schraubenlinie bewegt.

Zusammenfassung

- Auf vielen Smartphones, Tablets und Desktop-Rechnern sind bereits kleine Apps zum Rechnen, wie beispielsweise Taschenrechner, vorinstalliert.
- Sollen komplexere Berechnungen durchgeführt werden, so kommen diese Anwendungen allerdings schnell an ihre Grenzen und man startet die Suche nach leistungsfähigerer Software.
- Im Rahmen dieses Buches werden die drei Software-Tools Wolfram|Alpha, MATLAB und Excel eingesetzt, welche die Bereiche Computeralgebra, technisches und wissenschaftliches Rechnen sowie Tabellenkalkulation repräsentieren.
- Die ausgewählten Software-Tools können auf mobilen Endgeräten wie Smartphones und Tablets, aber auch auf Desktop-Rechnern eingesetzt werden und besitzen einen Funktionsumfang, der die verschiedenen Aufgabenstellungen im gesamten Studienverlauf unterstützt.

Literatur

1. New to Wolfram|Alpha? Take the tour: What is wolfram|alpha? https://www.wolframalpha.com/tour/what-is-wolframalpha.html. Zugegriffen am 09.04.2016
2. Loviscach J (2011) 02 Wolfram Alpha, Teil 1, Plots, Gleichungen, Ungleichungen, Ableitungen, Integrale. [YouTube-Video]. https://www.youtube.com/watch?v=qX-rOt4zZyw

3. Schmidt J (2015) Basiswissen Mathematik. Der smarte Einstieg in die Mathematikausbildung an Hochschulen, 2. Aufl. Springer-Lehrbuch/Springer Spektrum, Berlin
4. MATLAB Mobile – Features – MathWorks Deutschland. http://de.mathworks.com/products/matlab-mobile/features.html#acquiring_data_from_sensors. Zugegriffen am 09.04.2016
5. Quarteroni A, Saleri F (2006) Wissenschaftliches Rechnen mit MATLAB. Springer-Lehrbuch/Springer-Verlag, Berlin Heidelberg
6. Thuselt F, Gennrich FP (2013) Praktische Mathematik mit MATLAB. Scilab und Octave. Für Ingenieure und Naturwissenschaftler. Springer Spektrum, Berlin
7. Pietruszka WD (2014) MATLAB und Simulink in der Ingenieurpraxis. Modellbildung, Berechnung und Simulation, 4. Aufl. Lehrbuch/Springer Vieweg, Wiesbaden
8. Stein U (2011) Einstieg in das Programmieren mit MATLAB, 3. Aufl. Hanser, München
9. Günter M. Gramlich Eine Einführung in MATLAB aus Sicht eines Mathematikers. http://www.hs-ulm.de//users/gramlich/EinfMATLAB.pdf. Zugegriffen am 22.04.2016
10. Benker H (2007) Wirtschaftsmathematik – Problemlösungen mit EXCEL. Grundlagen, Vorgehensweisen, Aufgaben, Beispiele, 1. Aufl. Friedr. Vieweg & Sohn Verlag | GWV Fachverlage GmbH Wiesbaden, Wiesbaden
11. Nahrstedt H (2009) Excel + VBA für Maschinenbauer Programmieren erlernen und Problemstellungen lösen; mit 43 Tabellen, 2. Aufl. Studium. Vieweg+Teubner Verlag/GWV Fachverlage GmbH Wiesbaden, Wiesbaden
12. Verwenden von Microsoft Excel Mobile | Windows Phone – Hilfe & Anleitung (Deutschland). http://www.windowsphone.com/de-de/how-to/wp7/office/use-office-excel-mobile. Zugegriffen am 09.04.2016

3 Dimensionen, Einheiten & Lösungsstrategien

3.1 Dimensionen und Einheiten

Physikalische Gesetze stellen Beziehungen zwischen physikalischen Größen her, die mit Dimensionen und Einheiten beschrieben werden. Alle physikalischen Größen können mit Hilfe von sieben Basisdimensionen dargestellt werden. Hierzu gehören die Länge, die Masse, die Zeit, die Stromstärke, die Temperatur, die Stoffmenge und die Lichtstärke.

Die im Rahmen dieses Buches bearbeiteten Disziplinen Kinematik und Dynamik kommen mit weniger Dimensionen aus. Alle physikalischen Größen der Kinematik können mit den Dimensionen Länge (engl. *length*) und Zeit (engl. *time*) dargestellt werden. Ergänzt man zu den Dimensionen der Kinematik noch die Dimension Masse (engl. *mass*), so lassen sich alle physikalischen Größen der Dynamik darstellen. Eine beliebige Größe aus der Dynamik lässt sich also mit den Dimensionen Länge (Dimensionssymbol L) folgendermaßen darstellen.

$$\dim Y = \mathrm{L}^{\alpha} \cdot \mathrm{T}^{\beta} \cdot \mathrm{M}^{\gamma}$$

Definition

Dimensionen in der Mechanik: Alle physikalischen Größen der Mechanik lassen sich mit folgenden Dimensionen darstellen:

- Länge (L)
- Zeit (T)
- Masse (M)

P. Kersten, *Mechanik – smart gelöst*, DOI 10.1007/978-3-662-53706-0_3

Sollen physikalische Größen gemessen werden, so sind Einheiten erforderlich, die eine Größe jeweils in Bezug zu einem Eichstandard setzen. Jeder Wert einer physikalischen Größe G ist das Produkt aus einem Zahlenwert $\{G\}$ und einer Einheit $[G]$.

$$G = \{G\} \cdot [G]$$

Tipp
Zwischen Zahl und Einheit immer ein Leerzeichen einfügen, dieses wird stellvertretend für das Multiplikationszeichen gesetzt. Ausnahmen bilden die Einheitszeichen für Grad, Minute und Sekunde eines Winkels. Um einen Zeilenumbruch zwischen Zahl und Einheit zu vermeiden, kann in Textverarbeitungsprogrammen das sogenannte geschützte Leerzeichen verwendet werden.

Einige physikalische Größen müssen zusätzlich zu einem Zahlenwert und einer Einheit noch mit einer Richtung beschrieben werden. Hierbei handelt es sich um vektorielle Größen wie die Geschwindigkeit, die Kraft oder den Impuls, die üblicherweise mit einem Vektorpfeil über dem entsprechenden Formelzeichen gekennzeichnet werden. Alternativ kann eine Kennzeichnung vektorieller Größen aber auch durch fettgedruckte kursive Buchstaben wie $\boldsymbol{v}$, $\boldsymbol{F}$ oder $\boldsymbol{p}$ erfolgen.

Im Laufe der Zeit haben sich für eine Dimension ganz unterschiedliche Einheiten entwickelt. Beispielsweise kann die Dimension Länge mit den Einheiten Elle, Fuß, Meilen, km usw. gemessen werden.

Tab. 3.1 zeigt die Dimensionen und Einheiten in der Kinematik und Dynamik. Als Einheiten werden die SI-Einheiten (von franz. *Système international d'unités*) Meter (m), Kilogramm (kg), Sekunde (s), Ampere (A) Kelvin (K), Mol (mol) und Candela (cd) verwendet [1].

Einheitszeichen können wie mathematische Objekte behandelt werden. Beispielsweise kann man für $T = 300\,\mathrm{K}$ auch die Schreibweise $T/\mathrm{K} = 300$ verwenden, welche beispielsweise häufig zur Beschriftung von Achsen in Diagrammen eingesetzt wird.

Zur Messung physikalischer Größen muss ein Eichstandard vorhanden sein, welche sich im Laufe der Zeit entwickelt haben. Zur Messung der Länge beispielsweise wurden historisch gerne Körperteile wie Fuß oder Elle verwendet. Aufgrund der der unterschiedlich langen Unterarme kam es schnell zu verschiedenen Massen

Tab. 3.1 Dimensionen und Einheiten in der Kinematik und Dynamik

Dimension	Symbol für die Dimension	SI-Basiseinheit	Einheitenzeichen
Länge	L	Meter	m
Zeit	T	Sekunde	s
Masse	M	Kilogramm	kg

wie der Bamberger Elle, der Badischen Elle oder der Hamburger Elle. Das gleiche gilt natürlich auch für die vom menschlichen Fuß abgeleiteten Einheiten. Die Länge dreier getrockneter Gerstenkörner bildete die Längeneinheit inch. Die Längeneinheit Meter wurde historisch als der vierzigmillionsten Teil des durch Paris gehenden Erdmeridians definiert und lange Zeit in Form eines Urmeters als Eichstandard verwendet [2]. Heute wird das Meter mit Hilfe der Lichtgeschwindigkeit und der Zeiteinheit Sekunde festgelegt.

Definition

Das Meter: Die SI-Basiseinheit der Länge ist das Meter (m). 1 m ist definiert als die Länge, die Licht im Vakuum innerhalb einer Zeit von 1/299.792.458 Sekunden zurücklegt.

Die Sekunde: Die SI-Basiseinheit der Zeit ist die Sekunde (s). 1 s ist definiert durch ein Vielfaches der Perioden einer Strahlung, die ein ^{133}Cs-Atom aussendet.

Das Kilogramm: Die SI-Basiseinheit der Masse ist das Kilogramm (kg). 1 kg ist definiert durch die Masse eines Kilogramm-Prototypen.

Die Dimension einer physikalischen Größe ist unabhängig vom Maßsystem. Der Begriff Dimension darf in diesem Zusammenhang nicht mit der Raumdimension verwechselt werden. Die Dimensionen von abgeleiteten Größen ergeben sich durch entsprechende Kombination der Basisgrößen. Die Dimension der Geschwindigkeit v können wir beispielsweise folgendermaßen angeben:

$$\dim v = \mathrm{L\,T^{-1}}$$

Die Einheiten von abgeleiteten Größen ergeben sich durch entsprechende Kombinationen der Basiseinheiten. Die Einheit der Geschwindigkeit v können wir folgendermaßen angeben:

$$[v] = \mathrm{m\,s^{-1}}$$

Einige physikalische Größen, wie beispielsweise Verhältnisgrößen, haben keine Dimension, bzw. haben die Dimension eins.

3.2 Rechnen mit Einheiten

Die in diesem Buch verwendeten Gleichungen basieren auf dem SI-Einheitensystem. Hierzu gehören die Basiseinheiten und die sogenannten kohärent abgeleiteten Größen. Ein Überblick über Einheiten und Symbole für Ingenieure findet sich in [3].

Kohärente abgeleitete SI-Einheiten sind beispielsweise m^2 für den Flächeninhalt oder $\mathrm{m\ s}^{-1}$ für die Geschwindigkeit. Einige der abgeleiteten Einheiten haben besondere Namen und Zeichen, wie beispielsweise die Einheit Newton (N) für die Kraft, Joule (J) für die Energie oder Hertz (Hz) für die Frequenz. Diese abgeleiteten Einheiten lassen sich als Potenzprodukte der Basiseinheiten darstellen, wobei keine anderen numerischen Faktoren als die 1 verwendet werden.

Die Einheit Newton setzt sich beispielsweise aus dem Produkt der Basiseinheiten kg m s^{-2} zusammen, die Einheit Joule aus kg m^2 s^{-2} und die Einheit Hertz aus s^{-1}. Zur Darstellung der Multiplikation von Einheiten kann ein zentrierter Punkt in mittlerer Höhe verwendet werden oder, wie in diesem Buch, ein Leerzeichen.

Die Auswirkungen von falschen Einheiten können ziemlich gravierend sein. Beispielsweise wurde der Verlust der 125 Millionen Dollar teuren Marssonde Climate Orbiter nicht durch einen technischen Defekt verursacht, sondern durch die Verwendung unterschiedlicher Einheiten in den Programmcodes, die von verschiedenen Teams entwickelt wurden.

Der Blick auf die Einheiten sollten wir bei der Lösung von Aufgaben also nicht unterschätzen. Die Formeln und Gleichungen in diesem Buch basieren auf dem SI-Einheitensystem. Bei der Lösung der Beispielaufgaben müssen daher alle physikalischen Größen in SI-Einheiten angeben werden. Soll beispielsweise die (translatorische) kinetische Energie $E_{\text{kin}}^{\text{trans}}$ eines Autos mit der Masse $m = 1.500\,\text{kg}$ und der Geschwindigkeit $v = 50\,\text{km}\,\text{h}^{-1}$ mit der bekannten Formel Gl. 3.1 berechnet werden, würde das Einsetzen der Geschwindigkeit in km h^{-1} statt m s^{-1} zu einem falschen Ergebnis führen.

$$E_{\text{kin}}^{\text{trans}} = \frac{1}{2} \cdot m \cdot v^2 \tag{3.1}$$

Die Geschwindigkeit muss daher zunächst von der Einheit km h^{-1} in die Einheit m s^{-1} umgerechnet werden. Hierzu kann man systematisch folgendermaßen vorgehen.

$$\frac{50\,\text{km}}{1\,\text{h}} = \frac{\cancel{50\,\text{km}}}{\cancel{1\,\text{h}}} \cdot \underbrace{\left(\frac{\cancel{1\,\text{h}}}{3.600\,\text{s}}\right)}_{1} \cdot \underbrace{\left(\frac{50.000\,\text{m}}{\cancel{50\,\text{km}}}\right)}_{1} = 13,89\,\text{m}\,\text{s}^{-1}$$

Den Ausgangswert 50 km h^{-1} schreiben wir zunächst als Bruch in der Form 50 km h^{-1}. Nun können wir mit den Brüchen $1\,\text{h}/3.600\,\text{s}$ und $50.000\,\text{m}/50\,\text{km}$, die den Wert 1 haben, multiplizieren und anschließend die nicht gewünschten Einheiten durch Kürzen entfernen.

Die so berechnete Geschwindigkeit $v = 13,89\,\text{m}\,\text{s}^{-1}$ setzten wir in Gl. 3.1 ein und berechnen die kinetische Energie.

$$E_{\text{kin}}^{\text{trans}} = \frac{1}{2} \cdot (1.500\,\text{kg}) \cdot \left(13,89\,\text{m}\,\text{s}^{-1}\right)^2 = 144.700\,\text{kg}\,\text{m}^2\,\text{s}^{-2} = 144,7\,\text{kJ}$$

Hierbei führen wir die Berechnung mit den Zahlenwerten und den Einheiten durch. Es können nur physikalische Größen addiert oder subtrahiert werden, die die gleiche Einheit haben. Mit Wolfram|Alpha können wir auch in einem gewissen Umfang Rechnungen mit Einheiten durchführen.

```
Wolfram|Alpha (1)
> 1/2*1500 kg*((50/3.6) m/s)^2 <RETURN>
Result: 144676 kg m^2/s^2 (kilogram meters squared per second squared)
Unit conversions:
144676 N m  (newton meters)
144.7 kJ  (kilojoules)
0.1447 MJ  (megajoules)
...
```

Auch das Umrechnen von Einheiten kann mit Wolfram|Alpha mit Hilfe der Eingabe `convert` erfolgen.

```
Wolfram|Alpha (2)
> convert 50 km/h to m/s <RETURN>
Result: 13.89 m/s (meters per second)
```

Mit MATLAB können Einheiten ebenfalls umgerechnet werden. Um Geschwindigkeiten mit den unterschiedlichen Einheiten wie *Feet per second*, *Miles per hour*, oder wie in unserem Fall *Kilometers per hour* in *Meters per second* umzurechnen steht die Funktion `convvel (50,'km/h','m/s')` zur Verfügung, hierzu muss allerding die Aerospace Toolbox vorhanden sein.

Wir können natürlich aber auch selber eine Funktion definieren, die wir beispielsweise `convspeed` nennen und die Einheit km h^{-1} in m s^{-1} umrechnet. Vor der Definition einer neuen Funktion sollten wir allerdings mit der Abfrage `exist convspeed` überprüfen, ob diese Funktion bereits existiert. In diesem Fall wird als Antwort eine 0 zurückgegeben und damit angezeigt, dass diese Funktion noch nicht definiert ist. Die selbst geschriebene Funktion `convspeed` kann nun jederzeit im Command Window aufgerufen werden, wobei in Klammern der umzurechnende Wert in km h^{-1} übergeben wird.

```
MATLAB Command Window (1)
> convspeed = @(v) v/3.6 <RETURN>
convspeed =
    @(v)v/3.6
> convspeed(50) <RETURN>
ans =
   13.8889
```

Wollen wir berechnen, welchen Weg ein Fahrzeug mit einer Geschwindigkeit von $120\,\mathrm{km\,h^{-1}}$ in einer Zeit von $12\,\mathrm{s}$ zurücklegt, können wir dies nun durch folgende Eingabe berechnen:

```
MATLAB Command Window (2)
> convspeed(120)*12 <RETURN>
ans =
   400
```

Auch in Excel steht mit der Funktion UMWANDELN eine Möglichkeit zur Verfügung, verschiedene physikalische Einheiten umzurechnen. Im Excel-Arbeitsblatt in Abb. 3.1 werden exemplarisch die Einheiten km in m, h in s und $\mathrm{km\,h^{-1}}$ in $\mathrm{m\,s^{-1}}$ umgerechnet. Die verfügbaren Einheiten werden bei der Eingabe in einer Liste aufgeführt. Die Maßeinheiten werden jeweils in Anführungszeichen gesetzt, beispielsweise kann man mit der Eingabe `UMWANDELN(50; "km"; "m")` 50 km in m umrechnen. Auch die verschiedenen Präfixe wie k für Kilo, d für Dezi oder µ für Mikro können verwendet werden.

```
Excel-Arbeitsblatt (Abb. 3.1)
E2 = UMWANDELN(B2;"km";"m")
E3 = UMWANDELN(B3;"hr";"sec")
E4 = UMWANDELN(B4;"km";"m")/UMWANDELN(1;"hr";"sec")
```

Zur Darstellung von sehr kleinen oder sehr großen physikalischen Größen eignet sich die Verwendung von den in Tab. 3.2 angegebenen Vorsilben für Zehnerpotenzen. Beispiele sind die Angabe des Durchmessers eines menschlichen Haares in der Größenordnung von 80 µm (0,00008 m) oder die Bruttostromerzeugung in Deutschland im Jahre 2013 in der Größenordnung von 634 TWh (634.000.000.000.000 Wh).

	A	B	C	D	E	F
1		Zahlenwert 1	Maßeinheit 1		Zahlenwert 2	Maßeinheit 2
2		50	km		50.000	m
3		1	h		3.600	s
4		50	km/h		13,89	m/s
...						
10						
11						

Abb. 3.1 Excel-Arbeitsblatt zur Umwandlung der Einheiten km, h und $\mathrm{km\,h^{-1}}$

Tab. 3.2 Häufig verwendete Vorsätze und Abkürzungen für Zehnerpotenzen

Zehnerpotenz	Vorsatz	Abkürzung
10^{12}	Tera	T
10^{9}	Giga	G
10^{6}	Mega	M
10^{3}	Kilo	k
10^{2}	Hekto	h
10^{1}	Deka	da
10^{-1}	Dezi	d
10^{-2}	Zenti	c
10^{-3}	Milli	m
10^{-6}	Mikro	μ
10^{-9}	Nano	n
10^{-12}	Piko	p

Beispiel

Eingabe von sehr kleinen und sehr großen Werten: Wir wollen zur Durchführung weiterer Berechnungen die Werte für folgende Größen in SI-Einheiten eingeben:

- Die Schichtdicke d einer Metallfolie für dekorative Zwecke mit einem Wert von 0,45 μm
- Die Bruttostromerzeugung E in Deutschland im Jahre 2013 in der Größenordnung von 634 TW h

Da die Vorsilben μ und T jeweils für 10^{-6} bzw. für 10^{12} stehen können wir die Schichtdicke d und Bruttostromerzeugung E folgendermaßen schreiben.

$$d = 0,45 \cdot 10^{-6}\,\mathrm{m}$$

$$E = 634 \cdot 10^{12}\,\mathrm{W\,h}$$

Diese Werte sollen nun zur Weiterverarbeitung in Wolfram|Alpha, MATLAB und Excel eingeben werden.

Die Eingabe der Schichtdicke $d = 0,45 \cdot 10^{-6}\,\mathrm{m}$ kann bei bei Wolfram|Alpha mit `0.45*10^-6` oder einfacher mit `0.45e-6` erfolgen.

```
Wolfram|Alpha (3)
> 0.45e-6 <RETURN>
Input interpretation:
0.45×10^(-6)
```

Ebenso erfolgt die Eingabe der Bruttostromerzeugung 2013 in der Größenordnung von $E = 634 \cdot 10^{12}\,\mathrm{W\,h}$ in Deutschland mit `634*10^12` oder `634e12`.

```
Wolfram|Alpha (4)
> 634e12 <RETURN>
Input interpretation:
634×10^12
```

Die Eingaben in MATLAB erfolgen analog, hier werden die Werte den Variablen `d` und `E` zugewiesen.

```
MATLAB Command Window (3)
> d = 0.45e-6 <RETURN>
d =
   4.5000e-07
```

Alternativ kann die Eingabe auch mit `d = 0.45*10^-6` oder mit `E = 634*10^12` erfolgen.

```
MATLAB Command Window (4)
> E = 634e12 <RETURN>
E =
   6.3400e+14
```

Bei der Eingabe in Excel kann die Schichtdicke in der Form `0,45 E-6` und die Bruttostromerzeugung in der Form `634 E12` in die entsprechenden Zellen eingegeben werden. Das Format der Zellen, in welche die Zahlenwerte eingetragen werden, wird durch diese Eingabe automatisch von `Standard` in `Wissenschaft` geändert. Zahlenwerte können in die wissenschaftliche Schreibweise umgeformt werden, indem die entsprechenden Zellen markiert werden und nach dem Befehl `Zellen formatieren` die Kategorie `Wissenschaft` gewählt wird, zusätzlich kann die Anzahl der Dezimalstellen eingestellt werden.

Bei MATLAB besteht die Möglichkeit, durch Verwendung der `Engineering Notation` den Exponenten als Vielfaches von drei darzustellen. Durch diese Option werden Zahlen in einem Format dargestellt, das die Verwendung der in Tab. 3.2 aufgeführten Vorsätze und Abkürzungen ermöglicht. Hierbei kann man noch zwischen der Eingabe `format shortEng` mit vier Nachkommastellen und der Eingabe `format longEng` mit insgesamt 15 Stellen wählen.

3.3 Gleichungen überprüfen mit der Dimensionsanalyse

Die Dimensionsanalyse kann verwendet werden, um Gleichungen zu überprüfen bzw. bestimmte Zusammenhänge von Einflussgrößen in physikalischen Gesetzen vorauszusagen. Nehmen wir einmal an, wir wollen folgende Bewegungsgleichung auf Richtigkeit überprüfen.

$$x(t) = x_0 + v_0 \cdot t + a \cdot t \text{ (???)}$$

Mit der Dimension L für die Größe x, der Dimension LT^{-1} für die Größe v, der Dimension T für die Größe t und der Dimension LT^{-2} für die Größe a ergibt sich folgende Dimensionsbetrachtung.

$$\mathrm{L} = \mathrm{L} + \frac{\mathrm{L}}{\mathrm{T}} \cdot \mathrm{T} + \frac{\mathrm{L}}{\mathrm{T}^2} \cdot \mathrm{T}$$

Nach Kürzen erkennt man, dass der letzte Summand nicht die Dimension L hat und die Gleichung daher nicht korrekt sein kann. Die korrekte Gleichung, die wir im Kap. 5 noch herleiten werden, lautet:

$$x(t) = x_0 + v_0 \cdot t + \frac{1}{2} \cdot a \cdot t^2 \text{ (!!!)} \tag{3.2}$$

Eine Besonderheit stellen die sogenannten dimensionslosen Größen dar. Ein Beispiel hierfür ist das Bogenmaß für einen ebenen Winkel.

Abb. 3.2 zeigt die Berechnung des Bogenmaßes, das aus dem Verhältnis von Kreisbogen b (mit der Dimension L) und Radius R (ebenfalls mit der Dimension L) berechnet wird. Als Dimension für das Bogenmaß ergibt sich daher $\mathrm{L}/\mathrm{L} = 1$, die kohärent abgeleitete SI-Einheit des ebenen Winkels ist $\mathrm{m}/\mathrm{m} = 1$.

Die kohärent abgeleitete SI-Einheit des ebenen Winkels ist $\mathrm{m}/\mathrm{m} = 1$. Die Einheit „eins“ wird nicht erwähnt, man kann aber zur Kennzeichnung einer Winkelangabe in Bogenmaß den Zusatz rad als Abkürzung für Radiant ergänzen.

Damit das Argument in einer Exponentialfunktion dimensionslos ist, muss beispielsweise der Faktor α in folgender Formel die Dimension $\dim(\alpha) = \mathrm{T}^{-1}$ oder die Einheit $[\alpha] = \mathrm{s}^{-1}$ haben.

$$U = U_0 \cdot \exp(-\alpha \cdot t)$$

Sollen die Dimensionen oder Einheiten von abgeleiteten oder integrierten Größen bestimmt werden, kann man folgendermaßen vorgehen. Nehmen wir an, wir wollen die Funktion $y(x)$ nach x ableiten.

$$[y'] = \frac{[dy]}{[dx]} = \frac{[\Delta Y]}{[\Delta X]} = \frac{[y]}{[x]}$$

Die Einheit der Ableitung entspricht der des Differenzenquotienten und damit können wir die Einheit der Funktion $y(x)$ durch die Einheit von x teilen.

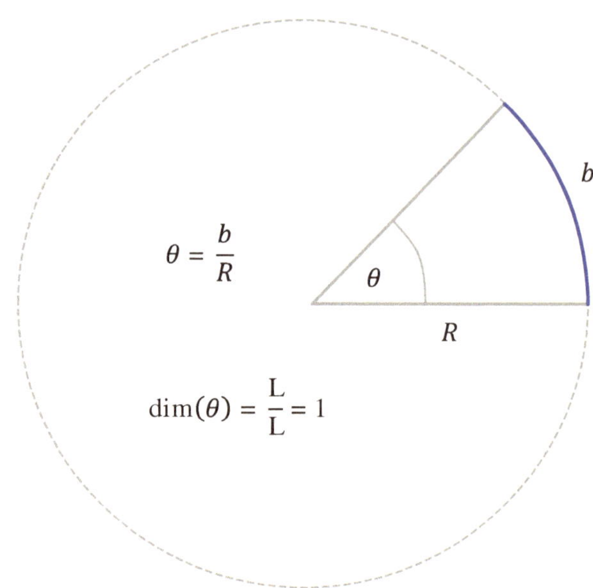

Abb. 3.2 Bogenmaß eines ebenen Winkels

Wollen wir die Funktion $y(x)$ über x integrieren, so ergibt sich für die Einheit des Integrals das Produkt aus der Einheit der Funktion mit der Einheit der Größe, nach der integriert werden soll.

$$\left[\int y dx\right] = [y] \cdot [\Delta x] = [y] \cdot [x]$$

Tipp
Die Dimensionsanalyse eignet sich sehr gut für Plausibilitätsprüfungen. Hierbei gilt:

- Die Ergebnisse beider Seiten einer Gleichung müssen die gleiche Dimension oder Einheit aufweisen,
- nur Terme mit gleichen Dimensionen oder Einheiten können addiert werden und
- die Argumente von Funktionen wie log(...), exp(...) oder sin(...) müssen dimensionslos sein.
- Leitet man die Funktion $y(x)$ nach x ab, so hat die abgeleitete Funktion die Einheit $[y] \cdot [x]^{-1}$.
- Integriert man die Funktion $y(x)$ nach x, hat die integrierte Funktion die Einheit $[y] \cdot [x]$.

3.4 Dimensionsanalyse und physikalische Zusammenhänge

Eine andere Möglichkeit ist, mit Hilfe der Dimensionsanalyse einen funktionalen Zusammenhang zu vermuten. Hierbei vermutet man, von welchen Parametern eine physikalische Größe abhängt und formuliert eine Gleichung mit den Dimensionen.

Beispiel

Wegstrecke bei Beschleunigungsvorgängen: Für einen Überholvorgang beschleunigen wir unser Auto mit einer konstanten Beschleunigung. Welchen funktionalen Zusammenhang vermuten wir zwischen der Wegstrecke s, der Beschleunigung a und der vergangenen Zeit t?

Wir nehmen an, dass die gesuchte Wegstrecke mit der Dimension L von der Beschleunigung a und der Zeit t folgendermaßen abhängt.

$$s \sim a^{\alpha} \cdot t^{\beta}$$

Wenn wir die Dimensionsgleichung in Gl. 3.3 formulieren wollen, steht die Dimension L daher auf der linken Seite. Die Dimension L T^{-2} für die Beschleunigung a und die Dimension T für die Zeit t stehen auf der rechten Seite. Wir wissen allerdings noch nicht, in welcher Potenz die Größen a und t eingehen. Daher wählen wir für die Potenzen die Variablen α und β.

$$\mathrm{L} = \left(\frac{\mathrm{L}}{\mathrm{T}^2}\right)^{\alpha} \cdot \mathrm{T}^{\beta} \tag{3.3}$$

Die Werte für α und β müssen wir nun so anpassen, dass die Gleichung Gl. 3.3 bezüglich der Dimension aufgeht. Zur Visualisierung der Fragestellung können wir auch die in Tab. 3.3 gezeigte Dimensionsmatrix verwenden. Man erkennt, dass Gl. 3.3 dann gelöst werden kann, wenn wir für $\alpha = 1$ und $\beta = 2$ einsetzten.

Auch mit Wolfram|Alpha können physikalische Größen mit Hilfe der Dimensionsanalyse in Bezug gesetzt werden. Hierzu werden die beteiligten physikalischen Größen in das Eingabefeld geschrieben, jeweils durch ein Komma voneinander getrennt.

```
Wolfram|Alpha (5)
> distance, acceleration, time <RETURN>
Dimensionless combination: ([acceleration] [time]^2)/[distance])
```

Als Ergebnis erhalten wir die dimensionslose Kombination der eingegebenen Größen.

$$\dim(a) \cdot \dim(t^2)/\dim(s) = 1$$

Tab. 3.3 Dimensionsmatrix für die Aufgabenstellung Wegstrecke s in Abhängigkeit der Beschleunigung a und der Zeit t

	s	a	t
M	0	0	0
L	1	1	0
T	0	-2	1

Durch Multiplikation mit der Dimension des Weges $\dim(s)$ erhalten wir das gleiche Ergebnis wie mit der Dimensionsanalyse.

$$\dim(s) = \dim(a) \cdot \dim\left(t^2\right)$$

Bezüglich der Funktion $s(a, t)$ vermuten wir daher folgenden Zusammenhang:

$$s \sim a \cdot t^2 \tag{3.4}$$

Beispiel

Schwingungsdauer eines mathematischen Pendels: Das mathematische Pendel ist eine Idealisierung eines physikalischen Pendels und ist schematisch in Abb. 3.3 dargestellt. Man geht von einer Punktmasse und einer masselosen und reibungsfreien Aufhängung aus. Nehmen wir einmal an, wir wollen die Schwingungsdauer T berechnen. Die Schwingungsdauer T ist die Zeit, die das Pendel benötigt, um von der Ausgangslage (Position 1) über die die Positionen 2 und 3 wieder zur Ausgangslage zurückzukehren. Wie gehen zunächst davon aus, dass diese von der Fadenlänge l und der Erdbeschleunigung g und der Masse m abhängt. Welche Abhängigkeit der Schwingungsdauer T von diesen Parametern vermuten wir nach Anwenden der Dimensionsanalyse?

Wenn wir die o. g. Annahmen treffen, um die Schwingungsdauer T zu beschreiben, können wir folgenden Zusammenhang formulieren:

$$T \sim l^\alpha \cdot g^\beta \cdot m^\gamma$$

Da die Schwingungsdauer die Dimension $\dim(T) = \mathrm{T}$ aufweist, erwarten wir auf der linken Seite die Dimension T. Auf der rechten Seite steht das Produkt aus den Dimensionen L^α für die Fadenlänge, $\left(\mathrm{L}/\mathrm{T}^2\right)^\beta$ für die Erdbeschleunigung und M^γ für die Masse m. Die Exponenten α, β und γ sind zunächst nicht bekannt.

$$\mathrm{T} = \mathrm{L}^\propto \cdot \left(\mathrm{L}/\mathrm{T}^2\right)^\beta \cdot \mathrm{M}^\gamma \tag{3.5}$$

Zum Auffinden der Exponenten können wir auch diese Aufgabenstellung mit der in Tab. 3.4 dargestellten Dimensionsmatrix visualisieren.

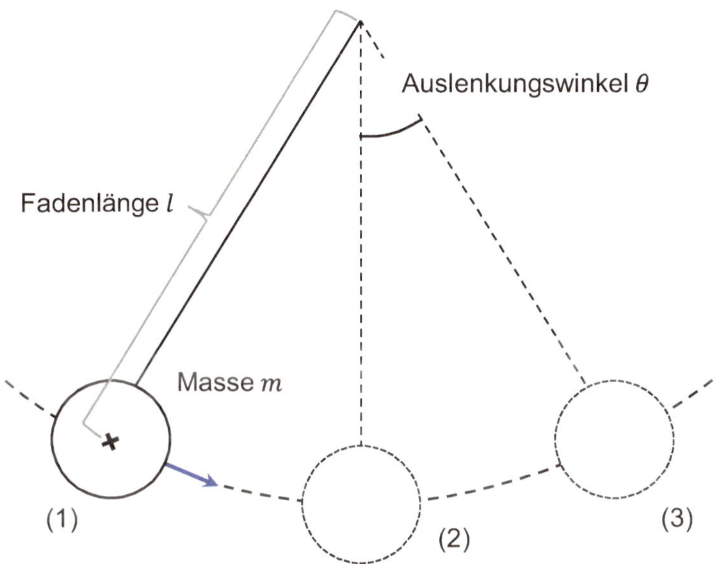

Abb. 3.3 Schematische Darstellung eines mathematischen Pendels

Tab. 3.4 Dimensionsmatrix für die Aufgabenstellung Schwingungsdauer T eines Fadenpendels in Abhängigkeit der Fadenlänge l, der Erdbeschleunigung g und der Masse m

	T	l	g	m
M	0	0	0	1
L	0	1	1	0
T	1	0	-2	0

Wie auch immer die Exponenten gewählt werden, die Dimension M auf der rechten Seite kann durch keinen weiteren Term kompensiert werden. Daraus ergibt sich, dass die Masse entgegen unserer ursprünglichen Annahme keinen Einfluss auf die Schwingungsdauer haben kann. Warum auch der Auslenkungswinkel (zumindest für kleine Auslenkungen) nicht in die Schwingungsdauer eingeht, werden wir im Kap. 8 noch genauer analysieren. Somit verbleiben folgende Parameter.

$$\mathrm{T} = \mathrm{L}^{\alpha} \cdot \left(\mathrm{L}/\mathrm{T}^2\right)^{\beta} \tag{3.6}$$

Mit den Exponenten $\alpha = 1/2$ und $\beta = -1/2$ können wir Gl. 3.6 lösen. Daraus lässt sich folgendermaßen auf den Zusammenhang der Schwingungsdauer T in Abhängigkeit der Fadenlänge l und der Erdbeschleunigung g schließen:

$$T \sim \sqrt{l} \cdot \sqrt{1/g}$$

$$T \sim \sqrt{l/g} \tag{3.7}$$

Diesen Zusammenhang können wir mit einem einfachen Experiment überprüfen.

Beispiel

Das mathematische Pendel im Freihandversuch: Das mathematische Pendel ist eine Idealisierung eines physikalischen Pendels. Man geht von einer Punktmasse und einer masselosen und reibungsfreien Aufhängung aus. Das Experiment ist so einfach, dass man es auch zu Hause mit einfachen Mitteln folgendermaßen durchführen kann:

- Ein kleines Gewicht, ein Zwirnsfaden sowie ein Maßband reichen aus. Zur Zeitmessung kann die Stoppuhrfunktion des Smartphones verwendet werden.
- Wir führen fünf Messungen durch mit den Fadenlängen 0,50 m, 0,75 m, 1,00 m, 1,25 m und 1,50 m.
- Wir messen die Fadenlänge bis zum vermuteten Schwerpunkt des verwendeten Gewichts.
- Wir messen die Zeit, die das Pendel für 10 volle Schwingungen benötigt (hierdurch erreichen wir eine höhere Messgenauigkeit).
- Wir führen das Experiment mit kleinen Auslenkungswinkeln durch.
- Wir dokumentieren die Messwerte in einer Tabelle.

Wir führen das Experiment durch und erhalten die in Tab. 3.5 dargestellten Messwerte, hierbei haben wir eine zusätzliche Spalte eingefügt, in der die gemessenen Zeiten für eine Schwingung eingetragen sind.

Jetzt wollen wir natürlich wissen, ob unsere Überlegungen aus der Dimensionsanalyse zutreffen und sich die Schwingungsdauer in Abhängigkeit der Fadenlänge wie $T \sim \sqrt{l/g}$ verhält.

Zur Auswertung von Versuchsergebnissen sind in Tab. 3.6, 3.7 und 3.8 einige erste Eingaben aufgeführt und die Syntax anhand einfacher Beispiele angewendet.

Mit Hilfe der Eingabe `power fit` gefolgt von den Wertepaaren Fadenlänge und Schwingungszeit in geschweiften Klammern für Listenausdrücke können wir mit

Tab. 3.5 Tabellarische Dokumentation des Versuches Mathematisches Pendel

Versuch	Fadenläge l in m	Zeit für 10 Schwingungen in s	T in s
1	0,50	13,8	1,38
2	0,75	17,0	1,70
3	1,00	19,6	1,96
4	1,25	21,6	2,16
5	1,50	24,0	2,40

Tab. 3.6 Beispiele und Syntax zur Eingabe und Auswertung von Messwerten mit Wolfram|Alpha

Aufgabe	Eingabe/Syntax/Beispiel
Zahlen in Exponentialschreibweise eingeben	`50e−6`
Einzelne Messwerte plotten	`plot[{1,2},{2,4},{3,9}]`
Linearer Fit	`linear fit{{1,2},{2,4},{3,6}}`
Quadratischer Fit	`quadratic fit{{1,1},{2,4},{3,9}}`
Potenzfunktion Fit	`power fit{{1,1},{2,1.41},{3,1.73}}`

Tab. 3.7 Beispiele und Syntax zur Eingabe und Auswertung von Messwerten mit MATLAB

Aufgabe	Eingabebefehl/Syntax/Beispiel
Zahlen in Exponentialschreibweise eingeben	`50e−6`
Einzelne Messwerte plotten	`x = [1 2 3]; y = [2 4 9]; plot(x,y)`
Linearer Fit	`x = [1;2;3]; y = [2;4;9]; polyfit(x,y,1)`
Quadratischer Fit	`x = [1;2;3]; y = [1;4;9]; fit(x,y,'power1')`
Potenzfunktion Fit	`x = [1;2;3]; y = [1;1.41;1.73]; fit(x,y,'power1')`

Tab. 3.8 Beispiele und Syntax zur Eingabe und Auswertung von Messwerten mit Excel

Aufgabe	Eingabebefehl/Syntax/Beispiel
Zahlen in Exponentialschreibweise eingeben	`50e−6`
Einzelne Messwerte plotten	`Zellen markieren, Option Diagramme und Punkt (XY) Darstellung wählen`
Linearer Fit	`Trendlinienoption Linear wählen`
Potenzfunktion Fit	`Trendlinienoption Potenz wählen`

Wolfram|Alpha eine Regressionsanalyse durchführen. Hierbei wird eine Regressionsanalyse der Messwerte mit folgender Funktion durchgeführt:

$$f(x) = a \cdot x^b$$

```
Wolfram|Alpha (6)
> power fit{{0.50,1.38},{0.75,1.70},{1.00,1.96},{1.25,2.16},
{1.50,2.40}} <RETURN>
Least-squares best fit: 1.95285 x^0.49708
```

Als Exponenten erhalten wir einen Wert $b = 0,497$. Nicht schlecht, denn aufgrund des wurzelförmigen Zusammenhanges $T \sim \sqrt{l/g} = (l/g)^{0,5}$ hätten wir einen theoretischen Wert von $b = 0,5$ erwartet.

Ist die Curve Fitting Toolbox verfügbar, können wir mit MATLAB ebenfalls eine Regressionsanalyse durchführen. Hierzu geben wir zunächst die Werte für die Fadenlänge als Spaltenvektor l und die Werte für die Schwingungsdauer als Spaltenvektor T ein.

```
MATLAB Command Window (5)
> l = [0.50; 0.75; 1.00; 1.25; 1.50]; <RETURN>
> T = [1.38; 1.70; 1.96; 2.16; 2.40]; <RETURN>
```

Dann können wir die Regressionsanalyse mit dem Befehl `fit` gefolgt von den Größen l und T durchführen, als Modell wählen wir `power1`.

```
MATLAB Command Window (6)
> fit(l,T,'power1') % Curve Fitting Toolbox erforderlich <RETURN>
ans =
     General model Power1:
     ans(x) = a*x^b
     Coefficients (with 95% confidence bounds):
       a =        1.953  (1.93, 1.975)
       b =       0.4971  (0.4642, 0.53)
```

Auch hier erhalten wir einen Wert $b = 0,497$ für den Exponenten der Potenzfunktion. Zusätzlich werden zu den Parametern a und b in Klammern die sogenannten Vertrauensgrenzen (engl. *confidence bounds*) angegeben. Diese Vertrauensgrenzen definieren den Konfidenzbereich, in dem sich die gesuchten Parameter mit einer Wahrscheinlichkeit von 95 % befinden.

Nun können wir die Messwerte und die Regressionsfunktion in Abb. 3.4 grafisch darstellen.

Wenn wir voraussetzen, dass der wurzelförmige Zusammenhang zutrifft, können wir die Schwingungsdauer T auch gegen $\sqrt{l/g}$ auftragen und würden dann erwarten, dass die Messwerte auf einer Geraden liegen. Hierzu können wir, wie in Abb. 3.5 gezeigt, ein Excel-Tabellenblatt öffnen und zusätzlich zu den Messwerten in die `Spalte C` die Werte für $\sqrt{l/g}$ eintragen. Um das Ergebnis grafisch darzustellen, werden die entsprechenden Zellen markiert und ein neues Diagramm vom Typ `Punkt (XY)` erstellt. Nach Erstellen des Diagramms können wir eine lineare Trendlinie einzeichnen. Es wird eine Geraden mit der Steigung 6,1 ausgewiesen.

```
Excel-Arbeitsblatt (Abb. 3.5)
D3 = WURZEL(C3/9,81)
E3 = F3/10
```

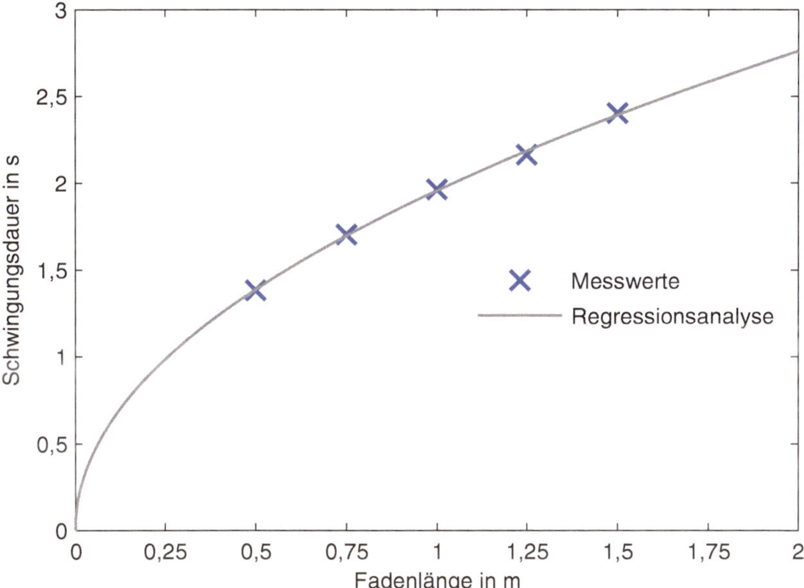

Abb. 3.4 Grafische Auswertung des Freihandversuches zum mathematischen Pendel

	A	B	C	D	E	F	G
1		Versuch	l in m	Wurzel(l/g)	T in s	10 x T in s	
2							
3		1	0,50	0,2258	1,38	13,8	
4		2	0,75	0,2765	1,70	17,0	
5		3	1,00	0,3193	1,96	19,6	
6		4	1,25	0,3570	2,16	21,6	
7		5	1,50	0,3910	2,40	24,0	
8							
9							

Abb. 3.5 Excel-Arbeitsblatt zur Auswertung der Versuchsergebnisse

Wenn sich die Werte für die Fadenlänge l und die Schwingungsdauer T noch im Workspace befinden, können wir dieses Vorgehen auch noch einmal in MATLAB durchführen, indem wir eine Variable ω einführen, dieser den Wert der Wurzel aus l/g zuweisen und eine lineare Regression durchführen. Die lineare Regression wird mit dem Modell `polyfit` durchgeführt, indem hinter die Größen `w` und `T` der Wert 1 gesetzt wird, wodurch nur lineare Terme von ω berücksichtigt werden.

```
MATLAB Command Window (7)
> w = sqrt(1/9.81) <RETURN>
> polyfit(w,T,1) <RETURN>
ans =
    6.0823    0.0107
```

Wir erhalten somit folgende lineare Ausgleichsgerade:

$$y = 6,082 \cdot x + 0,011$$

Darüber hinaus kann hier auch eine lineare Ausgleichsgerade mit Hilfe der Methode der kleinsten Quadrate ermittelt werden. Auch mit dieser Analyse kann eine Geradensteigung von 6,1 ermittelt werden.

Auch mit Wolfram|Alpha können wir für die Wertepaare mit Hilfe der Eingabe `linear` fit eine lineare Regression durchführen.

```
Wolfram|Alpha (7)
> linear fit[{0.2258,1.38},{0.2765,1.70}, {0.3193,1.96},
{0.357,2.16},{0.391,2.40}] <RETURN>
Least-squares best fit: 6.08361 x+0.0102322
```

Als Zwischenergebnis können wir festhalten, dass sich die Schwingungsdauer des mathematischen Pendels mit Gl. 3.8 berechnen lässt.

$$T \approx 6,1 \cdot \sqrt{l/g} \tag{3.8}$$

Im Kap. 8 Schwingungen und Wellen können wir die Genauigkeit dieser Formel weiter verbessern, indem wir die Pendelbewegung mit Hilfe einer Differenzialgleichung berechnen.

3.5 Lösungsstrategien für physikalische Aufgabenstellungen

Die Beispiele zeigen, dass die vorgestellten Rechentools den Prozess der Lösung physikalischer Aufgabenstellungen sehr gut unterstützen können. Beim Lösen neuer Aufgaben sollte man sich allerdings nicht verleiten lassen, zu früh mit dem Einsetzen von Zahlenwerten zu starten.

Empfehlenswert ist, die Aufgabenstellung zunächst insgesamt zu erfassen. Hier kann das Anfertigen einer kleinen Skizze zur Visualisierung der Aufgabenstellung hilfreich sein. In diesem Buch finden sich daher Skizzen und schematische Darstellungen zur Visualisierung der Beispielaufgaben. Danach sollte bestimmt werden, welche Größen gegeben sind und in welchen Einheiten diese angegeben sind.

Gerade bei Einheiten, die uns aus dem alltäglichen Gebrauch vertraut sind, besteht die Gefahr, dass wir diese allzu schnell in die entsprechenden Formeln einsetzen, obwohl es sich nicht um SI-Einheiten handelt. Beste Beispiele sind die Angaben km/h für Geschwindigkeiten oder U/min für Drehzahlen. Diese müssen zunächst in die entsprechenden SI-Einheiten, also in m s^{-1} und s^{-1}, umgerechnet werden.

Als nächstes ermitteln wir die gesuchten physikalischen Größen und überlegen, mit welcher Methode diese am einfachsten zugänglich sind. Gibt es möglicherweise Erhaltungssätze, mit denen Aufgaben elegant berechnet werden können? Ideal ist natürlich, wenn uns eine weitere Methode einfällt, mit der wir unser Ergebnis überprüfen oder zumindest abschätzen können.

Dann können wir die Formel nach der gesuchten Größe auflösen. Um unser Ergebnis zu überprüfen, sind hier natürlich die vorgestellten Rechentools ideal, die symbolisches Rechnen unterstützen. Flüchtigkeitsfehler, die bei Folgerechnungen möglicherweise große Schwierigkeiten machen, werden so schnell entdeckt und beseitigt.

Nun können wir die konkreten Zahlenwerte einsetzen und die Rechnung durchführen. Die Nachkommastellen sollten hierbei im Verhältnis zu der Genauigkeit der vorgegebenen Größen stehen. Nun kann das Ergebnis noch mittels der berechneten Einheiten überprüft werden.

Checkliste für das Lösen von Physikaufgaben

- Überblick über die Aufgabe verschaffen, eine Skizze hilft dabei
- Welche physikalischen Größen sind gesucht?
- Welche Größen sind gegeben und in welchen Einheiten? Falls erforderlich, Einheiten in SI-Einheiten umrechnen
- Welche Gesetzmäßigkeiten beschreiben die Aufgabenstellung optimal? Können Erhaltungssätze angewendet werden?
- Auflösen der ausgewählten Formeln nach den gesuchten Größen und Einsetzen der Zahlenwerte
- Überprüfen der Ergebnisse auf Plausibilität. Liegt das Ergebnis in der erwarteten Größenordnung? Einheiten überprüfen
- Ergebnisse mit einem der vorgestellten Rechentools überprüfen und ggf. mit Ergebnissen aus alternativen Lösungswegen vergleichen

Ein mögliches Vorgehen zum Lösen einer Aufgabe aus dem Bereich Physik soll im Folgenden an einem Beispiel vorgestellt werden.

Beispiel

Flugzeit eines Tennisballs berechnen: Wir werfen einen Tennisball vom Boden aus mit einer Geschwindigkeit $v_0 = 20\,\text{km}\,\text{h}^{-1}$ genau vertikal nach oben. Wie lange dauert es, bis der Ball wieder auf den Boden auftrifft?

Zunächst fertigen wir eine einfache Skizze an, mit der wir die Aufgabe visualisieren können. Diese könnte so aufgebaut sein, wie in Abb. 3.6 dargestellt.

Gegeben ist die Anfangsgeschwindigkeit $v_0 = 20\,\text{km}\,\text{h}^{-1}$ und gesucht ist die Flugdauer, also die Zeit, die vom Start des Tennisballs zum Auftreffen auf den Boden vergeht. Hier fallen gleich zwei Punkte auf. Zum einen ist die Geschwindigkeit v_0 nicht in SI-Einheiten angegeben, und zum anderen könnte man leicht vergessen, dass der Tennisball nach Erreichen der maximalen Steighöhe ja auch wieder zum Boden zurückkehren muss, um die gesamte Flugdauer zu berechnen, hier hilft die Skizze. Zunächst formen wir die Anfangsgeschwindigkeit v_0 in die SI-Einheit m s^{-1} um.

$$\frac{20\,\text{km}}{1\,\text{h}} = \frac{20\,\text{km}}{\cancel{1\,\text{h}}} \cdot \underbrace{\left(\frac{\cancel{1\,\text{h}}}{3.600\,\text{s}}\right)}_{1} = \frac{20.000\,\text{m}}{3.600\,\text{s}} = 5,56\,\text{m}\,\text{s}^{-1}$$

Wie können wir nun die Zeit t berechnen, die bis zum Erreichen der maximalen Steighöhe vergeht? Die Geschwindigkeit an diesem Punkt wird genau $v = 0$ sein, denn kurz vor dem Erreichen dieses Punktes ist die Geschwindigkeit positiv, kurz nach diesem Punkt wird die Geschwindigkeit negativ. Voraussetzung ist natürlich, dass wir die Richtung senkrecht nach oben positiv definiert haben.

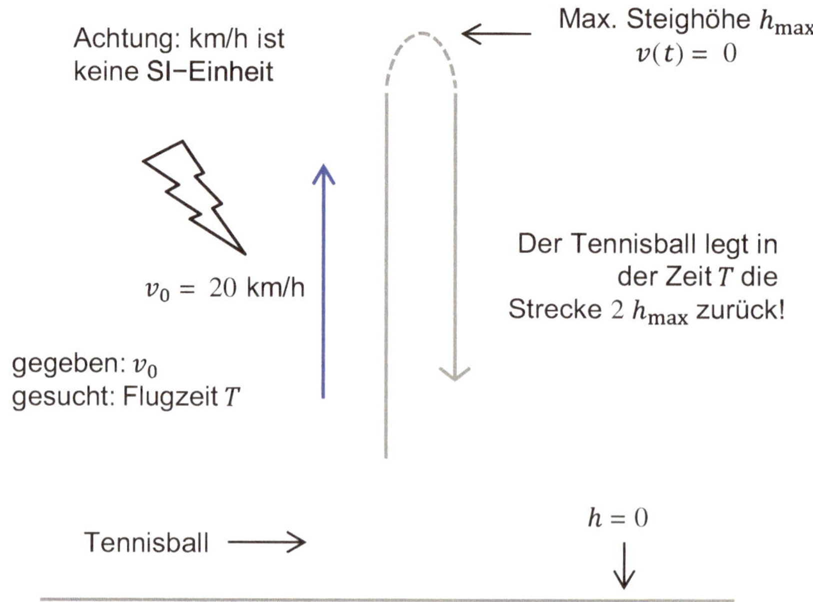

Abb. 3.6 Skizze zum vertikalen Wurf eines Tennisballs, gesucht ist die Zeit bis der Tennisball wieder auf den Boden auftrifft

Nun nehmen wir an, wir können als Formel zur Berechnung der Geschwindigkeit $v(t)$ folgende Formel verwenden, die wir in Kap. 4 noch herleiten werden:

$$v(t) = v_0 + a \cdot t$$

Diese können wir nach t auflösen und erhalten die Zeit in Abhängigkeit der Geschwindigkeit, der Anfangsgeschwindigkeit und der Beschleunigung.

$$t = \frac{v(t) - v_0}{a}$$

Gesucht ist die gesamte Flugzeit T. Bis zum Erreichen der maximalen Steighöhe wird aber nur die halbe Flugzeit $(T/2)$ benötigt, wir können also formulieren:

$$\frac{T}{2} = \frac{0 - v_0}{a}$$

Anschließend können wir den konkreten Zahlenwert für die Anfangsgeschwindigkeit $v_0 = 5{,}56\,\mathrm{m\,s^{-1}}$ einsetzen. Als Wert für die Beschleunigung a setzen wir den Wert für Erdbeschleunigung $g = 9{,}81\,\mathrm{m\,s^{-2}}$ ein.

$$\frac{T}{2} = \frac{0 - 5{,}56\,\mathrm{m\,s^{-1}}}{-9{,}81\,\mathrm{m\,s^{-2}}} = 0{,}57\,\frac{\mathrm{m}}{\mathrm{s}} \cdot \frac{\mathrm{s}^2}{\mathrm{m}} = 0{,}57\,\mathrm{s}$$

$$T = 2 \cdot 0{,}57\,\mathrm{s} = 1{,}14\,\mathrm{s}$$

Bei komplexeren Berechnungen könnten wir das Umstellen der Gleichungen noch einmal mit Hilfe des symbolischen Rechnens überprüfen.

Zusammenfassung

- Physikalische Gesetze stellen Beziehungen zwischen physikalischen Größen her, die mit Dimensionen und Einheiten beschrieben werden.
- Alle Größen der klassischen Mechanik mit den Teildisziplinen Kinematik und Dynamik können mit den drei Dimensionen Masse, Länge und Zeit und den damit verbundenen SI-Einheiten Kilogramm, Meter und Sekunde beschrieben werden.
- Dimensionen sind qualitative Eigenschaften der betrachteten Größen Masse, Länge und Zeit. Sollen die Größen Masse, Länge und Zeit gemessen werden, benötigen wir Einheiten, die eine Größe jeweils in Bezug zu einem Eichstandard setzten.
- Mit Hilfe der Dimensionsanalyse kann man Gleichungen überprüfen und Zusammenhänge von Einflussgrößen in physikalischen Gesetzen ableiten.

(*Fortsetzung*)

- Auf das mathematische Pendel angewendet, kann man mit der Dimensionsanalyse zeigen, dass dessen Schwingungsdauer nur von der Erdbeschleunigung und der Fadenlänge abhängt.
- Mit Hilfe der Regressionsanalyse können Messwerten ausgewertet und mit den zuvor berechneten theoretischen Werten verglichen werden.

Literatur

1. Das Internationale Einheitensystem (SI). https://www.ptb.de/cms/fileadmin/internet/publikationen/ptb_mitteilungen/mitt2007/Heft2/PTB-Mitteilungen_2007_Heft_2.pdf. Zugegriffen am 09.04.2016
2. The Metre and Time. [YouTube-Video]. https://www.youtube.com/watch?v=dvVCNhWJvvo
3. Schröder B (2014) Einheiten und Symbole für Ingenieure. Ein Überblick. essentials. Springer Vieweg, Wiesbaden

4 Mathematische Methoden

Viele physikalische Vorgänge können phänomenologisch diskutiert und beschrieben werden. Die in Kap. 3 beschriebene Dimensionsanalyse erlaubt beispielsweise, mit einem geringen Rechenaufwand, erste Aussagen über physikalische Zusammenhänge zu entwickeln.

Will man die physikalischen Gesetze aber weiterentwickeln oder auf konkrete Beispiele aus Technik und Wissenschaft anwenden, so müssen die physikalischen Modelle mathematisch beschrieben werden. Beispielsweise wollen wir im Kap. 7 die Rotationsenergie eines Schwungrades berechnen.

Im Folgenden soll daher eine Auswahl mathematischer Basiskonzepte aus den Bereichen Vektor- und Matrixrechnung, Differenzial- und Integralrechnung sowie zur Lösung von Differenzialgleichungen beschrieben werden. Im Vordergrund stehen hierbei die Lösungen der ausgewählten physikalischen Aufgabenstellungen sowie die Fragestellung, wie diese mit der ausgewählten Software praktisch umgesetzt werden können.

Ausführlichere Darstellungen der mathematischen Methoden finden sich in den Literaturempfehlungen [1–7], darunter auch Brückenkurse für den Übergang von der Schule zur Hochschule [1] und [2].

4.1 Vektoren und Matrizen

Viele physikalische Größen zeichnen sich neben einem Zahlenwert und einer Einheit noch durch eine Richtung aus. Hierbei handelt es sich um vektorielle Größen wie der Geschwindigkeit, der Beschleunigung, der Kraft oder dem Impuls. Diese vektoriellen Größen werden in der Mechanik häufig in zwei- oder dreidimensionalen Räumen beschrieben.

In Tab. 4.1 und 4.2 sind erste Beispiele zur Vektorrechnung mit Wolfram|Alpha und MATLAB aufgeführt, am besten gleich ausprobieren.

P. Kersten, *Mechanik – smart gelöst*, DOI 10.1007/978-3-662-53706-0_4

Tab. 4.1 Beispiele und Syntax zur Vektorrechnung mit Wolfram|Alpha

Aufgabe	Eingabe/Syntax/Beispiel
Zeilenvektor eingeben	`{1,0,0}`
Spaltenvektor eingeben	`{{1},{0},{0}}`
Vektoren transponieren	`transpose {{3,4,1}}`
Vektoren addieren	`{1,1,0} + {1,0,0}`
Kreuzprodukt bilden	`{2,0,0}x{0,5,0}`
Skalarprodukt bilden	`{1,2,4}.{3,4,1}`
Betrag eines Vektors berechnen	`norm {1,2,4}`
Vektor mit einem Skalar multiplizieren	`{1,2,4}*4.5`
Vektor mit Matrix multiplizieren	`{{1,1},{-2,2}}.{{2},{1}}`
Vektor darstellen	`vector {1,1,2}`

Tab. 4.2 Beispiele und Syntax zur Vektorrechnung mit MATLAB

Aufgabe	Eingabebefehl/Syntax/Beispiel
Zeilenvektor eingeben	`[1 0 0]`
Spaltenvektor eingeben	`[1;0;0]`
Vektoren transponieren	`[3 4 1]'`
Vektoren addieren	`[1;1;0] + [1;0;0]`
Kreuzprodukt bilden	`cross([2;0;0],[0;5;0])`
Skalarprodukt bilden	`dot([1;2;4],[3;4;1])`
Betrag eines Vektors berechnen	`norm([1;2;4])`
Vektor mit einem Skalar multiplizieren	`[1;2;4]*4.5`
Vektor mit Matrix multiplizieren	`[1 1;-2 2]*[2;1]`
2 D Vektor darstellen	`quiver(0,0,1,1,0)`
3 D Vektor darstellen	`quiver3(0,0,0,1,1,2,0)`

4.1.1 Spalten- und Zeilenvektoren

Starten wir mit typischen physikalischen Anwendungen für die Vektorrechnung. Den Ortsvektor $\vec{r}$, mit dem wir zu jedem Zeitpunkt die Position eines Masseteilchens beschreiben können, können wir beispielsweise in drei Raumdimensionen folgendermaßen schreiben:

$$\vec{r} = (x, y, z) = \begin{pmatrix} x \\ y \\ z \end{pmatrix}$$

Bei der Eingabe von Vektoren unterscheidet man zwischen Spalten- und Zeilenvektoren. Durch Transponieren können wir einen Zeilenvektor in einen Spaltenvektor überführen und umgekehrt.

$$(x, y, z)^T = \begin{pmatrix} x \\ y \\ z \end{pmatrix}$$

Nach zweimaligem Transponieren erhalten wir dann wieder den ursprünglichen Vektor.

$$\left(\vec{r}^{\,T}\right)^T = \vec{r}$$

Beispiel

Eingabe einer Kraft als Spaltenvektor: Auf ein Masseteilchen wirkt eine Kraft $\vec{F}$ mit den Komponenten $F_x = +2{,}5\,\mathrm{N}$, $F_y = +4{,}2\,\mathrm{N}$ und $F_z = +1{,}8\,\mathrm{N}$. Wir wollen die Kraft $\vec{F}$ für weitere Berechnungen als Spaltenvektor angeben.

Bei der Eingabe eines Spaltenvektors in Wolfram|Alpha werden die einzelnen Komponenten in eine geschweifte Klammer $\{\ldots\}$ gesetzt.

```
Wolfram|Alpha (1)
> {{2.5},{4.2},{1.8}} <RETURN>
Dimensions: 3 (rows) × 1 (columns)
```

Die Eingabe von Spaltenvektoren in MATLAB erfolgt in eckigen Klammern, wobei die einzelnen Komponenten durch ein Semikolon getrennt werden.

```
MATLAB Command Window (1)
> F = [2.5;4.2;1.8] % Eingabe als Spaltenvektor <RETURN>
F =
    2.5000
    4.2000
    1.8000
```

Den gleichen Vektor können wir aber auch als Zeilenvektor eingeben und diesen nachfolgend in einen Spaltenvektor umwandeln. Bei Wolfram|Alpha steht hierzu die Eingabe `transpose` zur Verfügung.

```
Wolfram|Alpha (2)
> transpose{{2.5,4.2,1.8}} <RETURN>
(2.5
4.2
1.8)
```

Zeilenvektoren werden in MATLAB ebenfalls in eckigen Klammern gesetzt, wobei die einzelnen Komponenten durch ein Komma oder einfach durch ein Leerzeichen getrennt werden. Das Transponieren kann in MATLAB ebenfalls den Befehl `transpose` erfolgen oder durch Hinzufügen eines einfachen Anführungszeichens, welches direkt nach der entsprechenden Variablen gesetzt wird.

```
MATLAB Command Window (2)
> F = [2.5 4.2 1.8] % Eingabe als Zeilenvektor <RETURN>
F =
     2.5000    4.2000    1.8000
> transpose(F) % wandelt den Zeilen- in einen Spaltenvektor um <RETURN>
ans =
    2.5000
    4.2000
    1.8000
```

Beispiel

Visualisieren eines Vektors: Zur besseren räumlichen Vorstellung wollen wir den gegebenen Kraftvektor $\vec{F}$ grafisch darstellen.

$$\vec{F} = \begin{pmatrix} +2,5\,\mathrm{N} \\ +4,2\,\mathrm{N} \\ +1,8\,\mathrm{N} \end{pmatrix}$$

Mit Wolfram|Alpha können wir den Vektor $\vec{F}$ mit der Eingabe `vector (2.5,4.2,1.8)` visualisieren. Neben dem Plot des Vektors wird auch die Länge des Vektors ausgegeben.

```
Wolfram|Alpha(3)
> vector(2.5,4.2,1.8) <RETURN>
Vector plot:...
Vector length: 5.20865
```

Zur Visualisierung von Vektoren steht bei MATLAB der Befehl `quiver` für zweidimensionale und der Befehl `quiver3` für dreidimensionale Vektoren zur Verfügung. Der Befehl `quiver3` erwartet die Eingabe von sieben Werten. Die ersten drei Werte stellen die Koordinaten des Startpunkt des Vektors dar, die drei folgenden Werte den Endpunkt des Vektors. Mit dem letzten Wert kann die Skalierung festgelegt werden, in diesem Fall wird mit der Eingabe 0 auf eine automatische Skalierung verzichtet. Abb. 4.1 zeigt die mit MATLAB angefertigte dreidimensionale Darstellung des Kraftvektors $\vec{F}$.

```
MATLAB Command Window (3)
> F = [2.5;4.2;1.8] <RETURN>
> quiver3(0,0,0,F(1),F(2),F(3),0) <RETURN>
```

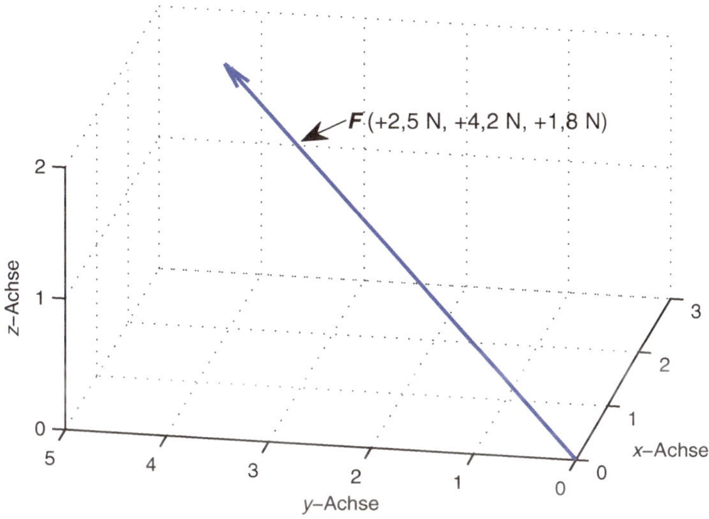

Abb. 4.1 Darstellung des Kraftvektors $\vec{F}$ mit MATLAB

4.1.2 Addition und Subtraktion von Vektoren

Vektoren der gleichen Dimension können addiert oder subtrahiert werden. Dies erfolgt bei Wolfram|Alpha und MATLAB wie bei gewöhnlichen skalaren Größen mit Hilfe der + oder – Zeichen. Beispielsweise können wir die Addition und Subtraktion mit den beiden Kraftvektoren $\vec{F}_1$ und $\vec{F}_2$ anwenden.

$$\vec{F}_1 = \begin{pmatrix} +2\,\mathrm{N} \\ +3\,\mathrm{N} \\ -1\,\mathrm{N} \end{pmatrix}, \vec{F}_2 = \begin{pmatrix} -3\,\mathrm{N} \\ +2\,\mathrm{N} \\ +2\,\mathrm{N} \end{pmatrix}$$

Bei Wolfram|Alpha können wir die beiden Vektoren in der Form `(2,3,-1)` und `(-3,2,2)` oder `{2,3,-1}` und `{-3,2,2}` eingeben und die Addition wie bei zwei Zahlen mit dem Additionszeichen + verbinden.

```
Wolfram|Alpha (4)
> (2,3,-1) + (-3,2,2) <RETURN>
Result: {-1, 5, 1}
```

Bei MATLAB definieren wir mit den Eingaben `F1 = [2;3;-1]` und `F2 = [-3;2;2]` zunächst die beiden Vektoren als Spaltenvektoren `F1` und `F2`, und bilden dann mit dem Befehl `F1 + F2` die Summe.

```
MATLAB Command Window (4)
> F1 = [2;3;-1]; <RETURN>
> F2 = [-3;2;2]; <RETURN>
> F1 + F2 % Addition der beiden Spaltenvektoren <RETURN>
ans =
    -1
     5
     1
```

4.1.3 Multiplikation eines Vektors mit einem Skalar

Mit der Multiplikation eines Vektors mit einem Skalar kann man beispielsweise die Streckung oder Stauchung eines Vektors um den Faktor λ vornehmen.

$$\lambda \cdot \begin{pmatrix} a_x \\ a_y \\ a_z \end{pmatrix} = \begin{pmatrix} \lambda \cdot a_x \\ \lambda \cdot a_y \\ \lambda \cdot a_z \end{pmatrix}$$

Wählen wir beispielsweise $\lambda = 2$, können wir den Betrag unseres Kraftvektors $\vec{F}$ verdoppeln und die Richtung beibehalten.

Für die Multiplikation eines Vektors mit einem Skalar kann bei Wolfram|Alpha und MATLAB das Standardzeichen `*` der Multiplikation verwendet werden.

```
Wolfram|Alpha (5)
> 2*{2.5,4.2,1.8} <RETURN>
Result: {5., 8.4, 3.6}
```

Bei MATLAB definieren wir zunächst mit der Eingabe `F = [2.5;4.2;1.8]` einen Spaltenvektor, den wir dann mit der Eingabe `F = 2*F` mit dem Faktor 2 multiplizieren.

```
MATLAB Command Window (5)
> F = [2.5;4.2;1.8] <RETURN>
> F = 2*F <RETURN>
F =
    5.0000
    8.4000
    3.6000
```

Eine weitere physikalische Anwendung kann darin bestehen, einem skalaren Wert, wie beispielsweise einem Geschwindigkeitsbetrag, eine Richtung zuzuordnen.

4.1.4 Normierung von Vektoren

Bei einigen Anwendungen möchte man einer skalaren Größe eine Richtung zuordnen, wobei der Betrag des Ergebnisvektors dem Wert der skalaren Größe entsprechen soll. Dies kann man durch Multiplikation der skalaren Größe mit dem zuvor normierten Richtungsvektor erreichen. Der normierte Richtungsvektor zeigt hierbei in die gleiche Richtung wie der ursprüngliche Vektor, hat aber die Länge eins.

Beispiel

Von der Geschwindigkeitsangabe des Tachometers zum Geschwindigkeitsvektor: Die Anzeige des Tachometers in unserem Auto zeigt einen Geschwindigkeitsbetrag von 25 m s^{-1} an. Wir bewegen uns in die Richtung des Vektors $\vec{a}$ mit den Komponenten $a_x = +2, a_y = +4$ und $a_z = 0$. Wie können wir aus diesen Angaben den Geschwindigkeitsvektor $\vec{v}$ bestimmen?

Zunächst normieren wir den Vektor $\vec{a}$, indem durch seinen Betrag teilen.

$$\vec{e}_{\mathrm{a}} = \frac{1}{|\vec{a}\,|} \cdot \vec{a}$$

Mit Wolfram|Alpha kann diese Rechenanweisung mit der Eingabe von `{2,4,0}/norm{2,4,0}`erfolgen, oder noch kürzer mit der Eingabe `normalize {2,4,0}`.

```
Wolfram|Alpha (6)
> {2,4,0}/norm{2,4,0} <RETURN>
Result: {1/sqrt(5), 2/sqrt(5), 0}
```

Auch bei MATLAB kann mit dem Befehl `norm` die euklidische Länge des Vektors $\vec{a}$ ermittelt werden, der zuvor mit der Eingabe `a = [2;4;0]` als Spaltenvektor definiert wurde.

```
MATLAB Command Window (6)
> a = [2;4;0]; <RETURN>
> a = a/norm(a) <RETURN>
a =
     0.4472
     0.8944
          0
```

Nun können wir den Wert der Durchschnittsgeschwindigkeit $\langle v \rangle = 25\,\mathrm{m\,s^{-1}}$ mit dem normierten Vektor $\vec{e}_a$ multiplizieren und erhalten den gesuchten Geschwindigkeitsvektor $\vec{v}$.

$$\vec{v} = \langle v \rangle \cdot \vec{e}_\mathrm{a} = \begin{pmatrix} 25\,\mathrm{m\,s^{-1}} \cdot 0,48 \\ 25\,\mathrm{m\,s^{-1}} \cdot 0,89 \\ 25\,\mathrm{m\,s^{-1}} \cdot 0 \end{pmatrix} = \begin{pmatrix} 11,18\,\mathrm{m\,s^{-1}} \\ 22,36\,\mathrm{m\,s^{-1}} \\ 0 \end{pmatrix}$$

Der Vektor hat wie gewünscht den Betrag $\left|\vec{v}\right| = 25\,\mathrm{m\,s^{-1}}$ und zeigt in Richtung des Vektors $\vec{a}$.

```
Wolfram|Alpha (7)
> 25*{2,4,0}/norm{2,4,0} <RETURN>
Decimal approximation:
{11.1803, 22.3607, 0.}
Vector length: 25
```

```
MATLAB Command Window (7)
> a = [2;4;0]; ea = a/norm(a); <RETURN>
> v = ea*25 <RETURN>
v =
   11.1803
   22.3607
         0
```

4.1.5 Das Skalarprodukt

Das Skalarprodukt (engl. *dot product*) wird auch als inneres Produkt bezeichnet und liefert als Ergebnis eine skalare Größe. Das Skalarprodukt der beiden Vektoren $\vec{a}$ und $\vec{b}$ mit dem eingeschlossenen Winkel φ ist folgendermaßen definiert:

$$\vec{a} \cdot \vec{b} = \left|\vec{a}\right| \cdot \left|\vec{b}\right| \cdot \cos\varphi$$

Das Skalarprodukt von zwei senkrecht aufeinander stehenden Vektoren ist null. Mit Hilfe der kartesischen Koordinaten der Vektoren kann das Skalarprodukt folgendermaßen berechnet werden:

$$\vec{a} \cdot \vec{b} = \begin{pmatrix} a_x \\ a_y \\ a_z \end{pmatrix} \cdot \begin{pmatrix} b_x \\ b_y \\ b_z \end{pmatrix} = a_x \cdot b_x + a_y \cdot b_y + a_z \cdot b_z$$

Eine elegante Schreibweise für das Skalarprodukt kann mit Hilfe des Summenzeichens gewählt werden. Ein Vorteil besteht darin, dass sich diese Schreibweise leicht auf mehr als drei Dimensionen erweitert lässt.

$$\vec{a} \cdot \vec{b} = \begin{pmatrix} a_1 \\ a_2 \\ a_3 \end{pmatrix} \cdot \begin{pmatrix} b_1 \\ b_2 \\ b_3 \end{pmatrix} = a_1 \cdot b_1 + a_2 \cdot b_2 + a_3 \cdot b_3 = \sum_{i=1}^{3} a_i \cdot b_i$$

```
Wolfram|Alpha (8)
> sum a_i*b_i from i = 1 to 3 <RETURN>
Sum: sum_(i=1)^3 a_i b_i = a_1 b_1+a_2 b_2+a_3 b_3
```

Das Skalarprodukt ist kommutativ, daher kann die Reihenfolge der Vektoren vertauscht werden.

$$\vec{a} \cdot \vec{b} = \vec{b} \cdot \vec{a}$$

Eine typische Anwendung des Skalarproduktes in der Physik besteht in der Berechnung der Arbeit als Funktion des Weges und der Kraft.

Beispiel

Berechnen der Arbeit mit dem Skalarprodukt: Die Kraft $\vec{F}$ wirkt entlang des Weges $\Delta\vec{s}$. Wir wollen mit Hilfe des Skalarproduktes die geleistete Arbeit berechnen.

$$\vec{F} = \begin{pmatrix} +2,5\,\text{N} \\ +4,2\,\text{N} \\ +1,8\,\text{N} \end{pmatrix}, \Delta\vec{s} = \begin{pmatrix} 4\,\text{m} \\ 0 \\ 0 \end{pmatrix}$$

Die physikalische Arbeit ist definiert als das Skalarprodukt von Kraft $\vec{F}$ und Weg $\Delta\vec{s}$ (Kurzform Arbeit gleich Kraft mal Weg). Wir können die Zahlenwerte für die Komponenten einsetzten und erhalten als Ergebnis eine Arbeit von 10 N m. Man erkennt, dass nur die parallel zum Weg gerichtete Kraftkomponente einen Anteil zur Arbeit leistet. Die von einer Kraft verrichtete Arbeit wird in Kap. 7 detaillierter hergeleitet.

$$\Delta W = \vec{F} \cdot \Delta\vec{s}$$

$$\Delta W = \begin{pmatrix} +2,5\,\text{N} \\ +4,2\,\text{N} \\ +1,8\,\text{N} \end{pmatrix} \cdot \begin{pmatrix} 4\,\text{m} \\ 0 \\ 0 \end{pmatrix} = 10\,\text{N}\,\text{m}$$

Mit Wolfram|Alpha können wir das Skalarprodukt mit Hilfe eines Punktes `.` oder der Eingabe `dot` zwischen den beiden Vektoren berechnen.

```
Wolfram|Alpha (9)
> {2.5,4.2,1.8}.{4,0,0} <RETURN>
Result: 10.
```

Zur Berechnung mit MATLAB definieren wir zunächst die beiden Spaltenvektoren $\vec{F}$ und $\vec{s}$ und berechnen dann mit Hilfe des Befehls `dot(F,s)` das Skalarprodukt.

```
MATLAB Command Window (8)
> F = [2.5;4.2;1.8]; <RETURN>
> s = [4;0;0]; <RETURN>
> W = dot(F,s) % Berechnet das Skalarprodukt von F und s <RETURN>
W =
    10
```

4.1.6 Das Vektorprodukt

Wie schon beschrieben, ist das Ergebnis eines Skalarprodukts ein Skalar. Wird als Ergebnis eine vektorielle Größe erwartet, benötigen wir eine weitere Vektoroperation – und zwar das Vektorprodukt, das auch als äußeres Produkt oder Kreuzprodukt (engl. *cross product*) bezeichnet wird. Diese vektorielle Multiplikation ist ausschließlich im dreidimensionalen Raum definiert und wird mit dem Symbol $\times$ gekennzeichnet.

Abb. 4.2 zeigt eine räumliche Darstellung des Vektorproduktes der Vektoren $\vec{a}$ und $\vec{b}$. Der Ergebnisvektor steht senkrecht auf der Ebene, die durch die Vektoren $\vec{a}$ und $\vec{b}$ aufgespannt wird. Die Richtung des Ergebnisvektors kann man mit der Rechten-Hand-Regel bestimmen. Zeigt der Daumen in Richtung $\vec{a}$ und der Zeigefinger in Richtung $\vec{b}$, so weist der Mittelfinger in Richtung des Vektorproduktes $\vec{a} \times \vec{b}$.

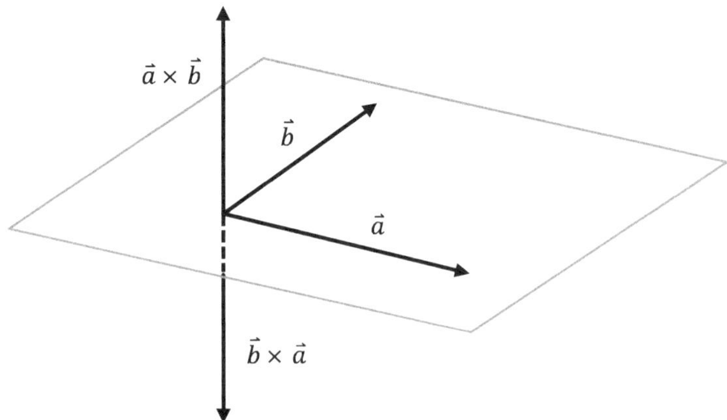

Abb. 4.2 Schematische Darstellung des Vektorproduktes der Vektoren $\vec{a}$ und $\vec{b}$

Dargestellt ist auch, dass das Vektorprodukt antikommutativ ist. Wird die Reihenfolge der Vektoren vertauscht, ergibt sich ein negatives Vorzeichen.

$$\vec{a} \times \vec{b} = -\vec{b} \times \vec{a}$$

Das Kreuzprodukt der Vektoren $\vec{a}$ und $\vec{b}$ kann mit folgendem Rechenschema berechnet werden.

$$\vec{a} \times \vec{b} = \begin{pmatrix} a_x \\ a_y \\ a_z \end{pmatrix} \times \begin{pmatrix} b_x \\ b_y \\ b_z \end{pmatrix} = \begin{pmatrix} a_y \cdot b_z - a_z \cdot b_y \\ a_z \cdot b_x - a_x \cdot b_z \\ a_x \cdot b_y - a_y \cdot b_x \end{pmatrix}$$

Auch hier können die x-, y- und z-Komponenten mit den Indizes 1, 2 und 3 gekennzeichnet werden.

$$\vec{a} \times \vec{b} = \begin{pmatrix} a_1 \\ a_2 \\ a_3 \end{pmatrix} \times \begin{pmatrix} b_1 \\ b_2 \\ b_3 \end{pmatrix} = \begin{pmatrix} a_2 \cdot b_3 - a_3 \cdot b_2 \\ a_3 \cdot b_1 - a_1 \cdot b_3 \\ a_1 \cdot b_2 - a_2 \cdot b_1 \end{pmatrix}$$

Mit Wolfram|Alpha können wir das Vektorprodukt mit Hilfe der Eingabe des Symbols `x` oder der Eingabe von `cross` zwischen den beiden Vektoren berechnen.

```
Wolfram|Alpha (10)
> {a_1;a_2;a_3} cross {b_1;b_2;b_3}
Result:
(-a_3 b_2+a_2 b_3, a_3 b_1-a_1 b_3, -a_2 b_1+a_1 b_2)
```

Zur Berechnung mit MATLAB definieren wir zunächst die beiden Spaltenvektoren $\vec{a}$ und $\vec{b}$ und berechnen dann mit Hilfe des Befehls `cross(a,b)` das Vektorprodukt.

```
MATLAB Command Window (9)
> syms a1 a2 a3 b1 b2 b3 <RETURN>
> a = [a1;a2;a3]; <RETURN>
> b = [b1;b2;b3]; <RETURN>
> cross(a,b); % Berechnet das Vektorprodukt von a und b <RETURN>
ans =
 a2*b3 - a3*b2
 a3*b1 - a1*b3
 a1*b2 - a2*b1
```

Das Vektorprodukt lässt sich ebenfalls geometrisch definieren. Der Betrag des Ergebnisvektors $\vec{c}$ wird durch den Flächeninhalt des durch die Vektoren $\vec{a}$ und $\vec{b}$ definierten Parallelogramms repräsentiert. Der Vektor $\vec{c}$ steht senkrecht auf den Vektoren $\vec{a}$ und $\vec{b}$.

$$\left|\vec{c}\right| = \left|\vec{a}\right| \cdot \left|\vec{b}\right| \cdot \sin(\varphi)$$

Beispiele für die Anwendung des Vektorproduktes in der Mechanik sind die Berechnung des Drehmomentes $\vec{M}$ aus dem Vektorprodukt von Hebelarm $\vec{r}$ und Kraft $\vec{F}$ sowie des Drehimpulses $\vec{L}$ aus dem Vektorprodukt von Hebelarm $\vec{r}$ und Impuls $\vec{p}$ in Kap. 7.

Beispiel

Berechnung der Geschwindigkeit eines Masseteilchens auf einer Kreisbahn: Nehmen wir an, wir wollen die Geschwindigkeit eines Masseteilchens auf einer Kreisbahn berechnen. Der Ortsvektor $\vec{r}$ zum Zeitpunkt t hat die Komponenten $r_x = 0,1\,\mathrm{m}$, $r_y = 0$ und $r_z = 0$. Der Vektor der Winkelgeschwindigkeit $\vec{\omega}$ hat die Komponenten $\omega_x = 0$, $\omega_y = 0$ und $\omega_z = 6,28\,\mathrm{rad\,s^{-1}}$. Mit diesen Angaben wollen wir den Geschwindigkeitsvektor $\vec{v}$ berechnen.

Die Geschwindigkeit eines Masseteilchens auf einer Kreisbahn kann mit dem Vektorprodukt von Winkelgeschwindigkeit $\vec{\omega}$ und Ortsvektor $\vec{r}$ dargestellt werden.

$$\vec{v} = \vec{\omega} \times \vec{r}$$

Nach Einsetzen der Zahlenwerte für die Komponenten von $\vec{\omega}$ und $\vec{r}$ in das Rechenschema erhalten wir den Vektor $\vec{v}$ mit der Komponente $v_y = 0,682\,\mathrm{m\,s^{-1}}$.

$$\vec{v} = \vec{\omega} \times \vec{r} = \begin{pmatrix} 0 \\ 0 \\ 6,28\,\mathrm{s^{-1}} \end{pmatrix} \times \begin{pmatrix} 0,1\,\mathrm{m} \\ 0 \\ 0 \end{pmatrix} = \begin{pmatrix} 0 \\ 0,682\,\mathrm{m\,s^{-1}} \\ 0 \end{pmatrix} \tag{4.1}$$

Mit Wolfram|Alpha können wir das Vektorprodukt mit Hilfe der Eingabe des Symbols `x` oder der Eingabe von `cross` zwischen den beiden Vektoren berechnen.

```
Wolfram|Alpha (11)
> {0,0,6.28}x{0.1,0,0} <RETURN>
Result: (0., 0.628, 0.)
```

Zur Berechnung mit MATLAB definieren wir zunächst die beiden Spaltenvektoren $\vec{\omega}$ und $\vec{r}$ und berechnen dann mit Hilfe des Befehls `cross(omega,r)` das Vektorprodukt.

```
MATLAB Command Window (10)
> omega = [0;0;6.28]; <RETURN>
> r = [0.1;0;0]; <RETURN>
> v = cross(omega,r) <RETURN>
```

```
v =
         0
    0.6280
         0
```

Neben dem reinen Zahlenwert stellt Wolfram|Alpha das Ergebnis des Vektorproduktes auch grafisch dar. Sollen einzelne Vektoren dargestellt werden, so kann dies durch die Eingabe `vector` oder `vectors` gefolgt von den jeweiligen Vektoren ermöglicht werden. So können wir beispielsweise den Ortsvektor $\vec{r}$ und den Geschwindigkeitsvektor $\vec{v}$ visualisieren.

```
Wolfram|Alpha (12)
> vectors{0.1,0,0} {0., 0.628, 0.} <RETURN>
Vector plot: ...
```

Mit MATLAB können Vektoren mit dem Befehl `quiver` in zwei und mit `quiver3` in drei Raumdimensionen dargestellt werden. Unseren Ortsvektor $\vec{r}$ und den Geschwindigkeitsvektor $\vec{v}$ können wir folgendermaßen darstellen, wenn wir die Variablen aus den vorangegangenen Rechnungen im Workspace belassen:

```
MATLAB Command Window (11)
> quiver3(0,0,0,r(1),r(2),r(3),0); hold on;
> quiver3(0,0,0,v(1),v(2),v(3),0) <RETURN>
```

In die Klammer nach dem Befehl `quiver3` werden zunächst die Raumkoordinaten für den Startwert des Vektors geschrieben, gefolgt von den Raumkoordinaten des Zielwertes. Die letzte Ziffer setzt den Parameter Skalierung auf 0, hierdurch wird eine automatische Skalierung unterdrückt. Mit dem Befehl `hold on` erreichen wir, dass wir den zweiten Vektor in der Grafik des ersten Vektors ergänzen können.

4.2 Differenzialrechnung

Physikalische Formeln stellen Beziehungen zwischen physikalischen Größen her. Häufig interessiert hierbei die Fragestellung, wie sich eine physikalische Größe verhält, wenn man einen bestimmten Parameter verändert. Um beispielsweise die Bewegung eines Massepunktes zu beschreiben, ist es wichtig zu wissen, wie sich der Ortsvektor $\vec{r}$ in Abhängigkeit der Zeit t verändert.

4.2.1 Der Differenzenquotient

Hierzu könnten wir den Abstand x eines sich bewegenden Masseteilchens zu einem definierten Referenzpunkt zu verschiedenen Zeitpunkten messen und die so ermittelten

Wertepaare in ein x-t-Diagramm eintragen und mit einer geraden Linie verbinden. Die Steigung dieser Linien repräsentiert die Durchschnittsgeschwindigkeit $\langle v \rangle$ des Masseteilchens zwischen den beiden gemessenen Zeitpunkten. Die Steigung der Geraden zwischen zwei x-t-Wertepaaren können wir berechnen, indem wir die zurückgelegte Strecke Δx durch die vergangene Zeit Δt teilen. Dabei drückt $x(t)$ den x-Wert aus, der dem jeweiligen Zeitpunkt t zugeordnet wird.

$$\langle v \rangle = \frac{\Delta x}{\Delta t} = \frac{x(t + \Delta t) - x(t)}{\Delta t}$$

Mit den entsprechenden Bewegungsgleichungen werden wir uns in Kap. 5 ausführlich beschäftigen.

Da viele physikalische Größen durch die Steigung der Funktionsgraphen in den entsprechenden Diagrammen repräsentiert werden, können wir dieses Prinzip verallgemeinern und die durchschnittliche Änderung einer Größe y, die von dem Parameter x abhängt, mit dem Differenzenquotienten beschreiben.

$$\frac{\Delta y}{\Delta x} = \frac{y(x + \Delta x) - y(x)}{\Delta x}$$

4.2.2 Die Ableitung einer Funktion

Wenn die Differenz Δx gegen null geht, erhalten wir die momentanen Änderungsraten. Mathematisch gesehen entspricht die momentane Änderungsrate der Ableitung, die aus dem Grenzwert $\Delta x \to 0$ definiert ist. Den Grenzwert des Differenzenquotienten für $\Delta x \to 0$ bezeichnet man als Differenzialquotienten.

$$y'(x) = \lim_{\Delta x \to 0} \left(\frac{\Delta y}{\Delta x} \right) = \frac{dy}{dx}$$

Auf das Beispiel der Bewegung eines Massepunktes bezogen, können wir mit der Ableitung der Ortsfunktion $x(t)$ nach der Größe t die Momentangeschwindigkeit v berechnen.

$$v = \frac{dx}{dt}$$

Wird eine physikalische Größe als Funktionsgraph in einem Diagramm dargestellt, so entspricht der Differenzenquotient der Steigung einer Sekante, und der Differenzialquotient entspricht der Steigung einer Tangente.

Schreibweise für Ableitungen

Zur Kennzeichnung einer Ableitung der Funktion $f(x)$ gibt es verschiedene Schreibweisen. Die gebräuchlichsten sind:

$$f'(x) = \frac{df(x)}{dx} = \dot{f}(x)$$

- Die erste Schreibweise mit dem Ableitungsstrich $f'(x)$ wird auch als Lagrange-Notation bezeichnet und stellt eine weit verbreitete Schreibweise dar, die häufig schon aus der Schulmathematik bekannt ist.
- Die zweite Schreibweise $df(x)/dx$ ist die Leibniz-Notation, die explizit ausweist, nach welcher Variablen abgeleitet wird.
- Die dritte Schreibweise, die auf Newton zurückgeht, verwendet anstelle des Striches ein Punkt über der abzuleitenden Funktion. Diese Schreibweise $\dot{f}(x)$ wird ebenfalls gerne in der Physik eingesetzt, allerdings hauptsächlich dann, wenn die unabhängige Variable die Zeit t ist.
- Eine weitere Schreibweise, die gerne in englischer Literatur oder in Computeralgebrasystemen eingesetzt wird, verwendet den Buchstaben D oder d als Differenzialoperator.
- Zweifache Ableitungen werden bei der Lagrange-Notation durch zwei Ableitungsstriche $f''(x)$, bei der Newton-Notation durch zwei Punkte $\ddot{f}(x)$ und bei der Leibniz-Notation durch die Schreibweise d^2f/dx^2 gekennzeichnet.

In Tab. 4.3 sind die verschiedenen Eingaben für Ableitungen bei Wolfram|Alpha aufgeführt. Man erkennt, dass die Eingaben mit dem Befehl `derivative`, oder mit den oben beschriebenen Notationen nach Langrange und Leibniz erfolgen können. Alternativ kann der Buchstabe `d` als Differenzialoperator verwendet werden.

In Tab. 4.4 sind die Eingabebefehle für das Berechnen der Ableitungen mit Hilfe des symbolischen Rechnens mit MATLAB aufgeführt, wenn die Symbolic Math Toolbox zur Verfügung steht. Die Eingabe erfolgt hier mit dem Befehl `diff`,

Tab. 4.3 Beispiele und Syntax zur Differenzialrechnung mit Wolfram|Alpha

Aufgabe	Eingabe/Syntax/Beispiel

Funktion ableiten	`derivative x^2`
	`(x^2)'`
	`d/dx x^2`
	`d[x^2,x]`

Funktion mehrfach ableiten	`5th derivative of sin(x)`
	`sin(x)'''''`
	`d^5/dx^5 sin(x)`

Ableitung an einer bestimmten Stelle	`derivative x^2 where x=2`
Ableiten abstrakter Funktionen	`d/dx (u(x)*v(x))`

Tab. 4.4 Beispiele und Syntax zur Differenzialrechnung mit MATLAB

Aufgabe	Eingabebefehl/Syntax/Beispiel
Funktion ableiten	`syms x; f(x) = x.^2; diff(f(x),x)`
Funktion mehrfach ableiten	`syms x; f(x) = sin(x); diff(f,x,5)`

gefolgt von der abzuleitenden Funktion und der Variablen, nach der abgeleitet werden soll. Bei mehrfachen Ableitungen kann man zusätzlich noch eine Zahl hinzufügen, die angibt, wie oft abgeleitet werden soll.

Das Ableiten von Funktionen ist aus der Schulmathematik bereits bestens bekannt. Hier wird häufig die Funktion $f(x)$ oder $y(x)$ nach x abgeleitet und man schreibt $f'(x)$ oder $y'(x)$.

Physikalische Größen hängen aber häufig von verschiedenen Parametern ab und werden daher gerne auch nach unterschiedlichen Größen abgeleitet. In Kap. 7 werden wir die Größe Impuls $\vec{p}$ kennenlernen, die folgendermaßen definiert ist.

$$\vec{p} = m \cdot \vec{v}$$

Eine Aufgabe könnte es sein, die Größe Impuls nach der Zeit abzuleiten. In diesem Fall verwenden wir zu Kennzeichnung der Ableitung die Leibniz-Notation. Somit erkennt man sofort, nach welcher Größe abgeleitet werden soll.

$$\frac{d\vec{p}}{dt} = \frac{d}{dt}\left(m \cdot \vec{v}\right)$$

Nun ist es wichtig zu überlegen, ob beide Größen m und v von der Zeit t abhängen. In diesem Fall müssten wir zur Berechnung der Ableitung die Produktregel anwenden. Häufig gehen wir davon aus, dass die Masse m in dem betrachteten Zeitraum konstant bleibt und wir somit die Masse m als Konstante betrachten und diese daher vor die Ableitung setzen können.

$$\frac{d}{dt}\left(m \cdot \vec{v}\right) = m \cdot \frac{d}{dt}\vec{v} = m \cdot \vec{a}$$

Die Ableitung der Geschwindigkeit nach der Zeit t ist die Beschleunigung. Die Änderung des Impulses mit der Zeit ist daher das Produkt aus Masse und Beschleunigung. Eine bekannte Ausnahme stellt die Bewegung einer Rakete dar, bei der sich die Masse durch den Ausstoß von Treibgasen ständig verringert.

4.2.3 Die numerische Berechnung von Ableitungen

Mit Excel kann die Bestimmung der Steigung ausschließlich mit numerischen Verfahren erfolgen, beispielsweise mit Hilfe von Differenzenquotienten (kurz DQ).

Abb. 4.3 zeigt schematisch die Bildung des Differenzenquotienten. Die Steigung der Geraden durch die eingezeichneten Punkte kann man folgendermaßen mit Hilfe des Differenzenquotienten berechnen:

$$DQ = \frac{f(x_0 + \Delta x) - f(x_0)}{\Delta x}$$

Die Bildung des Differenzenquotienten wollen wir kurz am Beispiel einer Parabel $f(x) = x^2$ anwenden, so dass wir nun die konkrete Funktionsvorschrift einsetzen können. Wir erhalten folgenden Ausdruck und können den Grenzwert bilden, indem wir Δx gegen 0 gehen lassen. Als Steigung der Parabel am Punkt x_0 ergibt sich der erwartete Wert $2x_0$.

$$DQ = \frac{(x_0 + \Delta x)^2 - {x_0}^2}{\Delta x} = \frac{x_0^2 + 2 \cdot x_0 \Delta x + \Delta x^2 - {x_0}^2}{\Delta x} = 2 \cdot x_0 + \Delta x$$

$$\lim_{\Delta x \to 0} 2 \cdot x_0 + \Delta x = 2 \cdot x_0$$

Den Ausdruck für den Grenzwert $\Delta x \to 0$ können wir nachprüfen. Bei Wolfram|Alpha steht hierzu die Eingabe `lim` für die Grenzwertbildung zur Verfügung.

```
Wolfram|Alpha (13)
> lim[((x_0 + delta)^2 - x_0^2)/delta, delta->0] <RETURN>
Limit: lim_(delta->0) ((x_0 + delta)^2 - x_0^2)/delta = 2 x_0
```

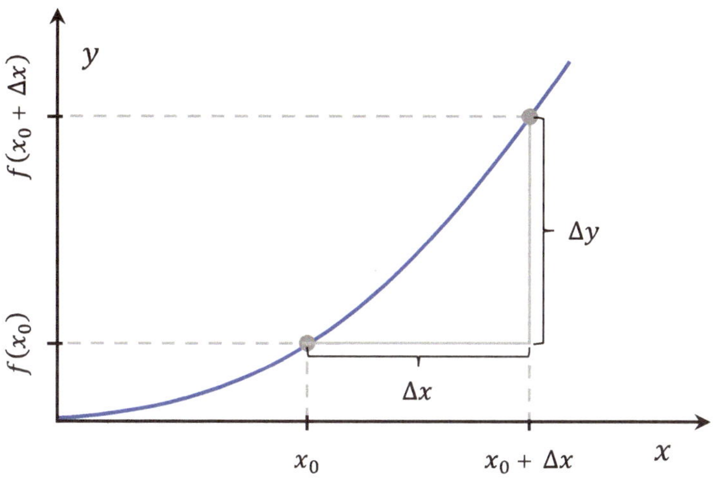

Abb. 4.3 Schematische Darstellung des Differenzenquotienten

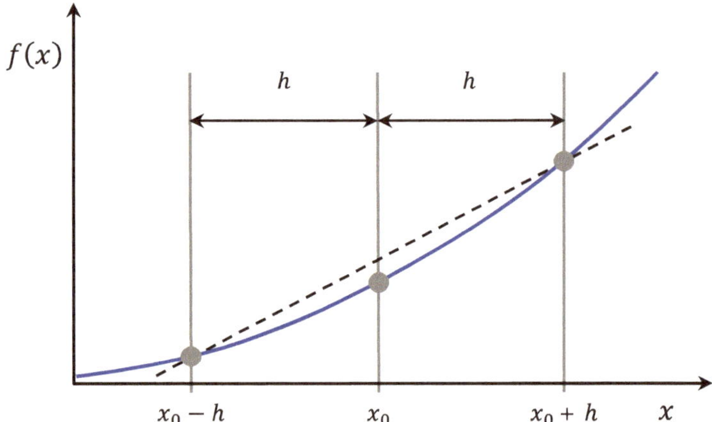

Abb. 4.4 Schematische Darstellung zur numerischen Berechnung der Ableitung mit Hilfe des symmetrischen Differenzenquotienten

Vom Punkt x_0 können wir zu einem kleineren oder größeren x-Wert gehen und die Steigungsdreiecke konstruieren. In Abb. 4.4 sind beide Möglichkeiten dargestellt.

Die Methoden der sogenannten Vorwärts-Differenz (engl. *forward finite difference*) und der sogenannten Rückwärts-Differenz (engl. *backward finite difference*) liefern eine gute Näherung für $f(x)$, wenn kleine Werte für die Schrittweite h angenommen werden.

$$DQ = \frac{1}{h} \cdot (f(x_0 + h) - f(x_0))$$

$$DQ = \frac{1}{h} \cdot (f(x_0) - f(x_0 - h))$$

Eine höhere Genauigkeit für die Ableitung erhält man, wenn man den Mittelwert aus Vorwärts- und Rückwärts-Differenz bildet und damit den sogenannten symmetrischen Differenzenquotienten (kurz sDQ) erhält, den man folgendermaßen berechnen kann:

$$sDQ = \frac{1}{2h} \cdot (f(x_0 + h) - f(x_0 - h))$$

Die Methode des symmetrischen Differenzenquotienten können wir mit Hilfe der Tabellenkalkulation schnell umsetzen und die Steigung der Parabel an der Stelle $x_0 = 2$ berechnen. Abb. 4.5 zeigt das entsprechende Excel-Arbeitsblatt. Mit einer Schrittweite $h = 0,1$ ergibt sich für den Differenzenquotient ein Wert von 4.

	A	B	C	D	E	F
1	x0	h	f(x0+h)	f(x0–h)	sDQ	
2						
3	2	0,1	4,41	3,61	4	
4						
5						

Abb. 4.5 Excel-Arbeitsblatt zur numerischen Berechnung der Ableitung der Funktion $f(x)$ an der Stelle $x_0 = 2$

```
Excel-Arbeitsblatt (Abb. 4.5)
C3 = ($A$3 + B3)^2
D3 = ($A$3 - B3)^2
E3 = 1/(B3*2)*(C3 - D3)
```

4.3 Integralrechnung

Die Änderung von physikalischen Größen haben wir mit Hilfe der Differenziation beschrieben. Die Integration stellt die Umkehrung der Differenziation dar.

$$F'(x) = f(x)$$

$F(x)$ wird Stammfunktion von $f(x)$ genannt. Eine Funktion kann allerdings mehrere Stammfunktionen der folgenden Form haben:

$$F(x) + c$$

Hierbei ist c die sogenannte Integrationskonstante, mit der wir beispielsweise in Bewegungs-gleichungen die sogenannten Anfangswerte berücksichtigen können. Dies wollen wir an folgendem Beispiel anwenden. Nehmen wir einmal an, eine Masse bewegt sich mit der konstanten Geschwindigkeit $v = 5\,\mathrm{m\,s^{-1}}$. Zum Zeitpunkt $t = 0$ befindet sich die Masse am Punkt $s_0 = 20\,\mathrm{m}$. Den zurückgelegten Weg $s(t)$ können wir durch Integration der Geschwindigkeitsfunktion $v(t)$ über die Zeit berechnen.

$$s(t) = \int ds = \int v\,dt = 5\,\mathrm{m\,s^{-1}} \cdot t + c$$

Die Integrationskonstante c kann man durch Einsetzen von $t = 0$ bestimmen. Zu diesem Zeitpunkt soll der Weg $s(0)$ ja genau dem Anfangswert $s_0 = 20$ m entsprechen.

Damit ergibt sich für dieses Beispiel ein Wert von $c = 20\,\text{m}$ für unsere Integrationskonstante.

4.3.1 Bestimmte und unbestimmte Integrale

Bei Integralen unterscheidet man zwischen unbestimmten und bestimmten Integralen. Die Gesamtheit der Stammfunktionen von $f(x)$ bezeichnet man als unbestimmtes Integral. Das bestimmte Integral hingegen wird für ein konkretes Intervall berechnet. Das Ergebnis eines bestimmten Integrals ist daher eine Zahl, die anschaulich den Flächeninhalt A zwischen dem Funktionsgraphen und der x-Achse im Intervall zwischen den Grenzen a und b repräsentiert. Abb. 4.6 zeigt eine schematische Darstellung eines Funktionsgraphen $f(x)$ und die Fläche A im Intervall $[a, b]$.

Die Berechnung eines bestimmten Integrals kann mit Hilfe des Hauptsatzes der Differenzial- und Integralrechnung folgendermaßen berechnet werden:

$$\int_a^b f(x)dx = [F(x) + c]_a^b = F(b) + c - (F(a) + c) = F(b) - F(a)$$

Man erkennt, dass durch diese Definition die Integrationskonstante c bei einem bestimmten Integral entfällt.

Im Folgenden wollen wir die Berechnung eines bestimmten Integrals, das wir in Kap. 2 bereits mit Wolfram|Alpha und MATLAB berechnet haben, noch einmal mit Papier und Bleistift nachrechnen.

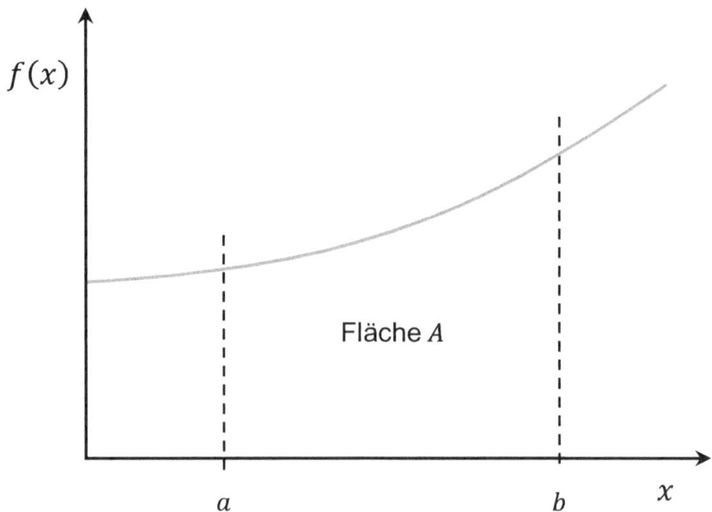

Abb. 4.6 Schematische Darstellung der Fläche zwischen der Kurve der Funktion $f(x)$ und der x-Achse

Beispiel

Ein bestimmtes Integral berechnen: Wir wollen das bestimmte Integral der aufgeführten Funktion $f(x)$ in den Grenzen von $x_1 = 1,5$ und $x_2 = 3,5$ berechnen.

$$f(x) = x^2 + 2 \cdot x + 3$$

Zunächst formulieren wir die Aufgabe folgendermaßen in der Integralschreibweise:

$$\int_{x_1}^{x_2} f(x)\,dx = \int_{1,5}^{3,5} x^2 + 2 \cdot x + 3\,dx$$

Dann bestimmen wir die Stammfunktion $F(x)$ und berechnen die Werte von $F(x)$ für die obere Grenze $x_2 = 3,5$ und die untere Grenze $x_1 = 1,5$.

$$\int_{1,5}^{3,5} x^2 + 2 \cdot x + 3\,dx = \left[\frac{x^3}{3} + x^2 + 3x\right]_{1,5}^{3,5} \approx 37,042 - 7,875 = 29,167$$

Die analytische Berechnung dieses bestimmten Integrals mit Wolfram|Alpha und MATLAB haben wir bereits in Kap. 2 durchgeführt. Bei der symbolischen Berechnung mit MATLAB wurde hierbei ein Wert von 175/6 berechnet. Hier erkennt man den Vorteil des symbolischen Rechnens mit den CAS- Systemen, man erhält einen exakten Wert. Bei unserer Berechnung weiter oben haben wir ja bereits gerundet.

Die Berechnung bestimmter Integrale kann mit mit Wolfram|Alpha und MATLAB aber auch numerisch erfolgen. Selbst mit Hilfe der Tabellenkalkulation können wir, wie in Abschn. 4.3.2 gezeigt, bestimmte Integrale numerisch berechnen.

Tab. 4.5 zeigt die Syntax zur Integralrechnung mit Wolfram|Alpha mit den Eingaben „`integrate`" oder „`int`" in der Kurzform. Auch zur numerischen Berechnung stehen eine Reihe von Verfahren zur Verfügung, darunter die Trapezmethode (engl. *trapezoidal rule*), die Mittelpunktsregel (engl. *midpoint method*) oder die Simpsonregel. Bei den numerischen Verfahren kann die Anzahl der Intervalle vorgegeben werden.

Tab. 4.6 zeigt die Syntax zur Integralrechnung mit MATLAB. Zur analytischen Berechnung der unbestimmten und bestimmten Integrale ist die Symbolic Math

Tab. 4.5 Beispiele und Syntax zur Integralrechnung mit Wolfram|Alpha

Aufgabe	Eingabe/Syntax/Beispiel

Unbestimmtes Integral berechnen	`integrate x^2,`
	`integrate[x^2,x],`
	`int x^2 dx`

Bestimmtes Integral berechnen	`integrate x^2 from x = 0 to 10,` `integrate[x^2,{x,0,10}]`
Bestimmtes Integral numerisch lösen*	`integrate x^2 using trapezoidal rule with 10 intervals from x = 0 to 10`

[*am Beispiel der Trapezmethode]

Tab. 4.6 Beispiele und Syntax zur Integralrechnung mit MATLAB

Aufgabe	Eingabebefehl/Syntax/Beispiel
Unbestimmtes Integral berechnen	`syms x; int(x^2,x)`
Bestimmtes Integral berechnen	`syms x, int(x^2,x, [0,10])`
Bestimmtes Integral numerisch lösen*	`x = 0:0.1:10; f = x.^2; trapz(x,f)`

[*am Beispiel der Trapezmethode]

Toolbox erforderlich. Der Eingabebefehl lautet `int`, gefolgt von der Funktion, die integriert werden soll. Die Eingabe der Integrationsgrenzen erfolgt in eckigen Klammern. Als numerisches Verfahren wird hier exemplarisch das Trapezverfahren aufgeführt, das im Folgenden noch detaillierter beschrieben wird.

Durch die Integration berechneten Flächen spielen in der Physik eine wichtige Rolle, beispielsweise repräsentiert die Fläche unter einem Graphen in einem v-t-Diagramm die zurückgelegte Strecke oder in einem F-s-Diagramm die verrichtete physikalische Arbeit.

4.3.2 Numerische Verfahren zur Berechnung von Integralen

Da man mit der Tabellenkalkulation Excel nicht symbolisch rechnen kann, kommt zur Lösung des Integrals somit ausschließlich eine numerische Lösung in Frage. Eine anschauliche Methode zur numerischen Integration stellt das Trapezverfahren dar, welches schematisch in Abb. 4.7 dargestellt ist.

Hierzu wird die zu berechnende Gesamtfläche in kleine Teilstücke mit der Schrittweite Δx unterteilt und die so entstehenden trapezförmigen Flächen addiert. Das k-te Trapezstück I_k kann folgendermaßen berechnet werden:

$$I_k = \frac{1}{2} \cdot (f(x_k) + f(x_{k+1})) \cdot \Delta x$$

Die in Abb. 4.7 markierte Trapezfläche I_2 zwischen den Werten x_2 und x_3 wird dann folgendermaßen berechnet:

$$I_2 = \frac{1}{2} \cdot (f(x_2) + f(x_3)) \cdot \Delta x$$

Die gesamte Fläche I des Integrals kann aus der Summe aller Trapezstreifen berechnet werden.

$$I = \sum_{k=1}^{n} I_k = \sum_{k=1}^{n} \frac{1}{2} \cdot (f(x_k) + f(x_{k-1})) \cdot \Delta x$$

$$I = \Delta x \cdot (f(x_1) + f(x_2) + \ldots + f(x_{n-1})) + \frac{\Delta x}{2} \cdot (f(x_0) + f(x_n))$$

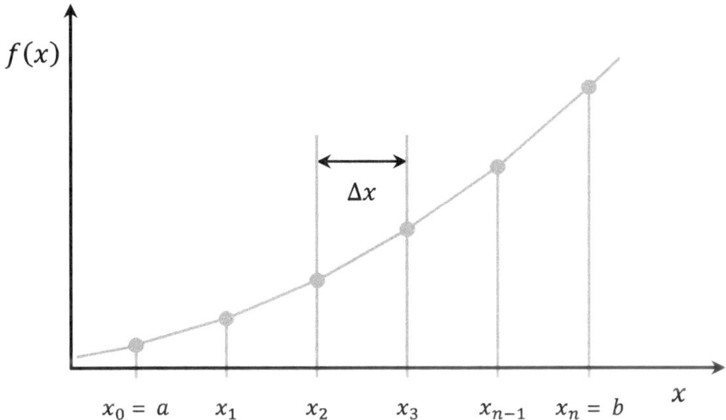

Abb. 4.7 Numerische Berechnung von Integralen mit Hilfe des Trapezverfahrens

Bis auf die Werte $f(x_0)$ und $f(x_n)$ kommen alle Werte doppelt vor, dies wird im Faktor $\Delta x/2$ im zweiten Term berücksichtigt.

Beispiel

Ein Integral numerisch berechnen: Wir wollen das bestimmte Integral der aufgeführten Funktion in den Grenzen von $x_1 = 1{,}5$ und $x_2 = 3{,}5$ berechnen und hierzu das Trapezverfahren einsetzen.

$$f(x) = x^2 + 2 \cdot x + 3$$

Mit Wolfram|Alpha können Funktionen auch numerisch integriert werden, hierzu stehen eine Reihe von verschiedenen Verfahren zur Verfügung, wie beispielsweise die Rechteck-, die Trapez- oder die Simpson-Regel. Folgendes Beispiel zeigt die Berechnung des bestimmten Integrals mit Hilfe der Trapezregel. Die Anzahl der Intervalle kann mit der Eingabe `using 10 intervals` erfolgen, in diesem Fall wurden 10 Intervalle ausgewählt.

```
Wolfram|Alpha (14)
> integrate x^2 + 2*x + 3 from 1.5 to 3.5 using trapezoidal rule
using 10 intervals <RETURN>
Result: 29.18
```

Bei der Lösung mit MATLAB kann mit dem Befehl `trapz` die Trapezmethode angewendet werden. Hierzu definieren wir für die x-Werte zunächst einen Zeilenvektor mit einem Startwert, einer Schrittweite und einem Endwert.

	A	B	C	D	E	F
1	h	0,2				
2	i	xi	f(xi)			
3	0	1,5	8,25	4,125		
4	1	1,7	9,29	9,29		
5	2	1,9	10,41	10,41		
...	...	...	...	...		
13	10	3,5	22,25	11,125		
14						
15			Summe	29,18		

Abb. 4.8 Excel-Arbeitsblatt zur numerischen Berechnung des Integrals

```
MATLAB Command Window (12)
> x = 1.5:0.1:3.5; <RETURN>
> y = x.^2 + 2*.x + 3; <RETURN>
> trapz(x,y) <RETURN>
ans =
   29.1700
```

Zur Berechnung des Integrals mit Excel steht ausschließlich die numerische Lösung zur Verfügung. Hierzu werden wir im Folgenden das Trapezverfahren mit Hilfe der Tabellenkalkulation implementieren. Abb. 4.8 zeigt das entsprechende Excel-Arbeitsblatt.

```
Excel-Arbeitsblatt (Abb. 4.8)
B3 = 1,5
C3 = B3^2 + 2*B3 + 3
D3 = 1/2*C3
B4 = B3 + $B$1
C4 = B4^2 + 2*B4 + 3
D4 = C4
D13 = 1/2*C13
D15 = SUMME(D3:D13)*B1
```

4.4 Differenzialgleichungen

In der Physik kommen häufig Gleichungen vor, die neben der gesuchten Funktion auch noch mindestens eine Ableitung dieser Funktion enthalten. Diese Art von Gleichungen bezeichnet man als Differenzialgleichungen (kurz DGL). Die Lösung von Differenzialgleichungen sind Funktionen.

Zur Klassifizierung der verschiedenen Differenzialgleichungen wird vielfach angegeben, von welcher Ordnung die höchste vorkommende Ableitung ist. Folgende Bewegungsgleichung, die den freien Fall ohne Reibungseffekte beschreibt, wäre somit eine Differenzialgleichung 2. Ordnung, da als höchste Ableitung die zweifache Ableitung des Weges nach der Zeit vorkommt:

$$\ddot{x}(t) + 9{,}81 = 0$$

Von einer gewöhnlichen Differenzialgleichung (engl. *ordinary differential equation*, kurz ODE) spricht man, wenn die Funktion nur von einer Variablen abhängt. Weiterhin unterscheidet man zwischen linearen und nicht linearen Differenzialgleichungen. Eine lineare Differenzialgleichung zeichnet sich dadurch aus, dass die abhängige Variable und ihre Ableitung nur linear auftreten. Bei einer nicht linearen Differenzialgleichung können die abhängigen Variablen beispielsweise auch in Produkten oder trigonometrischen Funktion vorkommen. Ein bekanntes Beispiel für eine nicht lineare Differenzialgleichung ist die Bewegungsgleichung für das mathematische Pendel bei großen Auslenkungen, da in diesem Fall die Sinusfunktion nicht durch eine lineare Funktion angenähert werden kann. Die Schwingungsdauer für ein mathematisches Pendel mit großen Auslenkungswinkeln werden wir in Kap. 8 berechnen.

4.4.1 Lösungsstrategien für Differenzialgleichungen

Im Folgenden sollen die verschiedenen Lösungsstrategien zum Lösen von Differenzialgleichungen beschrieben werden und natürlich, wie wir hierzu unsere Software einsetzen können. Bei Wolfram|Alpha und MATLAB stehen analytische und numerische Verfahren zur Verfügung, während wir mit der Tabellenkalkulation Excel ausschließlich numerische Methoden anwenden können. Starten wir mit einem ersten einfachen Beispiel, dem freien Fall einer Masse ohne Reibung.

Beispiel

Bewegungsgleichung am Beispiel freier Fall: Wir lassen einen kleinen Stein von der Position $x_0 = 0$ mit der Anfangsgeschwindigkeit $v_0 = 0$ in einen ausgetrockneten Brunnen fallen und wollen den zurückgelegten Weg innerhalb der ersten 5 Sekunden berechnen. Hierzu gehen wir zunächst vereinfachend davon aus, dass wir die Luftreibung vernachlässigen können.

Den kleinen Stein modellieren wir als Masseteilchen mit der Masse m. Da wir den Luftwiderstand vernachlässigen können, wirkt auf die Masse m ausschließlich die Gewichtskraft.

$$F_G = -m \cdot g$$

Diese Gewichtskraft beschleunigt den kleinen Stein nach dem zweiten Newtonschen Gesetz, das wir in Kap. 6 noch eingehender kennenlernen werden.

$$a(t) = \ddot{x}(t) = \frac{F}{m}$$

Als Kraft, die auf die Masse m wirkt, können wir nun die Gewichtskraft einsetzen und erhalten:

$$\ddot{x}(t) = \frac{-m \cdot g}{m} = -g$$

Nach Kürzen der Masse m und Addition von g erhält man Gl. 4.2 als Bewegungsgleichung für den freien Fall ohne Luftwiderstand. Die Masse m dürfen wir kürzen, da die Masse, die die Gewichtskraft erzeugt (die sogenannte schwere Masse), gleich der Masse ist, zu deren Beschleunigung die Kraft F aufgewendet werden muss (die sogenannte träge Masse).

$$\ddot{x}(t) + g = 0 \tag{4.2}$$

Diese lineare Differenzialgleichung 2. Ordnung können wir durch zweifaches Integrieren lösen. Wenn wir annehmen, dass wir den Zeitraum 0 bis t betrachten, können wir folgende Gleichung formulieren, um die erste Integration durchzuführen. Hierzu verwenden wir $\tilde{t}$ als Formelzeichen für die Zeit, um Verwechslungen mit der oberen Integrationsgrenze t zu vermeiden.

$$\int_0^t \ddot{x}(\tilde{t}) + g\,d\tilde{t} = 0$$

$$[\dot{x}(\tilde{t}) + g \cdot \tilde{t}]_0^t = \dot{x}(t) + g \cdot t - \dot{x}(0) = 0$$

Die einfache Ableitung der Ortsfunktion $\dot{x}(0)$ zum Zeitpunkt $t = 0$ stellt die Anfangsgeschwindigkeit v_0 des Masseteilchens zum Zeitpunkt $t = 0$ dar. Damit können wir folgende Gleichung formulieren:

$$\dot{x}(t) - v_0 + g \cdot t = 0$$

Durch nochmaliges Integrieren erhalten wir die Ortsfunktion $x(t)$. Auch hier verwenden wir wieder $\tilde{t}$ als Formelzeichen für die Zeit.

$$\int_0^t \dot{x}(\tilde{t}) - v_0 + g \cdot \tilde{t}\,d\tilde{t} = 0$$

$$\left[x(\tilde{t}) - v_0 \cdot \tilde{t} + \frac{1}{2} g \cdot \tilde{t}^2\right]_0^t = x(t) - v_0 \cdot t + \frac{1}{2}\, g \cdot t^2 - x(0) = 0$$

Der Ausdruck $x(0)$ stellt den Anfangsort x_0 des Masseteilchens zum Zeitpunkt $t = 0$ dar. Damit ergibt sich folgender Ausdruck für die Ortsfunktion $x(t)$:

$$x(t) = x_0 + v_0 \cdot t - \frac{1}{2}\, g \cdot t^2$$

Da wir in unserer Aufgabe den kleinen Stein von der Anfangsposition $x_0 = 0$ mit der Anfangsgeschwindigkeit $v_0 = 0$ fallen lassen, vereinfacht sich diese Gleichung durch Einsetzen der Anfangswerte und wir können folgende Ortsfunktion als Lösung angeben:

$$x(t) = -\frac{1}{2}\, g \cdot t^2 \tag{4.3}$$

Anschließend können wir unser Ergebnis noch visualisieren und die Ortsfunktion $x(t)$ plotten oder die Ergebnisse in einer Tabelle darstellen, um eines Skizze anzufertigen. Wir starten mit der Eingabe zum Plotten der Ortsfunktion $x(t)$ mit Wolfram|Alpha.

```
Wolfram|Alpha (15)
> plot −4.905 t^2 from t = 0 to 5 <RETURN>
Plot: ...
```

Eine Wertetabelle können wir mit der Eingabe `table` erstellen, gefolgt von der Funktionsvorschrift und dem Wertebereich.

```
Wolfram|Alpha (16)
> table[−4.905*t^2,{t,0,5}] <RETURN>
Result:
t | 0 | 1 | 2 | 3 | 4 | 5
−4.905 t^2 | 0. | −4.905 | −19.62 | −44.145 | −78.48 | −122.625
```

Auch mit MATLAB können wir den Kurvenverlauf schnell visualisieren, beispielsweise mit dem Befehl `fplot`, gefolgt von der Funktion und den Grenzen, in denen die Funktion geplottet werden soll.

```
MATLAB Command Window (13)
> fplot(@(t) −(9.81*t^2)/2,[0,5]) <RETURN>
```

Um die Wertetabelle zu erstellen, definieren wir für die Zeit zunächst einen Zeilenvektor t. Nach der Berechnung der Ortskoordinate x transponieren wir noch den Zeit- und Ortsvektor, da der Befehl `table` einen Spaltenvektor erwartet.

```
MATLAB Command Window (14)
> t = [0 1 2 3 4 5]; <RETURN>
> x = -4.905*t.^2; <RETURN>
> t = t'; x = x'; % transponieren in Spaltenvektoren <RETURN>
> table(t,x); <RETURN>
ans =
     t       x
     _    _______
     0          0
     1     -4.905
     2     -19.62
     3    -44.145
     4     -78.48
     5    -122.63
```

In Abb. 4.9 ist die Bewegung des freien Falls ohne Reibung in einem x-t-Diagramm und einem v-t-Diagramm dargestellt.

Nun wollen wir diesen Typ von Bewegungsgleichung mit Wolfram|Alpha und MATLAB lösen. Da die Lösung einer Differenzialgleichung durch Integrieren eher eine Ausnahme darstellt, wollen wir hier einen generelleren Ansatz wählen.

In Tab. 4.7 sind die Eingaben und Syntax zur Lösung von Differenzialgleichungen mit Wolfram|Alpha aufgeführt. Bei Wolfram|Alpha können zur Kennzeichnung der Ableitung die in Tab. 4.3 aufgeführten Eingaben verwendet werden, im Folgenden verwenden wir zur Eingabe der Differenzialgleichungen die Lagrange-Notation mit

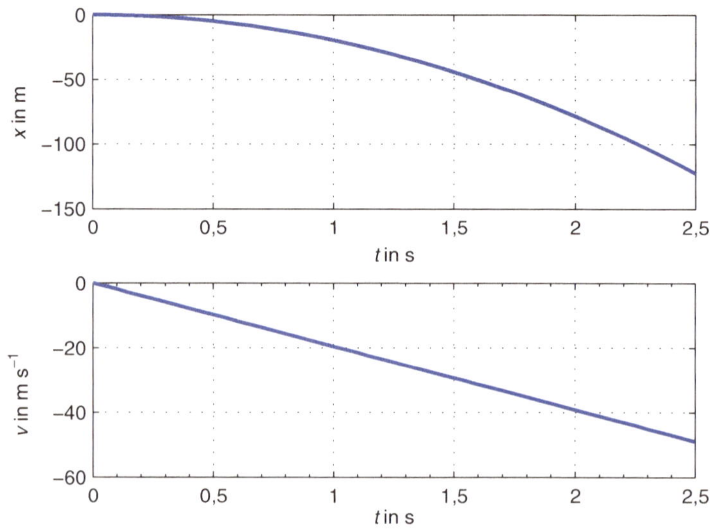

Abb. 4.9 Ort und Geschwindigkeit eines kleinen Steins im freien Fall (ohne Reibung) als Funktion der Zeit

Tab. 4.7 Beispiele zur Lösung einer linearen Differenzialgleichung zweiter Ordnung am Beispiel des freien Falls mit Wolfram|Alpha

Aufgabe	Eingabe/Syntax/Beispiel
DGL ohne Anfangswerte lösen	`x''(t) + g = 0`
DGL mit Anfangswerten lösen	`x''(t) + g = 0, x'(0) = 0, x(0) = 0`
DGL numerisch lösen	`forward Euler method {9.81 + x''[t] == 0, x[0] == 0, x'[0] == 0} from 0. to 5. stepsize = 0.1`

den beiden hochgesetzten Strichen für die zweifache Ableitung. In eckigen Klammern vermerken wir noch, dass die Ortsfunktion von der Variablen Zeit abhängt.

Tipp
Ist die Syntax zur Eingabe von Differenzialgleichungen erst einmal ausprobiert, können Bewegungsgleichungen mit Hilfe von Wolfram|Alpha und MATLAB schnell gelöst werden. Anfangsbedingungen können einfach geändert und viele Effekte wie Reibung, die eine Rechnung mit Papier und Bleistift viel aufwendiger machen, können problemlos ergänzt und berechnet werden.

Auf die Aufgabenstellung freier Fall bezogen können wir folgende Eingabe in Wolfram|Alpha wählen:

```
Wolfram|Alpha (17)
> x''[t] + g == 0 <RETURN>
ODE classification: second-order linear ordinary differential equation
Differenzial equation solution:
x(t) = c_2 t+c_1-(g t^2)/2
```

Als Ergebnis erhalten wir die Ortsfunktion $x(t)$, die erwartungsgemäß quadratisch von der Zeit t abhängt. Da wir keine Angaben über die Anfangswerte gemacht haben, erhalten wir allerdings zusätzliche Konstanten c_1 und c_2. Durch Vergleich der Koeffizienten erkennen wir, dass es sich bei der Konstanten c_2 um die Anfangsgeschwindigkeit $v(0)$ handelt und bei der Konstanten c_1 um den Anfangsort $x(0)$.

Eleganter wäre es daher, die Anfangsbedingungen gleich bei der Eingabe zu berücksichtigen. Dies können wir einfach umsetzen, indem wir die beiden Anfangsbedingungen $v(0) = x'(0) = 0$ und $x(0) = 0$ einfach, jeweils durch ein Komma getrennt, bei der Eingabe hinter die Differenzialgleichung zweiter Ordnung am Beispiel des freien Falls schreiben.

```
Wolfram|Alpha (18)
> x''[t] + g == 0, x'[0] == 0, x[0] == 0 <RETURN>
ODE classification: second-order linear ordinary differential equation
Differenzial equation solution: x(t) = -(g t^2)/2
```

Tab. 4.8 Beispiele zur Lösung einer linearen Differenzialgleichung zweiter Ordnung am Beispiel des freien Falls

Aufgabe	Eingabebefehl/Syntax/Beispiel
DGL ohne Anfangswerte lösen	`syms x(t) g; dsolve(diff(x,2) + g == 0)`
DGL mit Anfangswerten lösen	`syms x(t) g; Dx = diff(x,1); D2x = diff(x,2); dsolve (D2x + g == 0,Dx(0) == 0,x(0) == 0)`
DGL numerisch lösen*	`[t,x] = ode45(@(t,x) [x(2); -9.81],[0 5],[0;0])`

[*ode45 Solver]

In Tab. 4.8 sind die Eingaben und Syntax zur Lösung von Differenzialgleichungen mit MATLAB aufgeführt. Zur Lösung in MATLAB definieren wir zunächst die Variable x als Funktion der Zeit und die Konstante g durch Eingabe des Befehls `syms x(t) g`. Der eigentliche Befehl zur symbolischen Lösung der Differenzialgleichungen lautet dann `dsolve`. Der Befehl `diff (x, 2)` bildet die zweifache Ableitung der Größe x. Da wir mit der Eingabe `x[t]` zuvor angegeben haben, dass x von t abhängt, wird daher zweimal nach der Zeit abgeleitet.

Zur symbolischen Lösung der Differenzialgleichung mit MATLAB wählen wir den Befehl `dsolve`, nachdem wir zuvor die Variable x als Funktion der Zeit definiert haben.

```
MATLAB Command Window (15)
> syms x(t) g <RETURN>
> dsolve(diff(x,2)+ g == 0) <RETURN>
ans =
C3 + C2*t - (g*t^2)/2
```

Auch hier erhalten wir mit den Größen $C2$ und $C3$ wieder zwei Integrationskonstanten, da wir keine Anfangsbedingungen angeben haben.

Um die Anfangsbedingungen einzugeben, können wir die symbolische Funktion `Dx` als erste Ableitung und die symbolische Funktion `D2x` als zweite Ableitung von x nach der Zeit definieren. Mit `Dx(0)==0` geben wir den Anfangswert für die Geschwindigkeit ein. Der Anfangswert des Ortes wird mit der Eingabe `x(0)==0` berücksichtigt.

```
MATLAB Command Window (16)
> syms x(t) g; <RETURN>
> Dx = diff(x,1); <RETURN>
> D2x = diff(x,2); <RETURN>
> dsolve(D2x + g == 0,Dx(0) == 0,x(0)== 0) <RETURN>
ans =
-(g*t^2)/2
```

Wenn komplexere Differenzialgleichungen gelöst werden sollen, die sich nicht mehr analytisch lösen lassen, oder wenn man Differenzialgleichungen mit Hilfe der Tabellenkalkulation berechnen möchte, sind numerische Methoden gefragt.

4.4.2 Numerische Verfahren zur Lösung für Differenzialgleichungen

Eine einfache und anschauliche Methode zur Integration eines Anfangswertproblems stellt das in Abb. 4.10 schematisch dargestellte Euler-Verfahren dar.

Die Grundidee dieses Polygonzugverfahrens besteht darin, ausgehend von einem bekannten Wert y_i an der Stelle x_i mit Hilfe der Schrittweite h und der Steigung y' den nächsten Wert des Punktes x_{i+1} zu berechnen. Die Punkt x_{i+1} dient dann wieder als Startpunkt zur Berechnung des Punktes x_{i+2}. Allerdings weist bereits der Punkt x_{i+1} eine gewisse Abweichung auf, da seine Berechnung mit Hilfe der linearen Steigung nur eine Näherung darstellt.

$$y_{i+1} = y_i + y' \cdot h$$

Dieses Verfahren wollen wir am Beispiel des freien Falls ohne Luftreibung anwenden. Zunächst stellen wir die Bewegungsgleichung auf.

$$\begin{aligned} \dot{x}(t) &= v(t) \\ \dot{v}(t) &= -g \end{aligned}$$

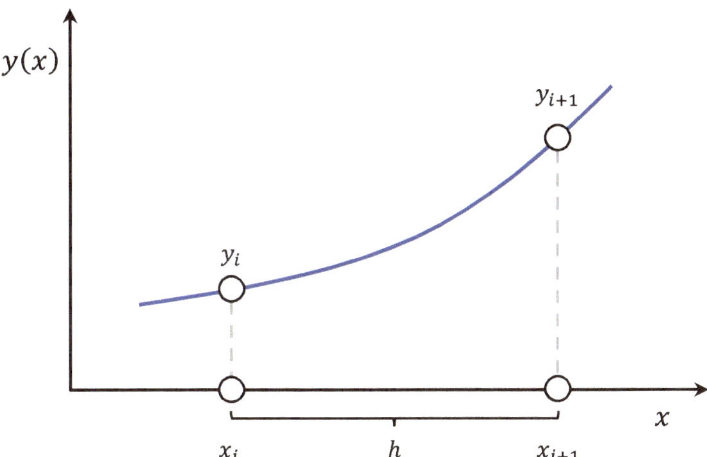

Abb. 4.10 Schematische Darstellung des Euler-Verfahrens

Die Ableitungen der Ortsfunktion und der Geschwindigkeitsfunktion nähern wir nun durch die folgenden Differenzialquotienten an:

$$\dot{x}(t) = v(t) \approx \frac{x(t + \Delta t) - x(t)}{\Delta t}$$

$$\dot{v}(t) = a(t) \approx \frac{v(t + \Delta t) - v(t)}{\Delta t}$$

Diese Gleichungen können wir nach $x(t + \Delta t)$ und $v(t + \Delta t)$ auflösen und damit den Ort und die Geschwindigkeit für die Zeit $t + \Delta t$ berechnen. Unter Vernachlässigung der Änderung der Geschwindigkeit und der Beschleunigung im Zeitintervall Δt erhalten wir:

$$x(t + \Delta t) = x(t) + v(t) \cdot \Delta t$$

$$v(t + \Delta t) = v(t) + a(t) \cdot \Delta t$$

Wir betrachten also nur diskrete Zeitpunkte, die wir mit dem Zeitintervall Δt folgendermaßen definieren:

$$t_{n+1} = t_n + \Delta t$$

Mit diesen Überlegungen können wir die Werte für den Ort, die Geschwindigkeit und die Beschleunigung zu den unterschiedlichen Zeitpunkten mit den in der Tab. 4.9 aufgeführten Rechenschritten bestimmen. Zum Zeitpunkt t_0 werden der Ort und die Geschwindigkeit unserer Masse durch die Anfangsbedingungen $x_0 = 0$ und $v_0 = 0$ vorgegeben.

Zum Zeitpunkt t_1 wird die aktuelle Position der Masse durch die Ausgangsposition x_0 berechnet, zu der die Wegstrecke addiert wird, die durch die Anfangsgeschwindigkeit v_0 im Zeitintervall Δt resultiert.

Da die Anfangsgeschwindigkeit den Wert $v_0 = 0$ hat, ändert sich in diesem ersten Schritt der Ort x_1 nicht. Allerdings ergibt sich zum Zeitpunkt t_1 eine neue Geschwindigkeit v_1, die sich aus der Beschleunigung mit dem Wert $-g$ im

Tab. 4.9 Schematischer Lösungsweg für die Bewegungsgleichung des freien Falls mit Hilfe des Euler-Verfahrens

t in s	x in m	v in m s^{-1}	a in m s^{-2}
t_0	x_0	v_0	$a_0 = -g$
$t_1 = t_0 + \Delta t$	$x_1 = x_0 + v_0 \cdot \Delta t$	$v_1 = v_0 + a_0 \cdot \Delta t$	$a_1 = -g$
$t_2 = t_1 + \Delta t$	$x_2 = x_1 + v_1 \cdot \Delta t$	$v_2 = v_1 + a_1 \cdot \Delta t$	$a_2 = -g$
$t_3 = t_2 + \Delta t$	$x_3 = x_2 + v_2 \cdot \Delta t$	$v_3 = v_2 + a_2 \cdot \Delta t$	$a_3 = -g$
...	...	...	...
$t_{n+1} = t_n + \Delta t$	$x_{n+1} = x_n + v_n \cdot \Delta t$	$v_{n+1} = v_n + a_n \cdot \Delta t$	$a_{n+1} = -g$

Zeitintervall Δt berechnen lässt. Zum Zeitpunkt t_2 verändert sich somit auch die Position x_2. Dieses Schema kann beliebig fortgesetzt werden, wobei sich die Genauigkeit des Verfahrens erhöht, wenn die Schrittweite Δt verringert wird.

In Tab. 4.10 sind die konkreten Zahlenwerte für unser Beispiel des freien Falls aufgeführt. Als Schrittweite wurde hier der Wert $\Delta t = 0,1\,\text{s}$ gewählt, für die Erdbeschleunigung wurde ein Wert von $g = 9,81\,\text{m}\,\text{s}^{-2}$ eingesetzt.

Dieses Lösungsschema können wir ideal mit Hilfe der Tabellenkalkulation umsetzen und fertigen hierzu das in Abb. 4.11 gezeigte Excel-Arbeitsblatt an. Ein sehr gutes Video zum Einstieg in das Thema Lösen von Differenzialgleichungen mit Hilfe des Euler-Verfahrens und der konkreten Umsetzung mit Hilfe der Tabellenkalkulation findet sich in [8].

In der Zelle `F2` geben wir die Schrittweite von $\Delta t = 0,1$ vor. Beginnend mit der Zelle `A3` werden mit diesem Wert die fortlaufenden Zeiten erzeugt. Da dieser Wert in allen Zellen konstant sein soll, setzten wir diesen Wert für die weiteren Berechnungen in `$`-Zeichen und geben `$F$2` ein. Dann geben wir die Anfangswerte für x_0 und v_0 ein, sowie den Wert für die Erdbeschleunigung $g = 9,81$. Die Anfangswerte werden in der Zeile 2 für x und v übernommen. In der Zelle `B3` berechnen wir nun

Tab. 4.10 Einsetzen der Zahlenwerte in das Lösungsschema mit einer Schrittweite von $\Delta t = 0,1\,\text{s}$

t in s	x in m	v in m s^{-1}	a in m s^{-2}
$t_0 = 0$	$x_0 = 0$	$v_0 = 0$	$a_0 = -9,81$
$t_1 = 0,1$	$x_1 = 0$	$v_1 = -0,981$	$a_1 = -9,81$
$t_2 = 0,2$	$x_2 = -0,098$	$v_2 = -1,962$	$a_2 = -9,81$
$t_3 = 0,3$	$x_3 = -0,294$	$v_3 = -2,943$	$a_3 = -9,81$
...	...	...	...
$t_{50} = 5,0$	$x_{50} = -120,173$	$v_{50} = -49,050$	$a_{50} = -9,81$

	A	B	C	D	E	F	G	H
1	t in s	x in m	v in m/s	a in m/s^2				
2	0,00	0,000	0,000	−9,81		t0	0	s
3	0,10	0,000	−0,981	−9,81		Δt	0,1	s
4	0,20	−0,098	−1,962	−9,81		x0	0	m
5	0,30	−0,294	−2,943	−9,81		v0	0	m/s
6	0,40	−0,589	−3,924	−9,81				
...	...	...	...					
51	4,90	−115,366	−48,069	−9,81				
52	5,00	−120,173	−49,050	−9,81				

Abb. 4.11 Excel-Arbeitsblatt zur Implementierung des Euler-Verfahrens

einen neuen Wert für x bei $t = 0,1\,\text{s}$. Hierzu addieren wir zum Wert von $x(0) = 0$ den Weg, der sich auch dem Produkt von $\Delta t = 0,1\,\text{s}$ mit der Geschwindigkeit $v(0)$ in der Zelle `C2` ergibt. Da dieser Wert aber null ist, ist auch der Wert $x(0,1\,\text{s}) = 0$.

Die Geschwindigkeit $v(0,1\,\text{s})$ berechnen wir aus der Summe der Anfangsgeschwindigkeit $v(0) = 0$ und der Geschwindigkeitszunahme $\Delta v = g \cdot \Delta t$. Damit berechnen wir einen Wert von $v(0,1\,\text{s}) = -0,981\,\text{m}\,\text{s}^{-1}$. Nun können wir den Wert für $x(0,2\,\text{s})$ in in Zelle `B4` berechnen. Alle anderen Zellen können dann durch Kopieren der Zellen `A3`, `B3` und `C3` spaltenweise erzeugt werden.

```
Excel-Arbeitsblatt (Abb.4.11)
A2 = G2
B2 = G4
C2 = G5
D2 = −9,81
A3 = A2 + $G$3
B3 = B2 + C2*$G$3
C3 = C2 + D2*$G$3
D3 = −9,81
```

In der Zeile 52 können wir mit diesem Verfahren zum Zeitpunkt $t = 5\,\text{s}$ einen Wert für $x(50\,\text{s}) = 120,17\,\text{m}$ und eine Geschwindigkeit von $v(50\,\text{s}) = 49,05\,\text{m}\,\text{s}^{-1}$ berechnen.

Diese Ergebnisse wollen wir natürlich sofort nachrechnen. Hierzu können wir bei Wolfram|Alpha die Eingabe so gestalten, dass nicht symbolisch rechnen, sondern numerisch. In diesem Fall wählen wir mit der Eingabe `forward Euler method` das auch in der Tabellenkalkulation verwendete Euler-Verfahren und setzten mit der Eingabe `stepsize` = `0.1` die gleiche Schrittweite fest. So können wir die Ergebnisse miteinander vergleichen. Die Eingabe der Differenzialgleichung und der Anfangsbedingungen erfolgt wie bei der analytischen Lösung.

```
Wolfram|Alpha (19)
> forward Euler method {9.81 + x''[t] == 0, x[0] == 0, x'[0] == 0}
from 0. to 5. stepsize = 0.1 <RETURN>
Stepwise results:
step | t | x | local error | global error
0 | 0. | 0. | 0. | 0.
1 | 0.1 | 0. | −0.04905 | −0.04905
2 | 0.2 | −0.0981 | −0.14715 | −0.0981
3 | 0.3 | −0.2943 | −0.24525 | −0.14715
...
49 | 4.9 | −115.366 | −4.75785 | −2.40345
50 | 5. | −120.173 | −4.85595 | −2.4525
```

Man erkennt, dass die Werte sehr gut übereinstimmen. Neben den Werten für t und $x(t)$ werden auch noch die Fehler ausgewiesen, die bei dieser Methode gegenüber der analytischen Lösung resultieren.

Die Lösung der Differenzialgleichungen mit Hilfe des Euler-Verfahrens und der Tabellenkalkulation Excel kann schnell mit Wolfram|Alpha überprüft werden. Hierzu steht die Eingabe `forward Euler method` zur Verfügung.

Wolfram|Alpha listet nach Lösen der Differenzialgleichung auch alternative numerische Verfahren auf, wie die Mittelpunktsmethode oder das Runge-Kutta-Verfahren. Man erkennt, dass das gewählte Euler-Verfahren in Bezug auf die Genauigkeit nicht optimal ist. Ein großer Vorteil dieses Verfahrens besteht aber darin, dass es recht anschaulich ist und wir damit unsere erste Differenzialgleichung numerisch gelöst haben.

Im Wolfram|Alpha Ergebnis wird im Feld Methodenvergleich (engl. *method comparison*) ein weiteres Verfahren aufgeführt, nämlich das Runge-Kutta-Verfahren 4. Ordnung, das eine wesentlich höhere Genauigkeit liefert. Dieses Verfahren kann gewählt werden, wenn man die Eingabe `fourth order Runge Kutta` oder kurz `RK4 method` anstelle des Euler-Verfahrens wählt.

```
Wolfram|Alpha (20)
> RK4 method {9.81 + x''[t] == 0, x[0] == 0, x'[0] == 0} from 0. to 5. <RETURN>
```

Tipp
Numerisches Lösen von Differenzialgleichung mit Wolfram|Alpha:

- Wolfram|Alpha bietet verschiedene numerische Verfahren zum Lösen von Differenzialgleichungen an, hierzu zählen u. a. das Euler-Verfahren und das Runge-Kutta-Verfahren.
- Das gewünschte Lösungsverfahren kann vor die Differenzialgleichung gesetzt werden, beispielsweise mit der Eingabe `forward Euler method` oder `RK4`.
- Die Eingabe der eigentlichen Differenzialgleichung und der Anfangswerte kann in geschweiften Klammern erfolgen.
- Die Differenzialgleichung für den freien Fall mit den Anfangswerten $x(0) = 0$ und $v(0) = 0$ kann in der Form {9.81 + x''[t] == 0, x[0] == 0, x'[0] == 0} eingegeben werden.
- Die Schrittweite kann durch die Eingabe stepsize vorgegeben werden.
- Der gewünschte Lösungsbereich kann durch die Eingabe `from ... to ...` vorgegeben werden.

Auch bei MATLAB stehen verschiedene numerische Verfahren zur Lösung von Differenzialgleichungen zur Verfügung. Als Standardverfahren empfiehlt MATLAB den als ode45 bezeichneten Solver, der auf dem Runge-Kutta-Verfahren basiert. Zur Lösung von Differenzialgleichungen höherer Ordnung müssen diese zunächst in ein System von Differenzialgleichungen erster Ordnung überführt werden.

Das Vorgehen ist hierbei analog zur Implementierung des Euler-Verfahrens mit Hilfe der Tabellenkalkulation, bei dem wir ja auch die Orts- und Geschwindigkeitsfunktion hintereinander berechnet haben. Bei der Lösung mit MATLAB gehen wir folgendermaßen vor. Für die Ortsfunktion schreiben wir hier $x(1)$ und für die Geschwindigkeitsfunktion $x(2)$ und erhalten damit für den freien Fall ohne Reibung folgendes System aus zwei Differenzialgleichungen erster Ordnung:

$$\frac{d}{dt}\begin{pmatrix} x(1) \\ x(2) \end{pmatrix} = \begin{pmatrix} x(2) \\ -g \end{pmatrix}$$

Der ode45 Solver erwartet Eingaben für die Funktion, die Zeitspanne und die Anfangsbedingungen. Die Eingabe der Funktion erfolgt hier mit `@(t,x) [x(2); -9.81]` als anonyme Funktion der Argumenten t und x mit den Elementen $x(1)$ und $x(2)$. Dann erfolgt mit der Eingabe `[0 5]` die Definition der Zeitspanne. In unserem Beispiel freier Fall wollen wir ja die ersten 5 s vom Zeitpunkt $t = 0$ an berechnen. Mit der Angabe `[0 0]` für die Anfangsbedingungen können wir die Eingabe abschließen. Der erste Wert beschreibt hierbei den Ort und der zweite die Geschwindigkeit zum Zeitpunkt $t = 0$.

Mit dem Befehl `table(t,x)` können wir die Werte für Ort und Geschwindigkeit übersichtlich darstellen. Die x-Werte werden zweispaltig ausgegeben. Die erste Spalte stellt mit den $x(1)$-Werten die Ortsfunktion dar und die zweite Spalte mit den $x(2)$-Werten die Geschwindigkeitsfunktion.

```
MATLAB Command Window (17)
> [t,x] = ode45(@(t,x) [x(2); -9.81],[0 5],[0 0]); <RETURN>
> table(t,x) <RETURN>
ans =
         t                         x
    ___________    _____________________________

              0             0              0
     5.1211e-06   -1.2864e-10    -5.0238e-05
     1.0242e-05   -5.1454e-10    -0.00010048
...
           4.95       -120.19         -48.56
          4.975        -121.4        -48.805
              5       -122.63         -49.05
```

Das Umformen der Differenzialgleichung zweiter Ordnung in ein System aus zwei Differenzialgleichungen erster Ordnung können wir ebenfalls mit MATLAB durchführen. Hierzu definieren wir zunächst mit dem Befehl `syms x(t)` die Variable x, die von der Zeit abhängt.

Dann formulieren wir die Differenzialgleichung zweiter Ordnung, die wir nachfolgend mit dem Befehl `odeToVectorField` in das System aus zwei Differenzialgleichungen erster Ordnung umformen können.

```
MATLAB Command Window (18)
> syms x(t) <RETURN>
> DGL = diff(x,2) + 9.81 == 0; <RETURN>
> V = odeToVectorField(DGL) <RETURN>
V =
       Y[2]
  -981/100
```

Weiterführende Literatur zum Thema Differenzialgleichungen findet man unter [9–11], hierunter auch ein Buch, das speziell die Lösung von Differenzialgleichungen mit MATLAB beschreibt [9].

Tipp
Numerisches Lösen von Differenzialgleichung mit dem MATLAB:

- Eine MATLAB-Standardfunktion zur numerischen Lösung von Differenzialgleichungen ist die ode45 Funktion, die auf dem Runge-Kutta-Verfahren 4. Ordnung basiert.
- Differenzialgleichungen höherer Ordnung müssen zunächst in ein System von Differenzialgleichungen erster Ordnung überführt werden.
- Für eine Differenzialgleichung mit x als Funktion der Zeit t lautet die Syntax folgendermaßen:
  `[t, x] = ode45 (odefun, tspan, x0).`
- Die Differenzialgleichung für den freien Fall mit den Anfangswerten $x(0) = 0$ und $v(0) = 0$ kann in der Form `[t, x] = ode45(@(t, x) [x(2); -9.81], [0 5], [0; 0])` eingegeben werden.
- An der Stelle `odefun` steht die Funktion, die in diesem Fall als anonyme Funktion eingegeben wird.
- Der Vektor `tspan` gibt die Integrationsgrenzen vor, in diesem Beispiel von 0 bis 5.
- Der Vektor `x0` enthält die Anfangswerte.

Zusammenfassung

- Will man physikalische Gesetze auf konkrete Beispiele aus Technik und Wissenschaft anwenden, so müssen diese mathematisch beschrieben und konkret berechnet werden.
- Mit den Software-Tools Wolfram-Alpha und MATLAB können symbolische und numerische Berechnungen durchgeführt werden. Beim Arbeiten mit MATLAB ist hierzu die Toolbox für das symbolische Rechnen erforderlich.
- Anhand typischer Aufgaben aus den Bereichen der Vektor- und Matrixrechnung, der Differenzial- und Integralrechnung sowie der Differentialgleichungen kann die notwendige Syntax zur Eingabe der mathematischen Berechnungen schnell erlernt werden.
- Gerade das symbolische Rechnen eignet sich sehr gut, Lösungen von Physikaufgaben noch einmal nachzurechnen.
- Numerische Verfahren sind dann interessant, wenn bei komplexeren Aufgaben keine analytischen Lösungen mehr angegeben werden können oder wenn man mit Software-Tools arbeiten möchte, die ausschließlich mit Zahlen rechnen.
- Durch Anwendung der numerischen Verfahren können auch anspruchsvollere Aufgaben mit der Tabellenkalkulation Excel berechnet werden.

Literatur

1. Walz G, Zeilfelder PDF, Rießinger T (2011) Brückenkurs Mathematik. Für Studieneinsteiger aller Disziplinen. Für Studieneinsteiger aller Disziplinen, Heidelberg
2. Behrends E (2014) Analysis Band 1: Ein Lernbuch für den sanften Wechsel von der Schule zur Uni. Von Studenten mitentwickelt. Springer Fachmedien, Wiesbaden
3. Klinger M (2015) Vorkurs Mathematik für Nebenfachstudierende. Mathematisches Grundwissen für den Einstieg ins Studium als Nicht-Mathematiker. Springer Spektrum, Wiesbaden
4. Otto M (2011) Rechenmethoden für Studierende der Physik im ersten Jahr. Spektrum Akademischer Verlag, Heidelberg
5. Papula L (2014) Mathematik für Ingenieure und Naturwissenschaftler Band 1. Ein Lehr- und Arbeitsbuch für das Grundstudium, 14. Aufl. Springer Vieweg, Wiesbaden
6. Fetzer A, Fränkel H (2012) Mathematik 1. Lehrbuch für ingenieurwissenschaftliche Studiengänge, 11. Aufl. Springer-Lehrbuch/Springer, Berlin/Heidelberg
7. Kallenrode M (2005) Rechenmethoden der Physik. Mathematischer Begleiter zur Experimentalphysik, 2. Aufl. Springer-Lehrbuch/Springer-Verlag, Berlin/Heidelberg
8. Loviscach J 12.02.1 Explizites Euler-Verfahren. https://www.youtube.com/watch?v=c3Q56j_5DLw. Zugegriffen am 14.04.2016
9. Benker H (2005) Differentialgleichungen mit MATHCAD und MATLAB. Springer-Verlag, Berlin/Heidelberg
10. Forst W, Hoffmann D (2013) Gewöhnliche Differentialgleichungen. Theorie und Praxis – vertieft und visualisiert mit Maple®, 2. Aufl. Springer-Lehrbuch/Springer, Berlin/Heidelberg
11. Prechtl M (2016) Mathematische Dynamik. Modelle und analytische Methoden der Kinematik und Kinetik, 2. Aufl. Springer-Lehrbuch Masterclass/Springer, Berlin/Heidelberg

5 Grundlagen der Kinematik

In der Kinematik wird die geometrische Bewegung von Punkten und Körpern beschrieben. Im Folgenden wollen wir zunächst die eindimensionale Bewegung untersuchen. Beispiele für Bewegungen in einer Raumdimension sind der freie Fall einer Kugel oder die Bewegung eines Autos auf einer geraden Straße. Wichtige physikalische Größen in der Kinematik sind die Weglänge, die Zeit, die Geschwindigkeit und die Beschleunigung. Alle physikalischen Größen in der Kinematik können mit den Dimensionen Länge (L) und Zeit (T) beschrieben werden, einige davon sind in Tab. 5.1 aufgeführt.

5.1 Eindimensionale Bewegung

5.1.1 Der Ort und die Verschiebung

Zur Bestimmung der Position eines Massepunktes benötigen wir einen Referenzpunkt, beispielsweise den Koordinatenursprung. Da wir unsere Bewegung nicht immer in diesem Referenzpunkt starten, müssen wir zur Berechnung des zurückgelegten Weges im Allgemeinen immer die Differenz zwischen den End- und der Anfangskoordinaten berechnen. Wenn wir die Bewegung auf der x-Achse beschreiben wollen, können wir also mit Gl. 5.1 die Differenz Δx zwischen Endkoordinate x_2 und der Anfangskoordinate x_1 bilden. Die Differenz Δx beschreibt daher die Veränderung des Ortes unseres Massepunktes oder seine Verschiebung.

$$\Delta x = x_2 - x_1 \tag{5.1}$$

Betrachten wir eine Bewegung auf der x-Achse mit Koordinatenursprung, so kann die Verschiebung Δx positive und negative Werte annehmen. Mit dieser Beschreibung über die Anfangs- und Endwerte können wir allerdings keine Aussage treffen, wie sich die Bewegung des Massepunktes zwischen den beiden Punkten gestaltet.

P. Kersten, *Mechanik – smart gelöst*, DOI 10.1007/978-3-662-53706-0_5

Tab. 5.1 Einige wichtige physikalische Größen der Kinematik

Physikalische Größe	Formelzeichen	Dimension	SI-Einheit
Länge*	l	L	m
Zeit	t	T	s
Geschwindigkeit	v	$\mathrm{L\,T^{-1}}$	$\mathrm{m\,s^{-1}}$
Beschleunigung	a	$\mathrm{L\,T^{-2}}$	$\mathrm{m\,s^{-2}}$
Frequenz	f	$\mathrm{T^{-1}}$	$\mathrm{s^{-1}}$ = Hertz (Hz)
Kreisfrequenz (Winkelfrequenz)	ω	$\mathrm{T^{-1}}$	$\mathrm{s^{-1}}$
Winkelgeschwindigkeit	ω	$\mathrm{T^{-1}}$	$\mathrm{s^{-1}}$
Winkelbeschleunigung	α	$\mathrm{T^{-2}}$	$\mathrm{s^{-2}}$

[*weitere Formelzeichen für den zurückgelegten Weg sind: x, s, d, ...]

5.1.2 Die mittlere Geschwindigkeit

Um die Geschwindigkeit zu berechnen, benötigen wir die Angabe, welche Zeit wir für die Verschiebung Δx benötigt haben. Da wir hier auch nicht davon ausgehen können, dass unsere Zeitmessung immer bei 0 startet, müssen wir auch hier wieder die Differenz zwischen der gemessenen Zeit t (engl. *time*) bei Erreichen des Ziels t_2 und beim Start t_1 berechnen, die mit Δt bezeichnet wird.

$$\Delta t = t_2 - t_1 \tag{5.2}$$

Zur Berechnung der Geschwindigkeit unterscheidet man zwischen dem mittleren Geschwindigkeitsbetrag und der mittleren Geschwindigkeit. Der mittlere Geschwindigkeitsbetrag ist nach Gl. 5.3 der Quotient aus der zurückgelegten Strecke Δs (engl. *space*) und der dafür benötigten Zeit Δt.

$$\frac{\text{zurückgelegte Strecke}}{\text{Zeitintervall}} = \frac{\Delta s}{\Delta t} \tag{5.3}$$

Da die zurückgelegte Gesamtstrecke Δs immer positiv ist und keine Angabe über die Richtung der Bewegung macht, ist auch der mittlere Geschwindigkeitsbetrag immer positiv.

Zur Berechnung der mittleren Geschwindigkeit $\langle v \rangle$ (engl. *velocity*) wird mit Gl. 5.1 zunächst die Verschiebung Δx aus der Differenz zwischen dem x-Wert der Endposition x_2 und dem x-Wert der Anfangsposition x_1 sowie mit Gl. 5.2 das Zeitintervall Δt als Differenz der Zeit bei Erreichen der Endposition t_2 und der Zeit an der Anfangsposition t_1 berechnet. Die mittlere Geschwindigkeit $\langle v \rangle$ wird dann mit Gl. 5.4 als Quotient der Verschiebung Δx und dem Zeitintervall Δt berechnet.

$$\langle v \rangle = \frac{\Delta x}{\Delta t} = \frac{x_2 - x_1}{t_2 - t_1} \tag{5.4}$$

Da die Verschiebung Δx positiv und negativ sein kann, trifft dies auch auf die mittlere Geschwindigkeit zu. Ein positiver Wert bedeutet, dass die Bewegung in die $+x$-Richtung erfolgt, ein negativer Wert, dass die Bewegung in $-x$-Richtung stattfindet. Die Einheit der Geschwindigkeit ist $[v] = \mathrm{m\,s^{-1}}$. Die im Alltag häufig verwendete Einheit km $\mathrm{h^{-1}}$ ist keine SI-Einheit. Wie bereits in Kap. 3 gezeigt, muss diese daher vor dem Einsetzen in die verschiedenen Formeln zunächst in die SI-Einheit $\mathrm{m\,s^{-1}}$ umgerechnet werden.

Beispiel

Mittlere Geschwindigkeit eines Autos: Zur Bestimmung der mittleren Geschwindigkeit eines Autos bringen wir auf einer Straße die in Abb. 5.1 gezeigten Markierungen bei $x_1 = 100\,\mathrm{m}$ und $x_2 = 240\,\mathrm{m}$ an. Wir stoppen die Zeit $t_1 = 5\,\mathrm{s}$ und $t_2 = 10\,\mathrm{s}$, bei der das Auto diese Markierungen passiert und wollen die mittlere Geschwindigkeit $\langle v \rangle$ berechnen.

Die mittlere Geschwindigkeit der in Abb. 5.1 schematisch dargestellten Bewegung des Autos können wir also berechnen, indem wir die konkreten Werte für die x-Koordinaten (x_1 und x_2) und die Zeiten (t_1 und t_2) einsetzten. Damit können wir dann einen Wert von $\langle v \rangle = 28\,\mathrm{m\,s^{-1}}$ für die mittlere Geschwindigkeit berechnen.

$$\langle v \rangle = \frac{\Delta x}{\Delta t} = \frac{240\,\mathrm{m} - 100\,\mathrm{m}}{10\,\mathrm{s} - 5\,\mathrm{s}} = \frac{140\,\mathrm{m}}{5\,\mathrm{s}} = 28\,\mathrm{m\,s^{-1}}$$

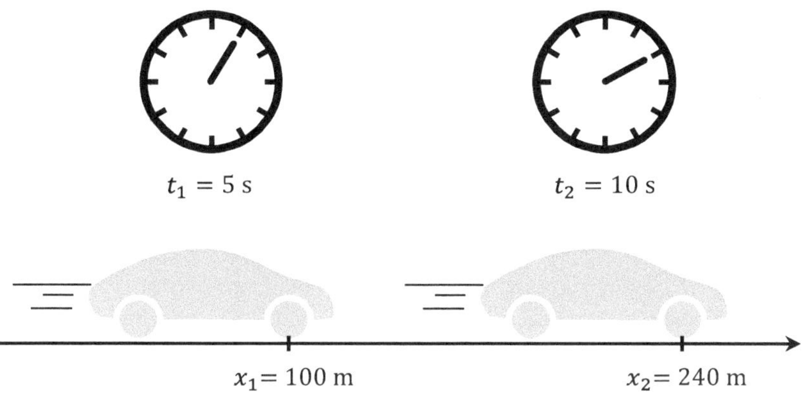

Abb. 5.1 Schematische Darstellung zur Bestimmung der Durchschnittsgeschwindigkeit $\langle v \rangle$ eines Autos

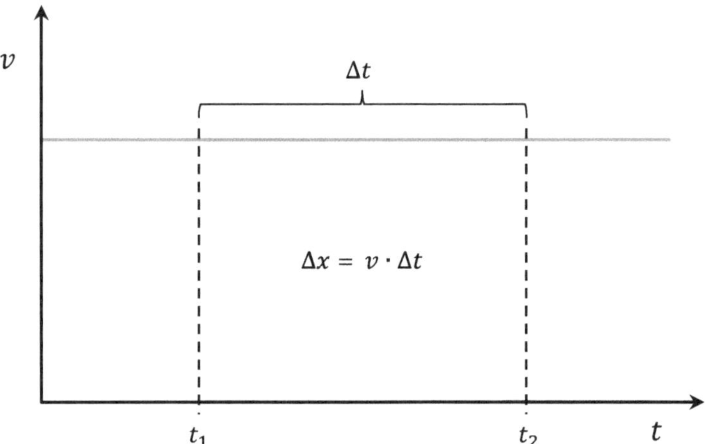

Abb. 5.2 Der zurückgelegte Weg Δx in einem v-t-Diagramm bei konstanter Geschwindigkeit v

5.1.3 Die Momentangeschwindigkeit

Die Bewegung mit konstanter Geschwindigkeit v können wir mit dem in Abb. 5.2 gezeigten v-t- Diagramm visualisieren. Der zurückgelegte Weg wird durch die Fläche zwischen dem Funktionsgraphen für $v =$ konst. und der Abszissenachse im v-t-Diagramm repräsentiert.

$$\Delta x = v \cdot \Delta t \tag{5.5}$$

Um die Momentangeschwindigkeit zu berechnen, muss man den betrachten Zeitraum Δt immer kleiner wählen, im Grenzfall für $\Delta t \to 0$ wird aus dem Differenzenquotient $\Delta x / \Delta t$ die Ableitung dx/dt der Ortsfunktion $x(t)$ nach der Zeit.

$$v(t) = \lim_{\Delta t \to 0} \frac{\Delta x}{\Delta t} = \frac{dx}{dt} = \dot{x} \tag{5.6}$$

Mit dem Differenzenquotienten $\Delta x / \Delta t$ kann die Durchschnittsgeschwindigkeit $\langle v \rangle$ berechnet werden. Wird das Zeitintervall Δt immer kleiner gewählt, so wird für den Grenzfall $\Delta t \to 0$ aus dem Differenzenquotient der Differenzialquotient dx/dt. Durch die Ableitung der Ortsfunktion $x(t)$ nach der Zeit t kann die Momentangeschwindigkeit $v(t)$ berechnet werden.

5.1.4 Die Beschleunigung

Erfolgt die Bewegung nicht mit einer konstanten Geschwindigkeit, sondern beschleunigt, so kann die mittlere Beschleunigung $\langle a \rangle$ (engl. *acceleration*) gemäß Gleichung Gl. 5.7 angegeben werden.

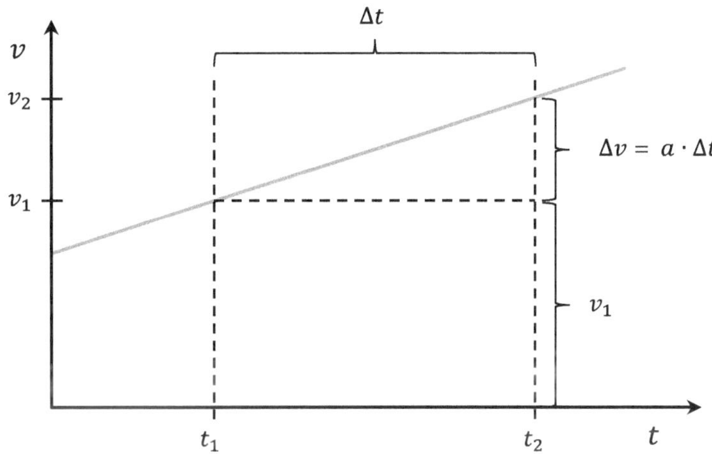

Abb. 5.3 Der zurückgelegte Weg im v-t-Diagramm für eine Bewegung mit konstanter Beschleunigung

$$\langle a \rangle = \frac{\Delta v}{\Delta t} = \frac{v_2 - v_1}{t_2 - t_1} \tag{5.7}$$

Die mittlere Beschleunigung ist also die Geschwindigkeitsänderung Δv bezogen auf das Zeitintervall Δt.

$$\Delta v = \langle a \rangle \cdot \Delta t \tag{5.8}$$

Abb. 5.3 zeigt das v-t-Diagramm für den Spezialfall einer gleichmäßigen Beschleunigung. Den zurückgelegten Weg können wir in diesem Fall mit Hilfe der Fläche zwischen dem Funktionsgraphen $v(t)$ und der x-Achse im Intervall zwischen den Grenzen t_1 und t_2 berechnen. Die Gesamtfläche können wir folgendermaßen mit Hilfe der beiden eingezeichneten Teilflächen bestimmen. Die erste Teilfläche stellt das Rechteck dar, das durch die Anfangsgeschwindigkeit v_1 und dem Zeitintervall $\Delta t = t_2 - t_1$ gebildet wird und die Fläche $v_1 \cdot \Delta t$ aufweist. Die zweite Teilfläche stellt das Dreieck dar, das durch die Kantenlänge des Zeitintervalls Δt und die Geschwindigkeitsänderung $\Delta v = a \cdot \Delta t$ gebildet wird und daher die Fläche $1/2 \cdot a \cdot \Delta t^2$ besitzt.

Den im Zeitraum von t_1 bis t_2 zurückgelegten Weg Δx können wir bei einer konstanten Beschleunigung daher mit Gl. 5.9 berechnen.

$$\Delta x = v_1 \cdot \Delta t + \frac{1}{2} \cdot a \cdot \Delta t^2 \tag{5.9}$$

Wir können unsere Bewegung auch vom Zeitpunkt $t = 0$ an beschreiben und die Werte x_0 und v_0 für den Ort und die Geschwindigkeit zu diesem Anfangszeitpunkt definieren. Als Ortsfunktion $x(t)$ ergibt sich damit die bekannte Form in Gl. 5.10.

$$x(t) = x_0 + v_0 \cdot t + \frac{1}{2} \cdot a \cdot t^2 \tag{5.10}$$

Um die Momentanbeschleunigung zu berechnen, muss man den betrachten Zeitraum Δt immer kleiner wählen. Im Grenzfall für $\Delta t \to 0$ wird aus dem Differenzenquotient $\Delta v / \Delta t$ die Ableitung dv/dt der Geschwindigkeitsfunktion $v(t)$ nach der Zeit.

$$a(t) = \dot{v}(t) = \frac{dv}{dt} = \ddot{x}(t) = \frac{d^2x}{dt^2} \tag{5.11}$$

Die Einheit der Beschleunigung ist $[a] = \mathrm{m\,s^{-2}}$, da man die Einheit der Geschwindigkeitsänderung $[\Delta v]$ durch die Einheit des Zeitintervalls $[\Delta t]$ teilt.

$$[a] = \frac{[\Delta v]}{[\Delta t]} = \frac{[v]}{[t]} = \frac{\mathrm{m\,s^{-1}}}{\mathrm{s}} = \mathrm{m\,s^{-2}}$$

Anschaulich gibt die Einheit der Beschleunigung an, um wie viel sich die Geschwindigkeit in Meter pro Sekunde in einer Sekunde ändert.

Beispiel

Beschleunigung eines Autos berechnen: Wir lesen in den technischen Daten eines Automodells „Beschleunigung von 0 auf 100 km/h in 8,5 s". Wie groß ist die Beschleunigung a, wenn man idealisierend von einer gleichmäßig beschleunigten Bewegung ausgeht?

Die mittlere Beschleunigung $\langle a \rangle$ können wir gemäß Gl. 5.7 aus der Geschwindigkeitsdifferenz Δv und dem Zeitintervall Δt berechnen.

Die Geschwindigkeitsangabe $\mathrm{km\,h^{-1}}$ müssen wir zunächst in die SI-Einheit $\mathrm{m\,s^{-1}}$ umrechnen. Hierzu können wir die Geschwindigkeit $1\,\mathrm{km\,h^{-1}}$ wie in Kap. 3 gezeigt in $\mathrm{m\,s^{-1}}$ umrechnen.

$$\frac{1\,\mathrm{km}}{1\,\mathrm{h}} = \frac{\cancel{1\,\mathrm{km}}}{\cancel{1\,\mathrm{h}}} \cdot \frac{\cancel{1\,\mathrm{h}}}{3.600\,\mathrm{s}} \cdot \frac{1.000\,\mathrm{m}}{\cancel{1\,\mathrm{km}}} = \frac{1}{3,6}\,\frac{\mathrm{m}}{\mathrm{s}}$$

Wir erhalten den Faktor 3,6, mit dem wir den Zahlenwert der Geschwindigkeit in der Einheit $\mathrm{km\,h^{-1}}$ teilen müssen, um den Zahlenwert der Geschwindigkeit in der Einheit $\mathrm{m\,s^{-1}}$ zu erhalten.

Bei Wolfram|Alpha können wir mit der Eingabe `convert` Einheiten umrechnen.

```
Wolfram|Alpha (1)
> (convert 100 kilometer per hour to meters per second)/8.5s <RETURN>
Result: 3.27 m/s^2 (meters per second squared)
```

Bei der Lösung mit MATLAB können wir uns zunächst die Variablen dv und dt definieren. Mit dem Faktor 3,6 führen wir die Umrechnung von km h^{-1} in m s^{-1} durch. Zur Berechnung der Beschleunigung a können wir dann den Quotienten aus dv/dt bilden.

```
MATLAB Command Window (1)
> dv = 100/3.6; dt = 8.5; a = dv/dt <RETURN>
a =
   3.2680
```

Wenn wir von einer gleichmäßig beschleunigten Bewegung ausgehen, können wir einen Wert von $a = 3,27$ m s^{-2} aus den Angaben der technischen Daten berechnen.

Beispiel

Beschleunigung bei einer Vollbremsung: In einem Testbericht lesen wir „der PKW mit Sommerreifen stand auf trockener Straße bei einer Bremsung aus 100 km/h nach 43 Metern Bremsweg". Mit diesen Angaben wollen wir die Beschleunigung a berechnen mit der Annahme, dass es sich um eine gleichmäßige negative Beschleunigung handelt.

Der Bremsweg s_B kann nach der schon bekannten Formel in Gl. 5.12 berechnet werden, hierbei ist v_0 die Anfangsgeschwindigkeit zum Zeitpunkt $t = 0$ und s_0 der Ort zum Zeitpunkt $t = 0$. Da wir vom Punkt der Vollbremsung an messen wollen, setzen wir den Wert $s_0 = 0$.

$$s_B = v_0 \cdot t + \frac{1}{2} \cdot a \cdot t^2 \tag{5.12}$$

Zur Berechnung der Bremszeit verwenden wir die Geschwindigkeitsfunktion in Gl. 5.13, in der wir die Anfangsgeschwindigkeit des PKW $v_0 = 100\,\mathrm{km\,h^{-1}}$ einsetzen.

$$v(t) = v_0 + a \cdot t \tag{5.13}$$

Kommt das Auto zum Stillstand, so beträgt $v(t) = 0$ und wir erhalten die Bremszeit t_B, indem wir nach t auflösen.

$$t_B = -\frac{v_0}{a} \tag{5.14}$$

Nun können wir die Bremszeit t_B in Gl. 5.12 einsetzen und den Bremsweg s_B berechnen, also den Weg, den wir bis zum völligen Stillstand zurücklegen.

$$s_B = v_0 \cdot \left(-\frac{v_0}{a}\right) + \frac{1}{2} \cdot a \cdot \left(-\frac{v_0}{a}\right)^2$$

$$s_B = -\frac{v_0^2}{2 \cdot a}$$

Somit haben wir den Bremsweg s_B als Funktion der Anfangsgeschwindigkeit v_0 und der Beschleunigung a bestimmt und können nun noch nach a auflösen.

$$a = -\frac{v_0^2}{2 \cdot s_B} \tag{5.15}$$

Das Ergebnis können wir natürlich noch einmal mit Wolfram|Alpha nachprüfen.

```
Wolfram|Alpha (2)
> s = v_0*(-v_0/a) + 1/2*a*(-v_0/a)^2, solve a <RETURN>
Result: a = -v_0^2/(2 s) and s!=0 and v_0 !=0
```

Auch mit MATLAB können wir mit Hilfe des symbolischen Rechnens unser Ergebnis noch einmal nachrechnen.

```
MATLAB Command Window (2)
> syms s v0 a <RETURN>
> solve(s==v0*(-v0/a)+1/2*a*(-v0/a)^2,a) <RETURN>
ans =
-v0^2/(2*s)
```

Nun können wir die konkreten Zahlenwerte Gl. 5.15 einsetzen und erhalten für die Beschleunigung bei einer Vollbremsung bei einer Geschwindigkeit $v_0 = 100\,\mathrm{km\,h^{-1}}$ und einem Bremsweg $s_B = 43\,\mathrm{m}$ einen Wert von $a = -8{,}97\,\mathrm{m\,s^{-2}}$. Die Zeit, die wir für die Vollbremsung benötigen, können wir mit Gl. 5.14 berechnen, diese beträgt $t_B = 3{,}1\,\mathrm{s}$.

Wir können die Aufgabe ebenso als Differenzialgleichung lösen und mit den Anfangswerten $x(0) = 0$ und $v(0) = x'(0) = 100\,\mathrm{km\,h^{-1}}$ rechnen. Um unsere Lösung zu prüfen, berechnen wir den Weg, den wir in der Bremszeit $t_B = 3{,}1\,\mathrm{s}$ mit dem zuvor berechneten Wert für die Beschleunigung von $a = -8{,}97\,\mathrm{m\,s^{-2}}$ zurücklegen

```
Wolfram|Alpha (3)
> solve {x''[t] + 8.97 == 0,x'[0] == 100/3.6,x[0] == 0, t == 3.1} <RETURN>
Differential equation solution at particular point:
x(3.1) = 43.0103
```

Nicht schlecht, denn mit dieser Eingabe können wir unsere Lösung noch einmal überprüfen. Der zurückgelegte Weg bei $t_B = 3{,}1\,\mathrm{s}$ entspricht im Rahmen der Rechengenauigkeit dem in der Aufgabenstellung angegebenen Bremsweg von $s_B = 43\,\mathrm{m}$.

Beispiel

Die Regionalbahnfahrt im v-t- und s-t-Diagramm: Wir wollen die Fahrt mit der Regionalbahn in einem s-t- und v-t-Diagramm visualisieren, die folgendermaßen verläuft:

- Phase 1: Konstante Beschleunigung aus dem Stand mit $a_1 = +0,9\ \mathrm{m\,s^{-2}}$ bis zu einer Geschwindigkeit von $100\ \mathrm{km\,h^{-1}}$
- Phase 2: Fahren mit einer konstanten Geschwindigkeit $v_2 = 100\ \mathrm{km\,h^{-1}}$ für 30 s
- Phase 3: Konstante Verzögerung mit einer Beschleunigung mit $a_3 = -2,5\,\mathrm{m\,s^{-2}}$, bis eine Geschwindigkeit von $25\,\mathrm{km\,h^{-1}}$ erreicht ist

Zunächst berechnen wir die Zeitintervalle für die Phasen 1, 2 und 3. Wir starten mit dem Zeitintervall Δt, das die Regionalbahn bei einer Beschleunigung von $a_1 = +0,9\,\mathrm{m\,s^{-2}}$ benötigt, um aus dem Stand die Geschwindigkeit von $100\,\mathrm{km\,h^{-1}}$ zu erreichen.

$$\Delta t = \frac{\Delta v}{a} = \frac{(100/3,6)\,\mathrm{m\,s^{-1}}}{0,9\,\mathrm{m\,s^{-2}}} = 30,86\,\mathrm{s}$$

Das Zeitintervall für die Phase 2 ist bereits vorgegeben und beträgt $\Delta t = 30\,\mathrm{s}$. In der Phase 3 verzögert die Regionalbahn die Geschwindigkeit von $100\,\mathrm{km\,h^{-1}}$ auf $25\,\mathrm{km\,h^{-1}}$.

$$\Delta t = \frac{\Delta v}{a} = \frac{(-75/3,6)\,\mathrm{m\,s^{-1}}}{-2,5\,\mathrm{m\,s^{-2}}} = 8,33\,\mathrm{s}$$

Das hierfür benötigte Zeitintervall beträgt $\Delta t = 8,33\,\mathrm{s}$. In der Tab. 5.2 sind die drei Phasen, in denen die Fahrt der Regionalbahn verläuft, noch einmal zusammengefasst.

Wir starten mit der Berechnung der Geschwindigkeitsfunktion $v(t)$, die wir zur grafischen Darstellung folgendermaßen abschnittsweise definieren wollen.

$$v(t) := \begin{cases} v_1(t), & 0 < t \leq 30,86\,s \\ v_2(t), & 30,86\mathrm{s} < t \leq 60,86\,s \\ v_3(t), & 60,86\,\mathrm{s} < t \leq 69,19\,s \end{cases}$$

Die Geschwindigkeitsfunktionen $v_1(t)$, $v_2(t)$ und $v_3(t)$ in jeder Phase können wir mit der bereits bekannten Formel in Gl. 5.16 bestimmen.

Tab. 5.2 Zeitintervalle und Beschleunigungswerte für die Fahrt mit der Regionalbahn

Phase	Bezeichnung	Zeitintervall in s	a in $\mathrm{m\,s^{-2}}$
1	Konstante Beschleunigung	$0 < t \leq 30,86$	+0,9
2	Konstante Geschwindigkeit	$30,86 < t \leq 60,86\,\mathrm{s}$	0
3	Konstante Verzögerung	$60,86 < t \leq 69,19$	−2,5

$$v(t) = v_0 + a \cdot t \tag{5.16}$$

Da die Regionalbahn aus dem Stand beschleunigt, können wir in der Geschwindigkeitsfunktion $v_1(t)$ für $v_0 = 0$ einsetzen.

$$v_1(t) = 0,9\,\mathrm{m\,s^{-2}} \cdot t$$

Die Geschwindigkeitsfunktion $v_2(t)$ ist einfach zu formulieren, da es sich hier um eine konstante Geschwindigkeit handelt.

$$v_2(t) = (100/3,6)\,\mathrm{m\,s^{-1}}$$

Da wir beim Anwenden der Gl. 5.16 für jede Phase bei $t = 0$ starten, wir den Funktionsgraphen aber mit der fortlaufenden Zeit t zeichnen wollen, müssen wir in der Phase 3 mit der Zeit $t - 60,86\,\mathrm{s}$ rechnen. Als Anfangsgeschwindigkeit wählen wir $v_0 = 100\,\mathrm{km\,h^{-1}}$.

$$v_3(t) = (100/3,6)\,\mathrm{m\,s^{-1}} - 2,5\,\mathrm{m\,s^{-2}} \cdot (t - 60,86\,\mathrm{s})$$

Um die so abschnittsweise definierten Funktionen mit Wolfram|Alpha darzustellen, steht die Eingabe `piecewise` (engl. für stückweise) zur Verfügung, gefolgt von den jeweiligen Funktionen und den Zeitbereichen. Zur Definition der Zeitachse wir mit der Eingabe `from t = 0 to 70` das gesamte Zeitintervall berücksichtigt.

```
Wolfram|Alpha (4)
> plot [piecewise[{{0.9*t,t<30.86},{(100/3.6),t<60.86},{100/3.6 -
2.5*(t - 60.86),t<69.19}}]] from t = 0 to 70 <RETURN>
Plot:...
```

Zur Realisierung der Aufgabe mit MATLAB können wir uns zunächst drei Zeilenvektoren für die Zeit t_1, t_2 und t_3 definieren. Damit können wir die entsprechenden Geschwindigkeiten berechnen, die den Zeilenvektoren v_1, v_2 und v_3 zugewiesen werden. Mit dem Befehl `ones (size (t2)` wird ein Zeilenvektor definiert, dessen Komponenten alle den gleichen Wert 27,72 aufweisen. Danach können die Zeilenvektoren für die Zeiten (t_1, t_2 und t_3) zu einem Zeilenvektor t und die Geschwindigkeiten (v_1, v_2 und v_3) zu einem Zeilenvektor v zusammengefasst werden.

```
MATLAB Command Window (3)
> t1 = 0:0.1:30.86; <RETURN>
> t2 = 30.86:0.1:60.8; <RETURN>
> t3 = 60.9:0.1:69.19; <RETURN>
> v1 = 0.9*t1; <RETURN>
> v2 = 100/3.6*ones(size(t2)); <RETURN>
> v3 = (100/3.6) - 2.5*(t3 - 60.86); <RETURN>
> t = [t1 t2 t3]; % Zusammenfassen der Zeitvektoren <RETURN>
> v = [v1 v2 v3]; % Zusammenfassen der Geschwindigkeitsvektoren <RETURN>
> plot(t,v) <RETURN>
```

Jetzt wollen wir die Berechnung der Ortsfunktionen $s(t)$ durchführen, die wir ebenfalls wieder abschnittsweise definieren wollen.

$$s(t) := \begin{cases} s_1(t), & 0 < t \leq 30{,}86\,s \\ s_2(t), & 30{,}86\,\mathrm{s} < t \leq 60{,}86\,s \\ s_3(t), & 60{,}86\,\mathrm{s} < t \leq 69{,}19\,s \end{cases}$$

Die Ortsfunktionen $s_1(t)$, $s_2(t)$ und $s_3(t)$ können wir mit der bekannten Formel in Gl. 5.17 berechnen, in die wir jeweils den Anfangswert des Ortes s_0, die Anfangsgeschwindigkeit v_0 sowie die jeweilige Beschleunigung a einsetzen.

$$s(t) = s_0 + v_0 \cdot t + \frac{1}{2} \cdot a \cdot t^2 \tag{5.17}$$

Die Ortsfunktion $s_1(t)$ erhalten wir, wenn wir in Gl. 5.17 für $s_0 = 0$, für $v_0 = 0$ und für $a = 0{,}9\,\mathrm{m\,s^{-2}}$ einsetzen.

$$s_1(t) = \frac{1}{2} \cdot 0{,}9\,\mathrm{m\,s^{-2}} \cdot t^2$$

Zum Zeitpunkt $t = 30{,}86\,\mathrm{s}$ haben wir somit eine Wegstrecke von $428{,}55\,\mathrm{m}$ zurückgelegt. Dieser Wert stellt den Anfangswert s_0 für die Phase 2 mit der konstanten Geschwindigkeit $v_0 = 100/3{,}6\,\mathrm{m\,s^{-1}}$ dar. Da wir beim Anwenden der Gl. 5.17 für jede Phase bei $t = 0$ starten, wir den Funktionsgraphen aber mit der fortlaufenden Zeit t zeichnen wollen, müssen wir in der Phase 2 mit der Zeit $t - 30{,}86\,\mathrm{s}$ rechnen.

$$s_2(t) = 428{,}55\,\mathrm{m} + (100/3{,}6)\,\mathrm{m\,s^{-1}} \cdot (t - 30{,}86\,\mathrm{s})$$

Zum Zeitpunkt $t = 60{,}86\,\mathrm{s}$ haben wir einen Weg von $1.261{,}88\,\mathrm{m}$ zurückgelegt, den wir wieder als Anfangswert s_0 in der dritten Phase verwenden. Hier rechnen wir mit der Zeit $t - 60{,}86\,s$.

$$\begin{aligned} s_3(t) = {} & 1.261{,}88\,\mathrm{m} + (100/3{,}6)\,\mathrm{m\,s^{-1}} \cdot (t - 60{,}86\,\mathrm{s}) \\ & - \frac{1}{2} \cdot 2{,}5\,\mathrm{m\,s^{-2}} \cdot (t - 60{,}86\,\mathrm{s})^2 \end{aligned}$$

Die so ermittelten Ortsfunktionen können wir jetzt abschnittsweise visualisieren. Zur Darstellung mit Wolfram|Alpha verwenden wir hierzu wieder die Eingabe `piecewise`.

```
Wolfram|Alpha (5)
› plot [piecewise[{{1/2*0.9*t^2,t<30.86},{428.55 + (100/3.6)*(t −
30.86),t<60.86},{1261.88 + (100/3.6)*(t − 60.86) − 1/2*2.5*(t −
60.86)^2,t<69.19}}]] from t = 0 to 70 <RETURN>
Plot:...
```

Mit MATLAB definieren wir erneut die drei Zeilenvektoren für die Zeit t_1, t_2 und t_3. Damit können wir nun die entsprechenden Ortsfunktionen berechnen, die den Zeilenvektoren s_1, s_2 und s_3 zugewiesen werden. Abschließend können die Zeilenvektoren für die Zeiten (t_1, t_2 und t_3) zu einem Zeilenvektor t und die Ortsfunktionen (s_1, s_2 und s_3) zu einem Zeilenvektor s zusammengefasst werden.

```
MATLAB Command Window (4)
> t1 = 0:0.01:30.86; <RETURN>
> t2 = 30.86:0.01:60.86; <RETURN>
> t3 = 60.86:0.01:69.19; <RETURN>
> s1 = 1/2*0.9*t1.^2; <RETURN>
> s2 = 428.55 + (100/3.6)*(t2-30.86); <RETURN>
> s3 = 1261.88 + (100/3.6)*(t3 - 60.86)-1/2*2.5*(t3-60.86).^2;
<RETURN>
> t = [t1 t2 t3]; % Zusammenfassen der Zeitvektoren <RETURN>
> s = [s1 s2 s3]; % Zusammenfassen der Ortsvektoren <RETURN>
> plot(t,s) <RETURN>
```

Die Darstellung der Regionalbahn in einem v-t- und s-t-Diagramm kann sehr gut mit Hilfe der Tabellenkalkulation angefertigt werden. In Abb. 5.4 ist das entsprechende Excel-Arbeitsblatt dargestellt. In der Spalte A wird die Zeit t eingetragen, die einen Zeitraum von $0 < t \leq 70\,\text{s}$ umfasst mit einer Schrittweite von $0,1\,\text{s}$. In die Zellen der

	A	B	C	D	E	F	G	H
1	t in s	a in m/s^2	v in m/s	s in m				
2	0,00	0,90	0,00	0,00				
3	0,10	0,90	0,09	0,00				
...	...	...	...	...				
310	30,80	0,90	27,72	426,89				
311	30,90	0,00	27,78	429,66				
...	...	...	...	...				
610	60,80	0,00	27,78	1.260,22				
611	60,90	−2,50	27,68	1.262,99				
...	...	...	...	...				
702	70,00	−2,50	4,93	1.411,34				

Abb. 5.4 Excel-Arbeitsblatt für das v-t- und s-t-Diagramm der Regionalbahn

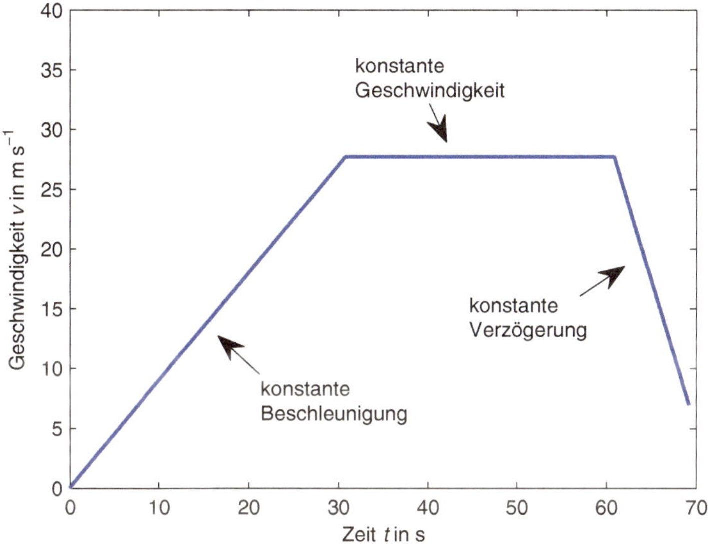

Abb. 5.5 Darstellung der Regionalbahnfahrt in einem v-t-Diagramm

Spalten B, C und D wird die Beschleunigung a, die Geschwindigkeit v und die zurückgelegte Strecke s eingetragen. Die abschnittsweise definierten Formeln werden in die entsprechenden Zellen eingetragen und kopiert.

```
Excel-Arbeitsblatt (Abb. 5.4)
C2 = B2*A2
D2 = 1/2*B2*A2^2
C311 = 100/3,6
D311 = 428,55 + (100/3,6)*(A311 – 30,86)
C611 = (100/3,6) – 2,5*(A611 – 60,86)
D611 = 1261,88 + (100/3,6)*(A611 – 60,86) + 1/2*B611*(A611 – 60,86)^2
```

Zum Anfertigen der Diagramme werden jeweils die entsprechenden Spalten markiert und eine Grafik durch Anwahl der Menüs Einfügen, Diagramme, Punkt (XY) aufgebaut. Abb. 5.5 und Abb. 5.6 zeigen die so angefertigten v-t- und s-t-Diagramme der Regionalbahnfahrt.

5.1.5 Der freie Fall

Die Bewegungsgleichung für den freien Fall ohne Luftwiderstand haben wir schon in Kap. 4 kennengelernt. Im Folgenden wollen wir diese Bewegungsgleichungen an einem konkreten Beispiel anwenden.

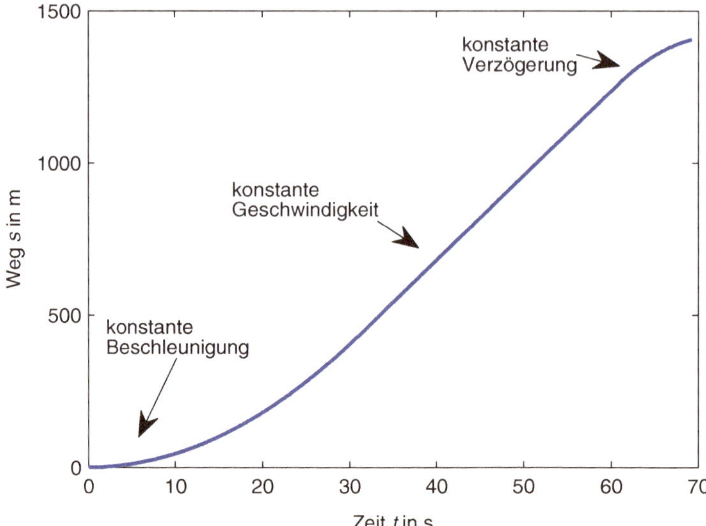

Abb. 5.6 Darstellung der Regionalbahnfahrt in einem s-t-Diagramm

Beispiel

Schwerelosigkeit im Fallturm: Das Zentrum für angewandte Raumfahrttechnik und Mikrogravitation (ZARM) der Universität Bremen betreibt einen Fallturm mit einer Fallhöhe von ca. 110 m. Während des freien Falls herrscht in der Fallkapsel Schwerelosigkeit, sodass auch auf der Erde Experimente unter Weltraumbedingungen durchgeführt werden können, zumindest für eine kurze Zeit.

- Wie groß genau ist die Zeitdauer vom Zeitpunkt des Starts der Fallkapsel in der Turmspitze bis zum Auftreffen?
- Wie kann man die Zeit der Schwerelosigkeit verlängern?
- Wie kann man die Bewegung der Fallkapsel in einem v-t-Diagramm und in einem s-t-Diagramm darstellen?

Die Lösung der Differenzialgleichung konnten wir durch Integrieren bestimmen und folgende Gleichung angeben:

$$x(t) = x_0 + v_0 \cdot t - \frac{1}{2} \cdot g \cdot t^2$$

Für die Anfangsbedingungen x_0 und v_0 für den Ort und die Geschwindigkeit zum Zeitpunkt $t = 0$ können wir nun die angegebenen Werte aus der Aufgabenstellung einsetzen. Nehmen wir zunächst an, dass die Masse zum Zeitpunkt $t = 0$ von der Turmspitze in einer Höhe von $x_0 = 110\,\mathrm{m}$ ohne eine Anfangsgeschwindigkeit $v_0 = 0$ fallen gelassen wird. Damit können wir für diese Anfangswerte folgende Gleichung für die Ortsfunktion formulieren:

$$x(t) = 110\,\text{m} - \frac{1}{2} \cdot g \cdot t^2$$

Wenn die Fallkugel den Boden erreicht, nimmt $x(t)$ den Wert 0 an. Diesen Zeitpunkt bezeichnen wir als Fallzeit T, die wir folgendermaßen berechnen können:

$$x(T) = 0 = 110\,\text{m} - \frac{1}{2} \cdot g \cdot T^2$$

Diese Gleichung können wir nun in Wolfram|Alpha und MATLAB eingeben und die Gleichung mit der Eingabe `solve` nach T auflösen lassen.

```
Wolfram|Alpha (6)
> 110 – 1/2*9.81*T^2==0, solve T <RETURN>
Result: T≈±4.7356
```

Auch das Plotten des v-t-Diagramms und des s-t-Diagramms kann mit der Eingabe `plot`, gefolgt von dem Wertebereich für t, erfolgen. Die Variable t für die Zeit wählen wir hier mit der Eingabe `from t=0 to 4.74` von $t = 0$ bis zum Auftreffen der Fallkapsel bei $t = 4{,}74\,\text{s}$. Wir starten mit dem Plotten des v-t-Diagramms.

```
Wolfram|Alpha (7)
> plot 0 - 9.81*t from t = 0 to 4.74 <RETURN>
Plot:...
```

Der Betrag der Geschwindigkeit nimmt linear zu. Da wir die Erdbeschleunigung mit einem negativen Vorzeichen versehen haben, nimmt auch die Geschwindigkeit negative Werte an. Zur Visualisierung der Ortsfunktion plotten wir noch das s-t-Diagramm mit dem charakteristischen parabelförmigen Verlauf.

```
Wolfram|Alpha (8)
> plot 110 – 1/2*9.81*t^2 from t = 0 to 4.74 <RETURN>
Plot:...
```

Zur Lösung mit MATLAB geben wir zunächst den Befehl `syms T` ein. Dann lassen wir uns hier die Gleichung ebenfalls mit dem Befehl `solve` nach `T` auflösen. Der Befehl `double` formt das Ergebnis in eine Zahl um.

```
MATLAB Command Window (5)
> syms T <RETURN>
> double (solve(110 == 1/2*9.81*T^2,T)) <RETURN>
ans =
    4.7356
   –4.7356
```

Um ein Diagramm in MATLAB zu erzeugen, müssen wir zunächst Wertepaare erzeugen. Dies erfolgt, indem wir durch die Eingabe `t = 0:0.1:9.4` einen Zeilenvektor t (1×95) generieren. Die Eingabe beinhaltet hierbei den Startwert 0, den Abstand 0,1 und den Endwert 9,4. Mit den Elementen des Zeilenvektors t können wir nun die Werte für die Höhe h ausrechnen. Das Quadrieren muss hierbei elementweise erfolgen, was durch das Einbringen eines Punktes vor dem Exponenten (.^2) erfolgt.

```
MATLAB Command Window (6)
> t = 0:0.1:9.4; <RETURN>
> h = 0 + 46.46*t – 1/2*9.81*t.^2; <RETURN>
> plot(t,h) <RETURN>
```

Um das mit MATLAB erzeugt Diagramm zu beschriften, können folgende zusätzliche Eingaben in Bezug auf den Diagrammtitel und die Beschriftung der x- und y-Achsen gemacht werden:

```
MATLAB Command Window (7)
>plot(t,h);title('Falltum');xlabel('Zeit in s');ylabel('Höhe in m')
<RETURN>
```

Zur Lösung der Aufgabe mit Excel fertigen wir das in Abb. 5.7 gezeigte Tabellenblatt an. Hierzu definieren wir zunächst die bekannten Größen h_0, v_0, a und das Zeitintervall Δt, mit dem wir die Anzahl der zu berechnenden Wertepaare vorgeben.

```
Excel-Arbeitsblatt (Abb. 5.7)
A2 = 0
B2 = $E$2 + $E$3*A2 + 1/2*$E$4*A2^2
A3 = A2 + $E$5
```

	A	B	C	D	E	F
1	t in s	x in m				
2	0	110,00		h0	110	m
3	0,10	109,95		v0	0	m/s
4	0,20	109,80		a	–9,81	m/s^2
5	0,30	109,56		Δt	0,1	s
6	0,40	109,22				
7	0,50	108,77				
…	…	…				
49	4,70	1,65				

Abb. 5.7 Excel-Arbeitsblatt zur Visualisierung der Ortsfunktion $x(t)$

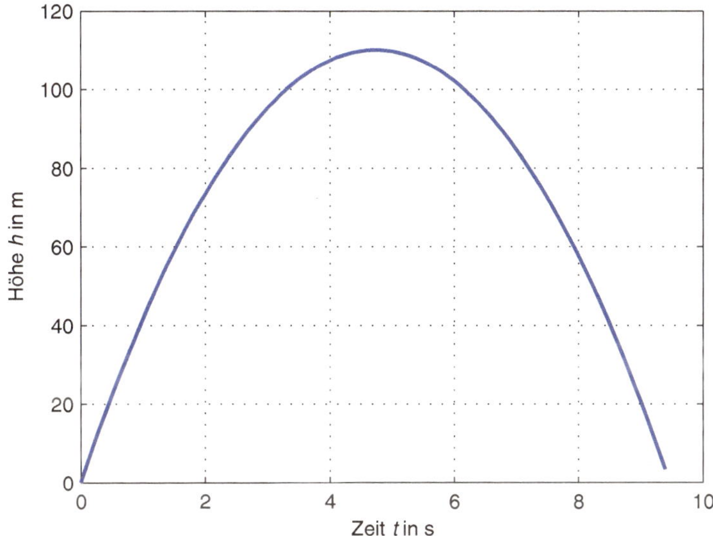

Abb. 5.8 Höhe der Wurfkapsel in Abhängigkeit der Zeit bei einem Wurf mit einer vertikalen Anfangsgeschwindigkeit von $v_0 = +46{,}46\,\mathrm{m\,s^{-1}}$

Die Fallzeit von der Turmspitze beträgt also $T = 4{,}74\,\mathrm{s}$. Die Fallkapsel trifft am Turmboden mit einer Geschwindigkeit $v = 46{,}46\,\mathrm{m\,s^{-1}}$ auf und wird in einem Behälter von kleinen Kugeln aus Polystyrol abgebremst. Um den Einfluss des Luftwiderstandes zu verringern, wird im Inneren des Turmes ein Vakuum erzeugt.

Soll die Zeit der Schwerelosigkeit vergrößert werden, so wird die Kapsel nicht von der Spitze fallen gelassen, sondern vom Boden aus mit einer Geschwindigkeit v_0 nach oben geworfen [1]. Damit ergibt sich das in Abb. 5.8 dargestellte s-t-Diagramm. Durch diese Maßnahme kann die Flugzeit auf $T \approx 9{,}5\,\mathrm{s}$ verlängert werden. In diesem Zeitraum können eine Menge spannender Versuche unter nahezu Schwerelosigkeit durchgeführt werden.

Das Abbremsen der Fallkapsel durch den Luftwiderstand wird im Inneren des Fallturms durch ein Vakuum vermieden, so beschleunigen alle Gegenstände gleich schnell. In die Bewegungsgleichung für den freien Fall geht die Masse des betrachteten Gegenstandes nicht ein. Die Tatsache, dass ein Stück Papier, das wir zu einem Knäuel zusammenfalten, normalerweise schneller fallen wird als eines, das wir nicht zusammengefaltet haben, resultiert durch den Luftwiderstand. Dies zeigt eindrucksvoll der berühmte Versuch Hammer gegen Feder, der im Rahmen der Apollo-Mission auf dem Mond durchgeführt wurde [2].

Wir können die Bewegung der Fallkapsel natürlich auch mit einer Differenzialgleichung beschreiben und lösen. Die Bewegungsgleichung bleibt hierbei für die Bewegung von der Turmspitze und dem Start mit dem Katapult die gleiche, beide Bewegungen werden durch die Anfangswerte definiert.

Wird die Kapsel von der Turmspitze aus fallen gelassen wird, geben wir für die Anfangsgeschwindigkeit $\dot{x}(0) = 0$ und für die Starthöhe $x(0) = 110\,\mathrm{m}$ ein.

```
Wolfram|Alpha (9)
> {9.81 + x''[t] == 0, x[0] == 110, x'[0] == 0} <RETURN>
Differential equation solution:
x(t) = 110-4.905 t^2
```

Wird die Kapsel hingegen vom Boden aus nach oben katapultiert, geben wir für die Anfangsgeschwindigkeit $\dot{x}(0) = 46{,}46\,\mathrm{m\,s^{-1}}$ und für die Starthöhe $x(0) = 0$ ein.

```
Wolfram|Alpha (10)
> {9.81 + x''[t] == 0, x[0] == 0, x'[0] == 46,46 } <RETURN>
Differential equation solution:
x(t) = t (46.46-4.905 t)
```

Ist die Differenzialgleichung erst einmal eingegeben, können die Anfangsbedingungen wie beispielsweise die Höhe oder die Geschwindigkeit schnell variiert werden. Die Richtung der Anfangsgeschwindigkeit kann durch ein entsprechendes Vorzeichen gewählt werden.

5.2 Bewegungsgleichungen und Integrale

Den zurückgelegten Weg bei einer gleichmäßig beschleunigten Bewegung können wir mit Hilfe der bereits motivierten Ortsfunktion $x(t)$, der Integration der Geschwindigkeitsfunktion $v(t)$ oder durch Lösen der entsprechenden Differenzialgleichungen berechnen. Diese Verfahren sollen im Folgenden an einigen Beispielen angewendet werden.

Beispiel

Zurückgelegte Strecke bei einem beschleunigten Auto: Wir fahren mit einem Auto, das wir gleichmäßig mit $a = 2{,}9\,\mathrm{m\,s^{-2}}$ beschleunigen (entspricht einer Beschleunigung aus dem Stand auf eine Geschwindigkeit von $v = 100\,\mathrm{km\,h^{-1}}$ in einer Zeit von $t \approx 9{,}58\,\mathrm{s}$). Wie in Abb. 5.9 schematisch dargestellt, fahren wir zum Zeitpunkt $t_0 = 0$ mit der Geschwindigkeit $v_0 = 10\,\mathrm{m\,s^{-1}}$ an einem Leitpfosten vorbei, den wir gut als Markierung verwenden können. Welchen Weg haben wir zum Zeitpunkt $t_1 = 5\,\mathrm{s}$ von dieser Markierung aus gemessen zurückgelegt?

Diese Aufgabe können wir mit unterschiedlichen Ansätzen lösen. Die erste Lösungsmöglichkeit besteht darin, die Zahlenwerte in die bekannte Formel für eine konstante Beschleunigung einzusetzen. Die zweite besteht in der Integration der Geschwindigkeit über die Zeit. Die dritte Möglichkeit besteht in der Formulierung der Aufgabe als Differenzialgleichung.

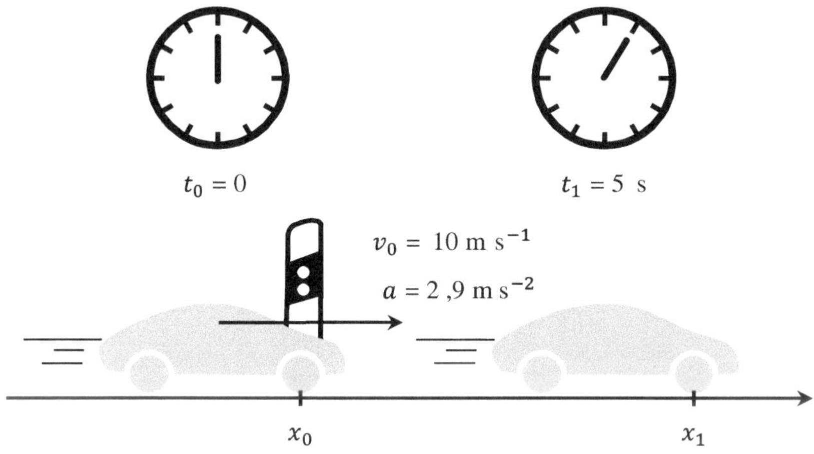

Abb. 5.9 Schematische Darstellung eines beschleunigten Autos, das zum Zeitpunkt t_0 einen Leitpfosten mit der Geschwindigkeit v_0 passiert

Starten wir mit dem Einsetzen der Zahlenwerte in die bekannte Formel für die Ortsfunktion $x(t)$.

$$x(t) = x_0 + v_0 \cdot t + \frac{1}{2} a \cdot t^2$$

Da wir die zurückgelegte Strecke von der Markierung an messen wollen, setzen wir $x_0 = 0$ ein. Als Anfangsgeschwindigkeit geben wir $v_0 = 10\,\mathrm{m\,s^{-1}}$ ein und für die Beschleunigung den Wert $a = 2,9\,\mathrm{m\,s^{-2}}$. Die Werte können wir in einen Taschenrechner oder besser in Wolfram|Alpha oder MATLAB eingeben und erhalten für den zurückgelegten Weg nach einer Zeit $t = 5\,\mathrm{s}$ einen Wert von $x(5\,\mathrm{s}) = 86,25\,\mathrm{m}$.

```
Wolfram|Alpha (11)
> 5*10 + 1/2*2.9*5^2 <RETURN>
Result: 86.25
```

Mit MATLAB können wir zunächst die gegebenen Werte den Variablen zuweisen und dann die eigentliche Rechnung durchführen.

```
MATLAB Command Window (8)
> s0 = 0; v0 = 10; a = 2.9; <RETURN>
> s0 + v0*5 + 1/2*a*5^2 <RETURN>
ans =
    86.2500
```

Die zweite Lösungsmöglichkeit besteht darin, den zurückgelegten Weg durch Integration der Geschwindigkeit über die Zeit zu berechnen. Die Geschwindigkeit $v(t)$ bei einer konstanten Beschleunigung a können wir folgendermaßen berechnen:

$$\dot{x}(t) = v(t) = v_0 + a \cdot t$$

Diese Funktion können wir in den Grenzen von $t = 0$ bis $5\,\mathrm{s}$ integrieren, um den in diesem Zeitintervall zurückgelegten Weg zu berechnen.

$$x(5\,\mathrm{s}) = \int_{t=0}^{5} v_0 + a \cdot t\,dt = \left[v_0 \cdot t + \frac{1}{2} a \cdot t^2\right]_0^5$$

$$x(5\,\mathrm{s}) = \left[10\,\mathrm{m\,s^{-1}} \cdot t + \frac{1}{2}\,2{,}9\,\mathrm{m\,s^{-2}} \cdot t^2\right]_0^5 = 86{,}25\ \mathrm{m} - 0 = 86{,}25\,\mathrm{m}$$

Das bestimmte Integral können wir mit Wolfram|Alpha berechnen, indem wir die Eingabe `integrate` verwenden, gefolgt von der Funktion und den Integrationsgrenzen in der geschweiften Klammer.

```
Wolfram|Alpha (12)
> integrate [2.9*t + 10, {t,0,5}] <RETURN>
Definite integral:
integral_0^5 (2.9 t + 10) dt = 86.25
```

Mit MATLAB rechnen wir hier symbolisch, die Integrationsgrenzen geben wir mit dem Zeilenvektor `[0 5]` ein.

```
MATLAB Command Window (9)
> syms t <RETURN>
> int(2.9*t + 10,t,[0 5]) <RETURN>
ans =
345/4
```

Die Integration der Geschwindigkeit über die Zeit ergibt einen zurückgelegten Weg von $x(5\,\mathrm{s}) = 86{,}25\,\mathrm{m}$. Anschaulich können wir uns die Berechnung des Weges durch Integration so vorstellen, dass wir das gesamte Zeitintervall von $t = 0$ bis $5\,\mathrm{s}$ in kleine Zeitintervalle Δt unterteilen.

Die Teilflächen, die sich aus dem Produkt aus Δt_i und der jeweiligen Geschwindigkeit $v_{i,x}$ ergeben, repräsentieren die in dieser Zeitspanne zurückgelegte Wegstrecke Δx.

$$\Delta x \approx \sum_i v_{i,x} \cdot \Delta t_i$$

Summiert man alle i Teilflächen, erhält man die Gesamtfläche und somit den gesamten zurückgelegten Weg. Im Falle unserer Beispielrechnung mit dem beschleunigten Auto würden wir bei 10 Intervallen ($i = 10$) folgendes Ergebnis erzielen:

```
Wolfram|Alpha (13)
> integrate 10 + 2.9*t from t = 0 to 5 using midpoint method with
10 intervals <RETURN>
Result: 86.25
```

Wollen wir immer genauer rechnen und wählen immer kleinere Teilstücke ($\Delta t_i \to 0$), so geht die Summe gegen das folgende Integral:

$$\Delta x = \lim_{\Delta t_i \to 0} \left(\sum_i v_{i,x} \cdot \Delta t_i \right) = \int_{t_1}^{t_2} v_x \, dt$$

Zur Berechnung und Visualisierung der Aufgabe mit Excel fertigen wir das in Abb. 5.10 gezeigte Arbeitsblatt an. Zunächst weisen wir den Variablen s_0, v_0 und a die angegebenen Werte zu.

```
Excel-Arbeitsblatt (Abb. 5.10)
B2 = $F$3*A2 + 1/2*a*A2^2
C2 = $F$3 + $F$4*A2
```

Die Ergebnisse können nun in einem v-t-Diagramm und s-t-Diagramm visualisiert werden, indem die entsprechenden Spalten markiert werden und unter `Einfügen Diagramme` die Darstellung `Punkt (XY)` gewählt wird.

	A	B	C	D	E	F	G	H
1	t	s	v					
2	0,00	0,00	10,00		s0	0	m	
3	0,50	5,36	11,45		v0	10	m/s	
4	1,00	11,45	12,90		a	2,9	m/s^2	
5	1,50	18,26	14,35					
6	2,00	25,80	15,80					
...	...	...	...					
12	5,00	86,25	24,50					

Abb. 5.10 Excel-Arbeitsblatt zur Berechnung der zurückgelegten Wegstrecke

Auch mit Wolfram|Alpha und MATLAB können wir die Bewegung des beschleunigten Autos visualisieren und ein v-t-Diagramm erstellen.

```
Wolfram|Alpha (14)
> plot 10 + 2.9*t from t = 0 to 5 <RETURN>
Plot:...
```

Mit MATLAB definieren wir hierzu zunächst den Zeilenvektor `t`, für den wir hier eine Schrittweite von 0,1 wählen. Vor der Bestätigung des Plot-Befehls mit der <RETURN> geben wir mit dem Befehl `axis([0 5 0 30])` den Plotbereich vor. Hierdurch wird die x-Achse von 0 bis 5 und die y-Achse von 0 bis 30 dargestellt.

```
MATLAB Command Window (10)
> t = 0:0.1:5; <RETURN>
> v0 = 10; <RETURN>
> a = 2.9; <RETURN>
> v = v0 + a*t; <RETURN>
> plot(t,v); axis([0 5 0 30]) <RETURN>
```

In Abb. 5.11 ist das mit MATLAB erstellte v-t- Diagramm des gleichförmig beschleunigten Autos nach dem Passieren des Leitpfostens dargestellt.

Die dritte Möglichkeit, diese Aufgabe zu lösen, besteht darin, diese als Differenzialgleichung zu formulieren. Die Eingabe in Wolfram|Alpha startet mit der

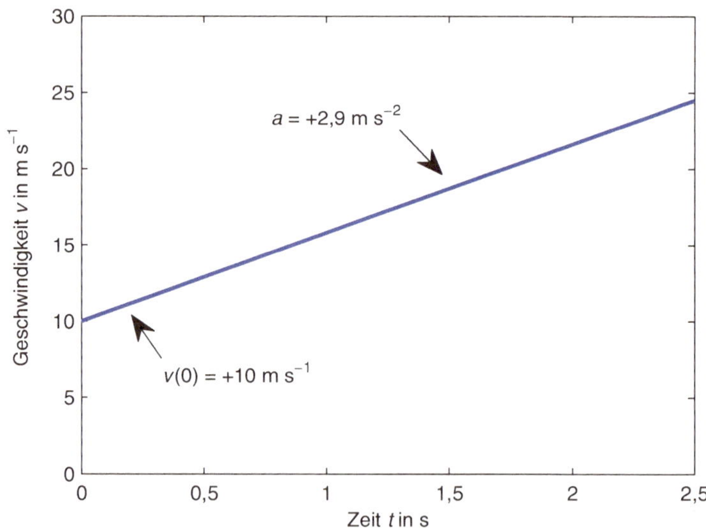

Abb. 5.11 Visualisierung der Bewegung des beschleunigten Autos in einem v-t-Diagramm

Differenzialgleichung {`-2.9 + x''[t] == 0`, gefolgt von den Anfangsbedingungen `x[0] == 0` und `x'[0] == 10`, sowie `t = 5` für die Zeit t, für die die Lösung gesucht wird.

```
Wolfram|Alpha (15)
> {-2.9 + x''[t] == 0, x[0] == 0, x'[0] == 10, t == 5} <RETURN>
ODE classification: second-order linear ordinary differential equation
Differential equation solution: x(t) = t (1.45 t+10)
Differential equation solution at particular point:
x(5) = 86.25
```

Auch mit Hilfe der Differenzialgleichung erhalten wir als Ergebnis für den zurückgelegten Weg $x(5\,\mathrm{s}) = 86{,}25\,\mathrm{m}$.

5.3 Bewegung in zwei und drei Dimensionen

Die Beschreibung der Bewegungsvorgänge haben wir bislang auf eindimensionale Vorgänge beschränkt. Die Bewegung der Gegenstände und Massepunkte konnte mit einem Parameter als Funktion der Zeit beschrieben werden. In diesem Kapitel wollen wir die Kinematik auf zwei und drei Dimensionen erweitern. Dadurch entstehen eine Reihe neuer Phänomene, wie z. B. die radiale Beschleunigung auf Kreisbahnen.

5.3.1 Der Ortsvektor

Zur Beschreibung der Bewegung in zwei und drei Dimensionen definieren wir einen zwei- oder dreidimensionalen Vektor, der vom Koordinatenursprung beispielsweise zu unserem Gegenstand oder Massepunkt führt, und den wir als Ortsvektor $\vec{r}$ bezeichnen. In Abb. 5.12 ist schematisch ein Pfad eines Massepunktes (auch als Trajektorie bezeichnet) dargestellt. Zum Zeitpunkt t_1 befindet sich der Massepunkt auf der Position, die durch den Ortsvektor $\vec{r_1}$ definiert wird. Nach dem Zeitraum Δt befindet sich der Massepunkt dann auf der Position, der durch den Ortsvektor $\vec{r_2}$ beschrieben wird. Die neue Position zum Zeitpunkt t_2 kann also mit Hilfe der Vektoraddition nach Gl. 5.18 berechnet werden. Der auch als Verschiebungsvektor bezeichnete Vektor $\Delta\vec{r}$ kann daher mit Gl. 5.19 berechnet werden.

$$\vec{r_1} + \Delta\vec{r} = \vec{r_2} \tag{5.18}$$

$$\Delta\vec{r} = \vec{r_2} - \vec{r_1} \tag{5.19}$$

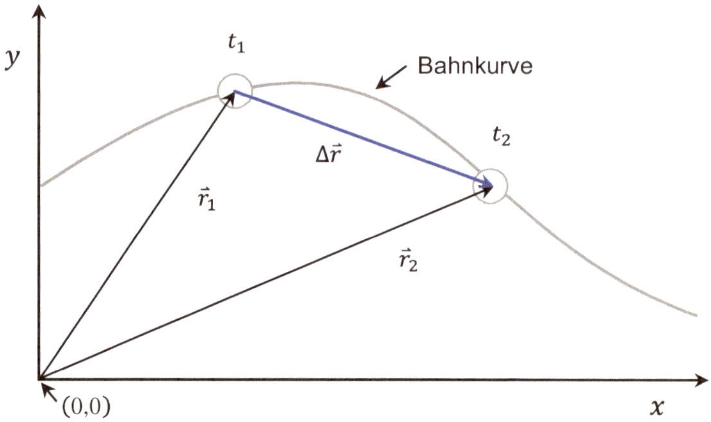

Abb. 5.12 Beschreibung einer Bahnkurve mit Hilfe des Ortsvektor $\vec{r}$ in zwei Dimensionen

5.3.2 Die Geschwindigkeit und Beschleunigung

Die mittlere Geschwindigkeit $\langle\vec{v}\rangle$ können wir durch Division des Verschiebungsvektors $\Delta\vec{r}$ durch das Zeitintervall Δt berechnen. Der Vektor der mittleren Geschwindigkeit zeigt daher in die gleiche Richtung wie der Verschiebungsvektor $\Delta\vec{r}$.

$$\langle\vec{v}\rangle = \frac{\Delta\vec{r}}{\Delta \mathrm{t}} \tag{5.20}$$

Zur praktischen Berechnung der v_x- und v_y-Komponenten des Geschwindigkeitsvektors teilt man die x- und y-Komponenten des Verschiebungsvektors Δr_x und Δr_y gemäß Gl. 5.21 durch den Zeitraum Δt.

$$\langle v_x\rangle = \frac{\Delta r_x}{\Delta t}, \langle v_y\rangle = \frac{\Delta r_y}{\Delta t} \tag{5.21}$$

Um die Momentangeschwindigkeit zu berechnen, müssen wir in Analogie zur eindimensionalen Bewegung das Zeitintervall Δt immer kleiner werden lassen, bis es in der Grenzwertbetrachtung in Gl. 5.22 gegen 0 geht $(\Delta t \to 0)$.

$$\vec{v} = \lim_{\Delta t \to 0} \frac{\Delta\vec{r}}{\Delta t} = \frac{d\vec{r}}{dt} \tag{5.22}$$

Die x- und y-Komponenten der Momentangeschwindigkeit erhält man durch die Ableitung der x- und y-Komponenten des Verschiebungsvektors nach der Zeit, vorausgesetzt die funktionale Abhängigkeit ist bekannt.

$$v_x = \frac{dr_x}{dt}, v_y = \frac{dr_y}{dt} \tag{5.23}$$

Das Konzept kann leicht für die Anwendungen in allen drei Raumrichtungen erweitert werden, indem man die Orts-, Verschiebungs- und Geschwindigkeitsvektoren um die z-Komponente ergänzt.

$$\vec{r} = \begin{pmatrix} r_x \\ r_y \\ r_z \end{pmatrix}, \vec{v} = \begin{pmatrix} v_x \\ v_y \\ v_z \end{pmatrix}$$

Auch die mittlere und momentane Beschleunigung lässt sich entsprechend für Anwendungen in zwei und drei Dimensionen erweitern. Die mittlere Beschleunigung und die momentane Beschleunigung können somit folgendermaßen definiert werden:

$$\langle a_x \rangle = \frac{\Delta v_x}{\Delta t}, \langle a_y \rangle = \frac{\Delta v_y}{\Delta t}, \langle a_z \rangle = \frac{\Delta v_z}{\Delta t}$$

$$a_x = \frac{dv_x}{dt}, a_y = \frac{dv_y}{dt}, a_z = \frac{dv_z}{dt}$$

Die Bewegung in zwei und drei Dimensionen kann also durch zwei- oder dreidimensionale Vektoren beschrieben werden, die Bewegungsgleichungen können hierbei separat auf die x-, y- und z-Komponenten angewendet werden.

Tipp

- Mit der Eingabe `parametric plot` kann man mit Wolfram|Alpha schnell eine Bewegung in zwei oder drei Dimensionen visualisieren.
- Beispielsweise kann die die Bewegung eines Masseteilchens als Bahnkurve über einen definierten Zeitraum dargestellt werden.
- Hierzu werden die x-, y- und z-Komponenten des Ortsvektors als separate Funktionen berücksichtigt, die alle von einem Parameter abhängen, in diesem Fall vom Parameter Zeit.

5.3.3 Das Superpositionsprinzip

Die Bewegung in zwei und drei Dimensionen kann man also durch die vektoriellen Größen wie beispielsweise die Ortsvektoren oder die Geschwindigkeitsvektoren einfach berechnen, in dem wir die Gesetzmäßigkeiten aus der eindimensionalen Bewegung komponentenweise anwenden. Dieses Vorgehen, das für alle vektorielle Größen gilt, lässt sich auch auf andere Bereiche der Physik mit linearen Gesetzmäßigkeiten übertragen und wird als Superpositionsprinzip bezeichnet. In Kap. 8 werden wir das Superpositionsprinzip auch auf zwei senkrecht zueinander verlaufende Schwingungen anwenden.

Ein Beispiel wie man dieses Prinzip in der Kinematik anwenden kann, stellt die Bewegung eines Bootes mit seitlicher Strömung dar, die quer zur Fahrtrichtung verläuft. Durch die seitliche Strömung wird eine sogenannte Abdrift verursacht. Um die Position des Bootes zu berechnen, können wir die Bewegung mit zwei Vektoren so beschreiben, als ob die Teilbewegungen ungestört hintereinander ablaufen würden. Ein Geschwindigkeitsvektor stellt die Bewegung des Bootes dar, wie diese ohne Strömung verlaufen würde, und ein zweiter Geschwindigkeitsvektor repräsentiert die reine seitliche Driftbewegung des Bootes durch die senkrecht zur Fahrtrichtung verlaufende Strömung. Die resultierende Geschwindigkeit des Bootes mit Strömung ergibt sich dann aus der Summe der Vektoren der Teilbewegungen. Der Betrag der Gesamtgeschwindigkeit kann daher aus der Länge des Summenvektors berechnet werden.

5.3.4 Der schräge Wurf

Ein bekanntes Beispiel für das Superpositionsprinzip ist der schräge Wurf. Hierbei wird eine Masse mit einer bestimmten Geschwindigkeit unter einem bestimmten Winkel zur Horizontalen geworfen und die Flugbahn berechnet. Diese Aufgabe können wir berechnen, indem wir die Bewegung separat in der vertikalen (y-Richtung) und in der horizontalen Richtung (x-Richtung) betrachten.

Beispiel

Maximale Reichweite beim Kugelstoßen: Beim Kugelstoßen wollen wir bei einer gegebenen Anfangsgeschwindigkeit v_0 durch Einstellen des Winkels eine optimale Reichweite erzielen. Wie sieht die Flugbahn aus und bei welchem Winkel wird eine optimale Reichweite erzielt, wenn wir vereinfacht davon ausgehen, dass wir die Kugel vom Boden aus werfen (Ausgangshöhe $h_0 = 0$) und die Reibung vernachlässigen können?

Die in der Beispielaufgabe beschriebene Bewegung wird auch als schräger Wurf bezeichnet und ist in der Abb. 5.13 schematisch dargestellt. Zur Lösung der Aufgabe beschreiben wir die Bewegung in x- und y-Richtung zunächst separat.

Die Bewegung in y-Richtung kann man mit folgender Gleichung beschreiben:

$$y(t) = v_{0,y} \cdot t - \frac{1}{2} \cdot g \cdot t^2, \; v_{0,y} = \sin\theta \cdot v_0$$

Wenn wir die Geschwindigkeit nach oben als positiv definieren, resultiert daraus ein negatives Vorzeichen der Erdbeschleunigung g. Die Dauer des Fluges wird durch die y-Komponente $v_{0,y}$ der Geschwindigkeit vorgegeben.

Die Bewegung in x-Richtung erfolgt mit einer konstanten Geschwindigkeit $v_{0,x}$, da wir Reibung ja ausgeschlossen haben.

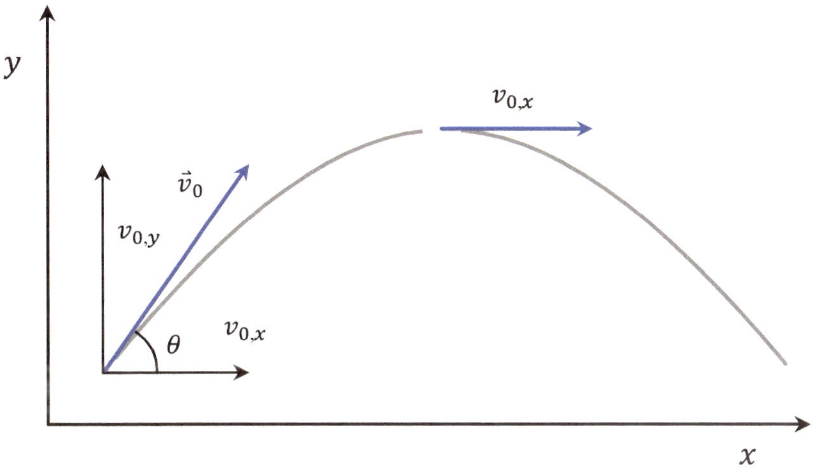

Abb. 5.13 Schematische Darstellung des schrägen Wurfs mit der Anfangsgeschwindigkeit $\vec{v}_0$ und dem Wurfwinkel θ

$$x(t) = v_{0,x} \cdot t,\ v_{0,x} = \cos\theta \cdot v_0$$

Mit diesen Informationen können wir schon die ersten Flugbahnen plotten. Nehmen wir hierzu einmal an, dass wir die Kugel mit einer Geschwindigkeit von $v_0 = 20$ m s^{-1} und einem Winkel von $\theta = 60°$ zur Horizontalen werfen. Zunächst können wir die Flugzeit der Kugel berechnen. Die Flugzeit wird dadurch begrenzt, dass die Kugel auf den Boden trifft, also die y-Koordinate den Wert 0 erreicht.

```
Wolfram|Alpha (16)
› 0 = 20*sin(60)*t - 1/2*9.81*t^2, solve t <RETURN>
Results:
t = 0
t~~3.5312
```

Die Flugzeit beträgt also $T \approx 3,5$ s. Um die Wurfbahn mit Wolfram|Alpha zu plotten, verwenden wir die Eingabe `parametric plot` und geben nachfolgend die x- und die y-Komponente als Funktion des Parameters t ein. Als Zeitintervall nehmen wir die Zeit $t = 0$ bis zum Auftreffen auf den Boden bei $t = T = 3,5$ s an, die Eingabe erfolgt mit `from t=0 to 3.5`.

```
Wolfram|Alpha (17)
› parametric plot (20*cos(60)*t, 20*sin(60)*t-1/2*9.81*t^2) from
t = 0 to 3.5 <RETURN>
Parametric plot:...
```

Zum Plotten der Wurfbahn mit MATLAB definieren wir uns für den Parameter Zeit einen Zeilenvektor, der den Zeitraum $t = 0\,\text{bis}\,3,5\,\text{s}$ abbildet mit der Schrittweite 0,1. Dies wird durch die Eingabe `t = 0:0.1:3.5` erreicht. Danach erfolgt die Berechnung für die x- und y-Werte. Mit dem Befehl `plot` können dann die x-y-Wertepaare geplottet werden.

```
MATLAB Command Window (11)
> t = 0:0.1:3.5; <RETURN>
> x = 20*cos(pi/3)*t; <RETURN>
> y = 20*sin(pi/3)*t - 1/2*9.81*t.^2; <RETURN>
> plot(x,y) <RETURN>
```

Bei welchem Wurfwinkel wird nun die maximale Reichweite erzielt? Die Flugdauer wird beim Auftreffen auf den Boden ($y = 0$) erreicht. Die Flugdauer T können wir durch Auflösen folgender Gleichung berechnen.

$$0 = v_0 \cdot \sin\theta \cdot T - \frac{1}{2} \cdot g \cdot T^2$$

$$T = \frac{2 \cdot v_0 \cdot \sin\theta}{g} \tag{5.24}$$

Für die Reichweite ergibt sich nun der Ausdruck in Gl. 5.25.

$$R = \frac{2 \cdot v_0^2}{g} \cdot \sin\theta \cdot \cos\theta \tag{5.25}$$

Bei gegebenen Werten für v_0 und g wird dieser Ausdruck maximal, wenn das Produkt aus $\sin\theta$ und $\cos\theta$ maximal wird. Bei welchem Winkel dies resultiert, können wir durch die Eingabe `maximize` in Wolfram|Alpha ermitteln.

```
Wolfram|Alpha (18)
> maximize sin(theta)*cos(theta)
Global maxima: (no global maxima found)
Local maxima: max{sin(theta) cos(theta)} = 1/2 at theta = pi/4+2 n
pi for integer n
```

Das Produkt aus Sinus- und Kosinusfunktion nimmt also einen Maximalwert von 1/2 an. Dieses Maximum wird erstmalig erreicht, wenn der Winkel den Wert π/4 rad oder entsprechen 45° annimmt. Damit haben wir die Formel in Gl. 5.26 für die maximale Reichweite beim Kugelstoßen ermittelt.

$$R_{\max} = \frac{v_0^2}{g}, \theta = \frac{\pi}{4} \tag{5.26}$$

	A	B	C	D	E	F	G	H
1	t in s	x in m	h in m					
2	0	0,00	0		v0	20	m/s	
3	0,1	1,00	1,68		Winkel	60	Grad	
4	0,2	2,00	3,27		Winkel	1,05	Rad	
5	0,3	3,00	4,75					
...								
37	3,5	35,00	0,54					

Abb. 5.14 Excel-Arbeitsblatt zur Visualisierung der Wurfparabel

Die maximale Reichweite wird bei einem Winkel von 45° erreicht, wenn der Abwurf von der Höhe 0 stattfindet und die Luftreibung vernachlässigt wird.

Die resultierende Wurfparabel können wir ebenfalls mit der Tabellenkalkulation Excel darstellen. Hierzu fertigen wir das in Abb. 5.14 gezeigte Arbeitsblatt an.

```
Excel-Arbeitsblatt (Abb. 5.14)
B2 = 20*COS($F$4)*A2
C2 = 20*SIN($F$4)*A2 – 1/2*9,81*A2^2
F4 = BOGENMASS(F3)
```

Abb. 5.15 zeigt die Wurfparabeln bei den verschiedenen Wurfwinkeln.

5.4 Die Kreisbewegung

Die Kreisbewegung ist ein spezieller Fall der nicht geradlinigen Bewegung. Die Beschreibung der Position des Massepunktes, der sich auf einer Kreisbahn bewegt, kann mit Hilfe der x- und y-Koordinaten des Ortsvektors $\vec{r}$ in einem kartesischen Koordinatensystem erfolgen.

Eine elegante Möglichkeit, die Bewegung auf einer Kreisbahn zu beschreiben, besteht in der Verwendung der sogenannten Polarkoordinaten, bei denen die Positionsangabe mit Hilfe des Winkels φ und des Radius R erfolgt.

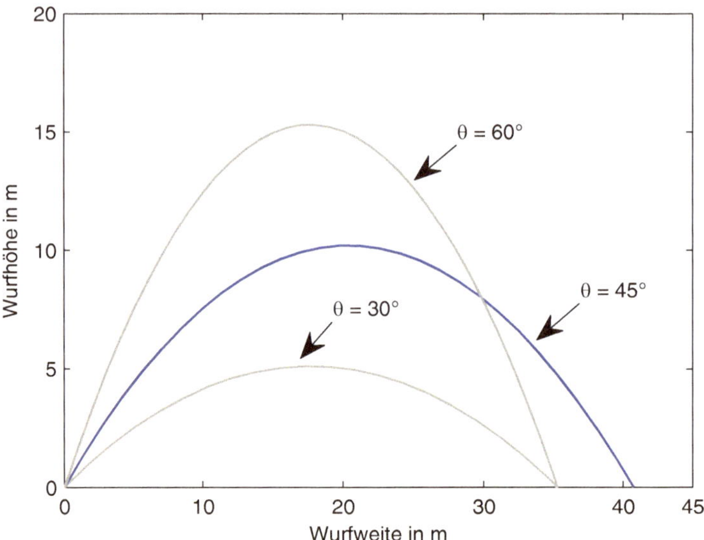

Abb. 5.15 Darstellung der Wurfparabel mit $v_0 = 20\,\mathrm{m\,s^{-1}}$ und einem Wurfwinkel θ von 30°, 45° und 60°

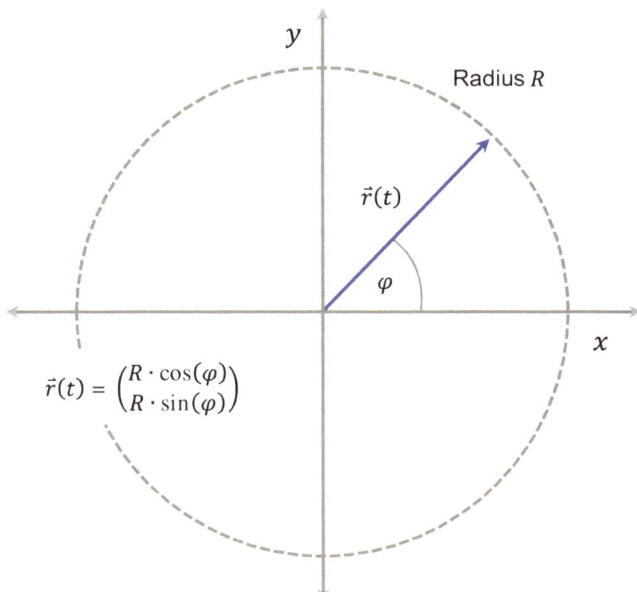

Abb. 5.16 Beschreibung einer Kreisbewegung mit dem Radius R und der Winkelangabe φ

Abb. 5.16 zeigt den Ortsvektor $\vec{r}(t)$ eines Punktes, der auf sich auf einem Kreis mit dem Radius R befindet und mit Gl. 5.27 definiert ist.

$$\vec{r}(t) = \begin{pmatrix} R \cdot \cos\varphi(t) \\ R \cdot \sin\varphi(t) \end{pmatrix} \tag{5.27}$$

Die Angabe des Winkels $\varphi(t)$ erfolgt hierbei im Bogenmaß.

5.4.1 Die Winkelgeschwindigkeit

Der Winkel φ zum Zeitpunkt t kann mit Hilfe der Winkelgeschwindigkeit ω bestimmt werden. Die mittlere Winkelgeschwindigkeit $\langle\omega\rangle$ wird gemäß Gl. 5.28 als Winkeländerung $\Delta\varphi$ im Zeitintervall Δt definiert.

$$\langle\omega\rangle = \frac{\Delta\varphi}{\Delta t} \tag{5.28}$$

Die momentane Winkelgeschwindigkeit ω kann dann analog zur Definition der Geschwindigkeit als zeitliche Ableitung des Winkels φ nach der Zeit definiert werden.

$$\omega = \lim_{\Delta t \to 0} \frac{\Delta\varphi}{\Delta t} = \frac{d\varphi}{dt} = \dot{\varphi} \tag{5.29}$$

Die Angabe des Winkels erfolgt in Bogenmaß $[\varphi] = \mathrm{m/m} = 1$. Die Winkelgeschwindigkeit hat daher die Einheit $[\omega] = \mathrm{s}^{-1}$, da die Einheit $[\varphi] = 1$ des Winkels (dimensionslos) durch die Einheit der Zeit $[t] = \mathrm{s}$ geteilt wird.

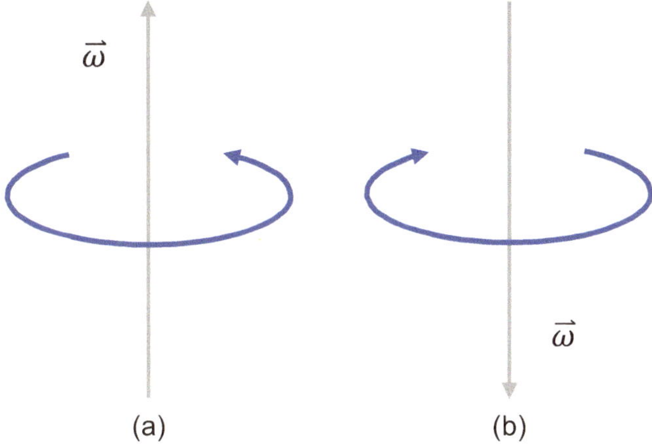

Abb. 5.17 Definition der Richtung der Winkelgeschwindigkeit $\vec{\omega}$ mit Hilfe der Rechten-Hand-Regel

Mit Hilfe der in Abb. 5.17 dargestellten Definition kann der Winkelgeschwindigkeit eine Richtung zugeordnet werden. Die Winkelgeschwindigkeit verläuft parallel zur Rotationsachse. Mit der Rechten-Hand-Regel wird das Vorzeichen festgelegt. Hierbei zeigt der Daumen der rechten Hand in Richtung des Vektors $\vec{\omega}$, wenn die anderen Finger die Rotationsachse umschließen und sich ein Punkt auf der Kreisbahn zu den Fingerspitzen hin bewegt.

Anstelle der Winkelgeschwindigkeit wird häufig die Drehzahl n in der Einheit $\mathrm{U\,min^{-1}}$ oder rpm (von engl. *revolutions per minute*) angegeben. Diese Einheit, die man häufig auf Drehzahlmessern in den Armaturenbrettern von Fahrzeugen findet, ist jedoch keine SI-Einheit. Die Drehzahl n kann man aus der Zeit berechnen, die für eine ganze Umdrehung benötigt wird.

In der technischen Praxis wird anstelle der Winkelgeschwindigkeit ω häufig die Drehzahl n in der Einheit $[n] = \mathrm{U\,min^{-1}}$ angegeben. Da die Einheit $\mathrm{U\,min^{-1}}$ keine SI-Einheit ist, muss diese für weitere Berechnungen zunächst in die SI-Einheit der Winkelgeschwindigkeit $[\omega] = \mathrm{s^{-1}}$ umgerechnet werden. Die Drehzahl $n = 1\ \mathrm{U\,min^{-1}}$ entspricht einer Winkelgeschwindigkeit von $\omega = 2\pi/60\ \mathrm{s} \approx 0{,}105\ \mathrm{s^{-1}}$.

Mit Hilfe der Winkelgeschwindigkeit ω können wir nun den Ortsvektor $\vec{r}(t)$ in Gl. 5.27 folgendermaßen in Abhängigkeit der Zeit darstellen:

$$\vec{r}(t) = \begin{pmatrix} R \cdot \cos(\omega \cdot t) \\ R \cdot \sin(\omega \cdot t) \end{pmatrix} \tag{5.30}$$

In Abschn. 5.4.2 werden wir mit dieser Definition die Geschwindigkeit und die Beschleunigung eines Masseteilchens auf einer Kreisbahn berechnen.

Die Geschwindigkeit eines Masseteilchens auf einer Kreisbahn kann mit folgender Überlegung auch direkt aus der Winkelgeschwindigkeit und dem Radius berechnet werden. Hierzu definieren wir, wie in Kap. 3 ausgeführt, den Winkel φ in Bogenmaß als das Verhältnis von Kreisbogen b und Radius r. Der Kreisbogen b lässt sich mit dieser Definition nach Gl. 5.31 bestimmen.

$$b = \varphi \cdot r \tag{5.31}$$

Die Ableitung des Kreisbogens zur Zeit t stellt die Geschwindigkeit v dar.

$$v = \frac{db}{dt} = \frac{d}{dt}(\varphi \cdot r)$$

Bei konstantem Radius r können wir die Geschwindigkeit daher mit Gl. 5.32 berechnen.

$$v = \frac{d}{dt}(\varphi \cdot r) = \frac{d\varphi}{dt} \cdot r = \dot{\varphi} \cdot r = \omega \cdot r \tag{5.32}$$

Der Betrag der Geschwindigkeit eines Massepunktes auf einer Kreisbahn lässt sich also aus dem Produkt der Beträge von Winkelgeschwindigkeit und Ortsvektor ermitteln. Um den Geschwindigkeitsvektor zu berechnen, können wir das Kreuzprodukt anwenden:

$$\vec{v} = \vec{\omega} \times \vec{r} \tag{5.33}$$

Die Anwendung des Kreuzproduktes zur Definition der Geschwindigkeit bei einer Kreisbewegung ist in Abb. 5.18 dargestellt. Beim Blick von oben auf die x-y-Fläche bewegt sich das Masseteilchen entgegen des Uhrzeigersinns auf einer Kreisbahn mit dem Radius r. Der Vektor der Winkelgeschwindigkeit $\vec{\omega}$ verläuft definitionsgemäß parallel zur Rotationsachse. Die Richtung von $\vec{\omega}$ können wir mit Hilfe der Rechten-Hand-Regel feststellen. Hierzu stellen wir uns vor, die Rotationsachse mit der rechten Hand zu umschließen. Wenn sich das Masseteilchen nun in Richtung unserer Fingerspitzen bewegt, weist der Daumen nach oben. Die Winkelgeschwindigkeit $\vec{\omega}$ zeigt somit aus der Papierebene heraus und hat die Komponenten $(0, 0, +\omega)$.

Wenn der Zeigefinger in Richtung $\vec{r}_1$ weist, zeigt der Mittelfinger in Richtung der Geschwindigkeit $\vec{v}_1$. Genau so können wir auch die Richtung von $\vec{v}_2$ überprüfen. Hieraus folgt, dass selbst bei einer konstanten Winkelgeschwindigkeit

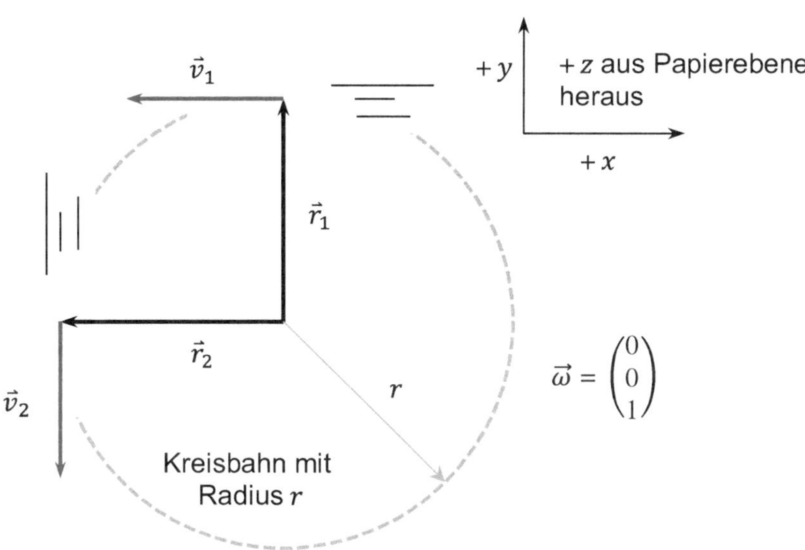

Abb. 5.18 Schematische Darstellung des Geschwindigkeitsvektors $\vec{v}$ eines Masseteilchens auf einer Kreisbahn mit dem Radius r

und einem konstanten Radius der Massepunkt auf der Kreisbahn ständig die Richtung seiner Geschwindigkeit ändert.

Soll die Richtung des Geschwindigkeitsvektors $\vec{v}$ aus dem Kreuzprodukt von Winkelgeschwindigkeit $\vec{\omega}$ und Ortsvektor $\vec{r}$ bestimmt werden, müssen wir beachten, dass das Vektorprodukt antikommutativ ist und beim Vertauschen der Reihenfolge der Faktoren seine Richtung ändert:

$$\vec{a} \times \vec{b} = -\vec{b} \times \vec{a}$$

Wenn sich ein Masseteilchen auf einer Kreisbahn mit konstanter Winkelgeschwindigkeit bewegt, ist der Betrag der Geschwindigkeit ebenfalls konstant. Da sich die Richtung der Geschwindigkeit aber ständig ändert, handelt es sich dennoch um eine beschleunigte Bewegung.

Mit Hilfe der Definition der Geschwindigkeit $\vec{v}$ aus dem Vektorprodukt von $\vec{\omega}$ und $\vec{r}$ können wir im Folgenden einige Fragestellungen im Zusammenhang mit Drehbewegungen sehr elegant lösen.

5.4.2 Die Zentripetalbeschleunigung

Da sich also die Richtung der Geschwindigkeit bei der Bewegung auf einer Kreisbahn ständig ändert, resultiert eine entsprechende Beschleunigung, die sogenannte Zentripetalbeschleunigung. Diese wollen wir im Folgenden berechnen.

Hierzu können wir den mit Gl. 5.30 beschriebenen Ortsvektor $\vec{r}$ nach der Zeit ableiten. Da wir uns auf einer Kreisbahn bewegen, bleibt der Radius konstant. Wenn wir zunächst auch von einer konstanten Winkelgeschwindigkeit $\vec{\omega}$ ausgehen, ergibt sich für den Geschwindigkeitsvektor $\vec{v}$ folgender Ausdruck:

$$\vec{v}(t) = \frac{d\vec{r}(t)}{dt} = \begin{pmatrix} -R \cdot \omega \cdot \sin(\omega \cdot t) \\ +R \cdot \omega \cdot \cos(\omega \cdot t) \end{pmatrix}$$

Durch nochmaliges Ableiten erhalten wir die Beschleunigung $\vec{a}$, hierbei gehen wir zunächst wieder von einer konstanten Winkelgeschwindigkeit aus.

$$\vec{a}(t) = \frac{d\vec{v}(t)}{dt} = \frac{d^2\vec{r}(t)}{dt^2} = \begin{pmatrix} -R \cdot \omega^2 \cdot \cos(\omega \cdot t) \\ -R \cdot \omega^2 \cdot \sin(\omega \cdot t) \end{pmatrix}$$

Durch Einsetzen des Ausdrucks für $\vec{r}\,(t)$ aus Gl. 5.30 ergibt sich für die Beschleunigung $\vec{a}$ bei konstanter Winkelgeschwindigkeit folgende Rechenvorschrift.

$$\vec{a}_{\mathrm{ZP}} = -\omega^2 \cdot \vec{r} \tag{5.34}$$

Unter der Annahme einer konstanten Winkelgeschwindigkeit verläuft der Beschleunigungsvektor $\vec{a}$ also parallel zum Ortsvektor $\vec{r}$. Aufgrund des negativen Vorzeichens weist die Beschleunigung aber in die entgegengesetzte Richtung und zeigt in Richtung Drehachse. Diese radiale Beschleunigung wird auch als Zentripetalbeschleunigung $\vec{a}_{\mathrm{ZP}}$ bezeichnet.

Ein Masseteilchen, das sich auf einer Kreisbahn bewegt, wird ständig radial in Richtung Drehmittelpunkt beschleunigt. Diese Beschleunigung nennt man Zentripetalbeschleunigung.

Die Ableitungen der Ortsfunktion können wir natürlich auch mit dem symbolischen Rechnen mit Wolfram|Alpha und MATLAB durchführen.

Bei Wolfram|Alpha definieren wir hierzu mit der Eingabe `{R*cos (omega*t),R*sin(omega*t)}` den Vektor $\vec{r}$, den wir mit der Eingabe `d/dt` nach der Zeit ableiten.

```
Wolfram|Alpha (19)
> d/dt{R*cos(omega*t),R*sin(omega*t)} <RETURN>
Derivative: (d)/(dt)({R cos(omega t), R sin(omega t)}) = {-R omega
sin(t omega), R omega cos(t omega)}
```

Wir erhalten den Vektor der Geschwindigkeit $\vec{v}$. Analog können wir vorgehen, um den Vektor der Beschleunigung $\vec{a}$ zur berechnen. Hierzu leiten wir den Vektor $\vec{r}$ mit der Eingabe `d^2/dt^2` zweimal nach der Zeit ab.

```
Wolfram|Alpha (20)
> d^2/dt^2{R*cos(omega*t),R*sin(omega*t)} <RETURN>
Derivative: (d^2)/(dt^2)({R cos(omega t), R sin(omega t)}) = {-R
omega^2 cos(t omega), -R omega^2 sin(t omega)}
```

Bei MATLAB definieren wir zunächst den Spaltenvektor $\vec{r}$. Diesen können wir dann zur Berechnung des Geschwindigkeitsvektors $\vec{v}$ einmal mit dem Befehl `diff(r,t)` nach der Zeit ableiten. Zur Berechnung des Beschleunigungsvektors $\vec{a}$ können wir den Vektor $\vec{r}$ entsprechend zweimal mit dem Befehl `diff(r,t,2)` berechnen.

```
MATLAB Command Window (12)
> syms R omega t <RETURN>
> r = [R*cos(omega*t);R*sin(omega*t)]; <RETURN>
> diff(r,t) <RETURN>
ans =
-R*omega*sin(omega*t)
R*omega*cos(omega*t)
> diff(r,t,2) <RETURN>
ans =
  -R*omega^2*cos(omega*t)
  -R*omega^2*sin(omega*t)
```

Das Kreuzprodukt aus Winkelgeschwindigkeit und Radius können wir nach der Zeit ableiten und erhalten für den Beschleunigungsvektor $\vec{a}$ folgenden Ausdruck:

$$\vec{a} = \frac{d\vec{v}}{dt} = \frac{d}{dt}\left(\vec{\omega} \times \vec{r}\right) = \underbrace{\frac{d}{dt}\vec{\omega}}_{\vec{\alpha}} \times \vec{r} + \vec{\omega} \times \underbrace{\frac{d}{dt}\vec{r}}_{\vec{v}}$$

Die zeitliche Ableitung der Winkelgeschwindigkeit ist die sogenannte Winkelbeschleunigung $\vec{\alpha}$, die in die gleiche Richtung wie die Winkelgeschwindigkeit zeigt. Die zeitliche Ableitung von $\vec{r}$ stellt die Geschwindigkeit $\vec{v}$ dar.

$$\vec{a} = \underbrace{\vec{\alpha} \times \vec{r}}_{\vec{a}_{\mathrm{t}}} + \underbrace{\vec{\omega} \times \vec{v}}_{\vec{a}_{\mathrm{n}}}$$

Die Beschleunigung $\vec{a}$ setzt sich somit aus zwei Anteilen zusammen, der Tangentialbeschleunigung $\vec{a}_{\mathrm{t}}$ und der Normalbeschleunigung $\vec{a}_{\mathrm{n}}$. Bei einer gleichförmigen Kreisbewegung mit einer konstanten Winkelgeschwindigkeit entfällt die Winkelbeschleunigung und damit auch die Tangentialbeschleunigung. Wenn wir für die Geschwindigkeit $\vec{v}$ wieder den Ausdruck $\vec{\omega} \times \vec{r}$ einsetzen, erhalten wir folgenden Ausdruck für die Normalbeschleunigung $\vec{a}_{\mathrm{n}}$:

$$\vec{a}_{\mathrm{n}} = \vec{\omega} \times \left(\vec{\omega} \times \vec{r}\right)$$

Die als Zentripetalbeschleunigung a_{ZP} bezeichnete Normalbeschleunigung einer Masse, die sich auf einer Kreisbahn bewegt, ist radial nach innen gerichtet. Den Betrag der Zentripetalbeschleunigung können wir folgendermaßen berechnen:

$$a_{\mathrm{ZP}} = \omega^2 \cdot r \tag{5.35}$$

Im Kap. 6 werden wir beschreiben, dass zur Beschleunigung einer Masse immer eine entsprechende Kraft notwendig ist und dass Kräfte immer paarweise als Kraft und Gegenkraft auftreten. Die Kraft, die erforderlich ist, um eine Masse ständig radial nach innen zu beschleunigen, nennen wir Zentripetalkraft F_{ZP}.

Die Gegenkraft zur Zentripetalkraft wird als Fliehkraft oder Zentrifugalkraft bezeichnet. Diese spüren wir in unserer Hand als nach außen gerichtete Kraft, wenn wir beispielsweise versuchen, eine kleine Masse an einem Faden auf einer Kreisbahn rotieren zu lassen.

Um ein Masseteilchen auf einer Kreisbahn zu halten, ist die Zentripetalkraft erforderlich. Die Gegenkraft zur Zentripetalkraft bildet die radial nach außen gerichtete Zentrifugalkraft.

Wenn die Zentripetalkraft nicht mehr wirken kann, beispielsweise aufgrund mangelnder Reibung, verlässt das Masseteilchen seine kreisförmige Bewegung. Fährt man bei glatter Straße zu schnell in eine Kurve, kann diese Kraft von der Rädern nicht mehr auf die Straße gebracht werden, und das Fahrzeug bricht aus. Positiv wird dieser Effekt in der Technik genutzt, um beispielsweise Stoffgemische von Flüssigkeiten oder Gasen aufgrund der unterschiedlichen Dichte in sogenannten Zentrifugen voneinander zu trennen. Bei entsprechend hohen Winkelgeschwindigkeiten treten dabei Zentripetalbeschleunigungen auf, die ein Vielfaches der Erdbeschleunigung ausmachen können.

Analogie zwischen Translations- und Rotationsbewegung

Translation		Rotation	
Weg	s	Winkel	φ
Geschwindigkeit	$v = \frac{ds}{dt}$	Winkelgeschwindigkeit	$\omega = \frac{d\varphi}{dt}$
Beschleunigung	$a = \frac{dv}{dt}$	Winkelbeschleunigung	$\alpha = \frac{d\omega}{dt}$

Beispiel

Beschaffung einer Laborzentrifuge: Wir wollen eine Laborzentrifuge beschaffen. Den technischen Daten können wir entnehmen, dass die Zentrifuge einen Probenhalter der Länge 20 cm hat und eine maximale Drehzahl $n = 6.500\,\mathrm{U\,min^{-1}}$. Wie groß ist die Zentripetalbeschleunigung im Verhältnis zur Erdbeschleunigung $g = 9{,}81\,\mathrm{m\,s^{-2}}$?

Die Zentripetalbeschleunigung können wir mit Gl. 5.35 aus der Winkelgeschwindigkeit ω und Radius r berechnen. Hierzu müssen wir die Drehzahl n in U min^{-1} in die Einheit s^{-1} für die Winkelgeschwindigkeit ω umrechnen. Ebenso müssen wir die Längenangabe des Probenhalters von cm in m umrechnen. Die Länge des Probenhalters bestimmt hierbei den Radius r der Drehbewegung. Mit Wolfram|Alpha berechnen wir zunächst die Zentripetalbeschleunigung.

```
Wolfram|Alpha (21)
> (6500/60*2*pi)^2*0.2 <RETURN>
Result: 92664.6...
```

Wir erhalten einen Wert von $a_{ZP} = 92.665\ \mathrm{m\ s^{-2}}$ für die Zentripetalbeschleunigung. Zur Berechnung des Verhältnisses müssen wir nun noch durch g teilen.

```
Wolfram|Alpha (22)
> 92664.6/9.81 <RETURN>
Result:
9445.93...
```

Die Zentripetalbeschleunigung a_{ZP} erreicht also einen Wert, der dem 9.446-fachen der Erdbeschleunigung g entspricht. Bei der Berechnung mit MATLAB können wir zunächst die Werte für die Variablen n und r eingeben und damit die Zentripetalbeschleunigung a_{ZP} berechnen.

```
MATLAB Command Window (13)
> n = 6500; <RETURN>
> r = 0.2; <RETURN>
> azp = (n/60*2*pi)^2*r; <RETURN>
azp =
    9.2665e+04
```

Im Folgenden werden einige wichtige Größen der Kinematik noch einmal zusammengefasst, weiterführende Literatur findet sich unter [3–5].

Wichtige Größen und Gleichungen der Kinematik

Verschiebung	$\Delta x = x_2 - x_1$
Mittlere Geschwindigkeit	$\langle v \rangle = \frac{\Delta x}{\Delta t}$
Momentangeschwindigkeit	$\vec{v} = \lim\limits_{\Delta t \to 0} \frac{\Delta \vec{r}}{\Delta t} = \frac{d\vec{r}}{dt}$
Mittlere Beschleunigung	$\langle a \rangle = \frac{\Delta v}{\Delta t}$
Momentanbeschleunigung	$\vec{a} = \lim\limits_{\Delta t \to 0} \frac{\Delta \vec{v}}{\Delta t} = \frac{d\vec{v}}{dt}$
Ortsfunktion (konstante Beschleunigung)	$x(t) = x_0 + v_0 \cdot t + \frac{1}{2} \cdot a \cdot t^2$
Geschwindigkeitsfunktion (konstante Beschleunigung)	$v(t) = v_0 + a \cdot t$
Winkelgeschwindigkeit	$\omega = \frac{d\varphi}{dt}$
Geschwindigkeit auf einer Kreisbahn	$\vec{v} = \vec{\omega} \times \vec{r}$
Zentripetalbeschleunigung	$\vec{a}_{ZP} = -\omega^2 \cdot \vec{r}$

Zusammenfassung

- In der Disziplin Kinematik wird die geometrische Bewegung von Punktmassen und Körpern beschrieben.
- Alle physikalischen Größen der Kinematik können mit den Dimensionen Länge (L) und Zeit (T) beschrieben werden, die Einheiten können entsprechend mit den SI-Basiseinheiten Meter (m) und Sekunde (s) gebildet werden.
- Am Beispiel der kinematischen Basisgrößen Geschwindigkeit und Beschleunigung wird gezeigt, wie man deren Durchschnittswerte mit den als Δ bezeichneten Differenzen erhält und deren Momentanwerte aus den Ableitungen der Orts- bzw. Geschwindigkeitsfunktion berechnet.
- Die zurückgelegte Wegstrecke wird in einem v-t-Diagramm durch die Fläche unterhalb der Kurve repräsentiert. In einfachen Fällen wie der Bewegung mit konstanter Geschwindigkeit oder mit einer gleichförmigen Beschleunigung kann man daher den zurückgelegten Weg noch mit geometrischen Überlegungen aus den v-t-Diagrammen ableiten.
- Bei komplexeren Bewegungen wird die zurückgelegte Wegstrecke durch Integration der Geschwindigkeitsfunktion oder durch Lösung der entsprechenden Differenzialgleichungen berechnet.
- Zur Beschreibung der Bewegung in zwei und drei Raumdimensionen werden entsprechend zwei- und dreidimensionale Ortsvektoren eingesetzt und die Berechnung der Geschwindigkeit und der Beschleunigung komponentenweise vorgenommen.
- Mit Hilfe der Software-Tools können die entsprechenden Rechnungen analytisch und numerisch erfolgen und die Ergebnisse in Diagrammen visualisiert werden.

Literatur

1. (2013) ZARM Uni Bremen. [YouTube-Video]. https://www.youtube.com/watch?v=c8ZtuDOK_3U. Zugegriffen am 10.04.2016
2. (2013) Apollo 15 Proves Galileo Correct. [YouTube-Video]. https://www.youtube.com/watch?v=ZVfhztmK9zI. Zugegriffen am 24.09.2016
3. Balke H (2006) Einführung in die Technische Mechanik. Kinetik. Springer-Lehrbuch/Springer-Verlag, Berlin/Heidelberg
4. Erdmann M (2011) Experimentalphysik 1. Kraft, Energie, Bewegung Physik Denken. Springer-Lehrbuch/Springer-Verlag, Berlin/Heidelberg
5. Gross D, Hauger W, Schröder J, Wall WA (2006) Technische Mechanik 3. Kinetik, 9. Aufl. Springer-Lehrbuch/Springer-Verlag, Berlin/Heidelberg

Grundlagen der Dynamik 6

Die Bewegung von Masseteilchen haben wir in der Kinematik mit den Dimensionen Länge (L) und Zeit (T) beschrieben. Im Folgenden wollen wir in der Disziplin Dynamik der Frage nachgehen, was die Ursache für die Richtungsänderung von Masseteilchen ist. Hierzu benötigen wir eine weitere Dimension, die Dimension Masse (M). Damit können wir einige neue physikalische Größen im Bereich der Dynamik definieren, einige davon sind in Tab. 6.1 aufgeführt.

Wirkt auf eine frei bewegliche Masse eine Kraft, so ändert diese ihren Bewegungszustand. Den Zusammenhang zwischen der Änderung des Bewegungszustandes von physikalischen Körpern und den auf diese einwirkenden Kräften werden im Folgenden beschrieben.

6.1 Fundamentale Wechselwirkungen

Alle Kräfte können auf vier fundamentale Wechselwirkungen zurückgeführt werden. Hierzu gehören die Gravitationskraft, die elektromagnetische Wechselwirkung, die starke Wechselwirkung und die schwache Wechselwirkung. Die starke und schwache Wchselwirkung spielen in der Kern- und Elementarteilchen eine große Rolle. Diese haben eine extrem kurze Reichweite, so dass in der makroskopischen Physik die Gravitationskraft und die elektromagnetische Wechselwirkung dominieren, da diese über sehr lange Distanzen wirken.

Alle makroskopischen Phänomene können auf die Gravitationskraft oder die elektromagnetische Wechselwirkung zurückgeführt werden. Beispielsweise resultieren Reibungskräfte aus der Wirkung der elektromagnetischen Wechselwirkung.

P. Kersten, *Mechanik – smart gelöst*, DOI 10.1007/978-3-662-53706-0_6

Tab. 6.1 Einige wichtige physikalische Größen in der Dynamik

Physikalische Größe	Formelzeichen	Dimension	Einheit
Masse	m	M	kg
Kraft	$\vec{F}$	M L T^{-2}	kg m s^{-2} = Newton (N)
Impuls	$\vec{p}$	M L T^{-1}	kg m s^{-1}
Trägheitsmoment	I, J, θ	M L^2	kg m^2
Drehmoment	$\vec{M}$	M L^2 T^{-2}	kg m^2 s^{-2} = N m
Drehimpuls	$\vec{L}$	M L^2 T^{-1}	kg m^2 s^{-1} = N m s
Energie, Arbeit	E, W	M L^2 T^{-2}	kg m^2 s^{-2} = N m = Joule (J)
Leistung	P	M L^2 T^{-3}	kg m^2 s^{-3} = J s^{-1} = Watt (W)

6.2 Konservative und nichtkonservative Kräfte

Eine wichtige Fragestellung im Zusammenhang mit Kräften ist, ob diese konservativ oder nichtkonservativ sind. Eine auf ein Masseteilchen wirkendende Kraft ist dann konservativ, wenn die Gesamtarbeit null ist, nachdem das Masseteilchen einen geschlossenen Weg zurückgelegt hat. In diesem Fall wird weder Energie aus dem System entnommen, noch Energie diesem zugeführt. Ein Beispiel für eine konservative Kraft ist die Gewichtskraft, die auf eine Masse im Schwerefeld der Erde wirkt. Die Gewichtskraft $\vec{F}_\mathrm{G}$ können wir gemäß Gl. 6.1 aus der Erdbeschleunigung $\vec{g}$ und der Masse m berechnen.

$$\vec{F}_\mathrm{G} = m \cdot \vec{g} \tag{6.1}$$

Wenn wir ein kartesisches Koordinatensystem annehmen und die z-Richtung nach oben als positiv definieren, können wir die Gewichtskraft als Vektor $\vec{F}_\mathrm{G}$ folgendermaßen beschreiben.

$$\vec{F}_\mathrm{G} = m \cdot \begin{pmatrix} 0 \\ 0 \\ -g \end{pmatrix}$$

Die Gewichtskraft $\vec{F}_\mathrm{G}$ zeigt also in z-Richtung nach unten. Denkbar wäre ein Koordinatensystem, in dem die z-Richtung nach unten als positiv definiert ist, in diesem Fall würden wir als z-Komponente der Erdbeschleunigung $+g$ einsetzen. Den Wert für die Erdbeschleunigung g können wir als konstant annehmen, zumindest für einen Höhenbereich nahe der Erdoberfläche. In Kap. 9 werden wir noch beschreiben, dass sich die Gewichtskraft mit $1/r^2$ verringert, wenn wir größere Entfernungen von der Erdoberfläche einnehmen.

Eine weitere konservative Kraft ist die Federkraft $\vec{F}_\mathrm{k}$, die erforderlich ist, um eine Feder auszulenken. Im sogenannten Hookeschen Bereich ist die Federkraft proportional zur Auslenkung und kann mit Gl. 6.2 beschrieben werden.

$$\vec{F}_\mathrm{k} = -k \cdot \vec{x} \tag{6.2}$$

Da im Fall der konservativen Kräfte die gesamte mechanische Energie eines Systems erhalten bleibt, können viele Aufgaben mit dem Energieerhaltungssatz der Mechanik elegant gelöst werden, den wir in Kap. 7 detaillierter betrachten. Im Gegensatz dazu verringert sich die mechanische Energie eines Systems, wenn nichtkonservative Kräfte, wie beispielsweise Reibungskräfte, wirken. In diesem Fall wird ein Teil der mechanischen Energie in die Energieform Wärme umgewandelt.

Bewegt sich ein geometrischer Körper beispielsweise durch ein Gas oder eine Flüssigkeit, kommt es zu einer Wechselwirkung, und ein Teil der kinetischen Energie des Körpers wird auf die Moleküle des Gases oder der Flüssigkeit übertragen und wird in die Energieform Wärme umgewandelt. Je nach Art der Reibung wird hierbei eine unterschiedlich starke Abhängigkeit von der Relativgeschwindigkeit zwischen Körper und Medium festgestellt. Dieser Sachverhalt wird häufig durch das in Gl. 6.3 formulierte Potenzgesetz beschrieben.

$$\vec{F}_\mathrm{R} = -b \cdot v^n \cdot \vec{e}_v \tag{6.3}$$

Definition

Reibungskräfte: Bezüglich der Reibungskräfte $\vec{F}_\mathrm{R}$ unterscheidet man zwischen folgenden Reibungsarten:

- Die **Coulomb-Reibung** wird näherungsweise als unabhängig von der Geschwindigkeit ($F_R \sim v^0$) angenommen. Die Coulomb-Reibung ist proportional zur Normalkraft, welche die Oberflächen aneinanderdrückt. Beispiele sind die Haft- und die Gleitreibung eines Körpers auf einem glatten Untergrund.
- Die **Stokes-Reibung** oder viskose Reibung ist proportional zur Geschwindigkeit ($F_R \sim v^1$). Ein Beispiel ist die langsame Bewegung einer kleinen Kugel in Gasen oder Flüssigkeiten, so dass die Kugel laminar umströmt wird.
- Die **Newton-Reibung** nimmt mit dem Quadrat der Geschwindigkeit ($F_R \sim v^2$) zu. Hierbei wird der Körper nicht mehr laminar, sondern turbulent umströmt. Ein Beispiel ist die schnelle Fahrt eines Autos mit einem quadratisch ansteigenden Luftwiderstand.

Werden Massen durch die beschriebenen Reibungskräfte abgebremst, resultieren in Abhängigkeit von der jeweiligen Reibungsart verschiedene charakteristische Geschwindigkeitsverläufe. Während die Coulomb-Reibung zu einer linearen

Abnahme der Geschwindigkeit führt, zeigt die Stokes-Reibung eine exponentielle und die Newton-Reibung eine hyperbolische Abnahme der Geschwindigkeit. Beispielaufgaben zur Coulomb- und Newton-Reibung folgen in diesem Kapitel, die Stokes-Reibung wird in Kap. 8 am Beispiel eines gedämpften Masse-Feder-Systems angewendet.

6.3 Die Newtonschen Gesetze

Bei der Bestimmung des Bewegungszustandes ist es wichtig, von welchem Bezugssystem aus man seine Betrachtung vornimmt. Von einem fahrenden Zug aus messen wir einen anderen Wert für die Geschwindigkeit eines in die gleiche Richtung fahrenden Autos als vom Boden aus gemessen. Bremst der Zug ab, wirkenden zudem Kräfte, die Gepäckstücke oder andere Gegenstände in Bewegung setzen können. Bezugssysteme, die sich mit konstanter Geschwindigkeit gegenüber sogenannten Inertialsystemen bewegen, sind selber Inertialsysteme. In einem solchen Inertialsystem bleibt ein Körper in Ruhe oder bewegt sich geradlinig mit konstanter Geschwindigkeit weiter, wenn in Summe keine resultierenden äußeren Kräfte auf ihn einwirken. Dieser Zusammenhang wird im ersten Newtonschen Gesetz beschrieben, das daher auch als Trägheitsgesetz bezeichnet wird.

Diese Aussage ist nicht so selbstverständlich, wie sie vielleicht auf den ersten Blick wirken mag. Lange Zeit ging man davon aus, dass ständig eine Kraft wirken muss, um einen Körper in Bewegung zu halten.

Wirken Kräfte auf einen frei beweglichen physikalischen Körper, so ändert dieser seinen Bewegungszustand. Je größer hierbei die resultierenden Kräfte sind und je kleiner die Masse des Körpers, desto größer ist die daraus resultierende Beschleunigung des Körpers. Dieser in Gl. 6.4 und 6.5 formulierte Zusammenhang stellen das zweite Newtonsche Gesetz dar, das deshalb auch als Bewegungsgesetz bezeichnet wird.

$$\vec{F} = m \cdot \vec{a} \tag{6.4}$$

$$\vec{a} = \frac{\vec{F}}{m} \tag{6.5}$$

Gl. 6.4 und Gl. 6.5 gelten allerdings unter der Randbedingung, dass sich die betrachteten Massen zeitlich nicht ändern.

Definition

Kraft: Die Kraft $\vec{F}$ kann mit ihrer Wirkung beschrieben werden, wie beispielsweise eine Verformung oder die Bewegungsänderung eines Körpers. Die Kraft ist eine vektorielle Größe. Die Einheit der Kraft ist das Newton (N): $[F] = \text{kg m s}^{-2} = \text{N}$.

Zu den bekanntesten Beispielen für beschleunigte Körper, deren Massen sich zeitlich stark verändern, gehören Raketen. Die Trägerrakete Ariane 5 verbrennt beispielsweise in den beiden seitlich angebrachten Feststoffboostern während einer Brenndauer von 130 s in jedem Booster über 240 Tonnen (t) Treibstoff, was einem Verbrauch von ca. $2\,\mathrm{t\,s^{-1}}$ entspricht. Mit der Größe Impuls, die wir in Kap. 7 einführen werden, können wir das zweite Newtonsche Gesetz für diese Fälle allgemeingültiger formulieren.

$$\vec{F} = \dot{\vec{p}} = \frac{d}{dt}\left(m \cdot \vec{v}\right)$$

Mit Hilfe des zweiten Newtonschen Gesetzes können wir die Gewichtskraft F_G beschreiben. Wir wissen, dass eine Masse im freien Fall mit einem Wert von $g = 9,81\ \mathrm{m\,s^{-2}}$ beschleunigt wird. Um eine Masse zu beschleunigen, muss eine entsprechende Kraft wirken. Diese Kraft ist die Gewichtskraft $\vec{F}_\mathrm{G}$, die sich daher aus dem Produkt von Masse m und Erdbeschleunigung $\vec{g}$ berechnen lässt.

Die Einheit $[F]$ der Kraft F können wir mit dem zweiten Newtonschen Gesetz bestimmen, das die Kraft F als Produkt der Masse m und der Beschleunigung a beschreibt.

$$[F] = [m] \cdot [a] = \mathrm{kg} \cdot \mathrm{m\,s^{-2}} = \mathrm{Newton\ (N)}$$

Die Einheit der Kraft F in SI-Basiseinheiten ausgedrückt ist daher $\mathrm{kg\,m\,s^{-2}}$, die so abgeleitete Einheit bezeichnet man als Newton (N).

Eine 100-Gramm-Tafel Schokolade übt im Schwerfeld der Erde eine Gewichtskraft von ungefähr 1 N aus. Dieser Wert ergibt sich, wenn man die Gewichtskraft F_G überschlägig mit einem Wert $g \approx 10\ \mathrm{m\,s^{-2}}$ berechnet.

$$F_\mathrm{G} \approx 0,1\ \mathrm{kg} \cdot 10\ \mathrm{m\,s^{-2}} = 1\ \mathrm{N}$$

Eine weitere Kraft, die unmittelbar aus dem zweiten Newtonschen Gesetz resultiert, ist die Zentripetalkraft. In Kap. 5 haben wir festgestellt, dass ein Masseteilchen, das eine gleichförmige Kreisbewegung ausführt, ständig mit der Zentripetalbeschleunigung $\vec{a}_\mathrm{ZP}$ radial nach innen beschleunigt werden muss.

$$\vec{a}_\mathrm{ZP} = -\omega^2 \cdot \vec{r}$$

Die Zentripetalbeschleunigung a_ZP erfordert daher die Wirkung einer Kraft, die sogenannte Zentripetalkraft F_ZP, deren Betrag wir mit Gl. 6.6 berechnen können.

$$\left|\vec{F}_\mathrm{ZP}\right| = m \cdot a_\mathrm{ZP} = m \cdot \omega^2 \cdot r \tag{6.6}$$

Das dritte Newtonsche Gesetz beschreibt schließlich, dass Kräfte immer paarweise auftreten. Jede Kraft führt zu einer Gegenkraft, die den gleichen Betrag aufweist, aber in die entgegengesetzte Richtung zeigt. Dieses Gesetz wird daher auch als Wechselwirkungsgesetz bezeichnet. In der Kurzform wird dieser Zusammenhang auch als „actio gleich reactio" beschrieben. Die Gegenkraft zur Zentripetalkraft bildet beispielsweise die auch als Fliehkraft bezeichnete Zentrifugalkraft.

Definition

1. **Newtonsches Gesetz (Trägheitsgesetz):** Ein Körper verharrt im Zustand der Ruhe oder der gleichförmigen Bewegung, wenn keine äußeren Kräfte auf diesen wirken.
2. **Newtonsches Gesetz (Bewegungsgesetz):** Die Änderung der Bewegung ist proportional zu der auf den Körper wirkenden Kraft und proportional zum Kehrwert seiner Masse.
3. **Newtonsches Gesetz (Wechselwirkungsgesetz):** Kräfte treten immer paarweise auf. Übt ein Körper A auf einen anderen Körper B eine Kraft aus, so wirkt eine gleich große, entgegengerichtete Kraft von Körper B auf Körper A (actio gleich reactio).

Die zeitliche Wirkung der Kräfte kann höchst unterschiedlich erfolgen. Von der Gewichtskraft, die über längere Zeit konstant wirkt, bis hin zu zeitlich kurzen, aber sehr starken Kräften, die beispielsweise bei Stößen auftreten.

Die Beschleunigung erfolgt in Richtung der Kraft, die auf einen Körper einwirkt. Wirken mehrere Kräfte auf einen Körper, so kann man wie in Abb. 6.1 gezeigt die resultierende Kraft $\vec{F}_{ges}$ durch vektorielle Addition aller Einzelkräfte ermitteln.

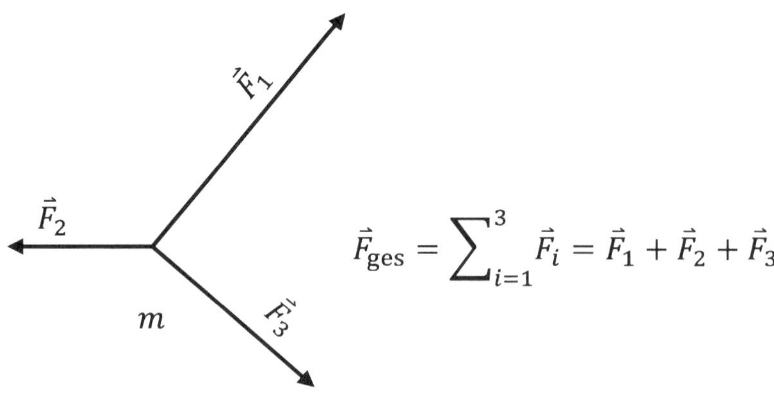

Abb. 6.1 Vektorielle Addition der auf einen Massepunkt wirkenden Kräfte $\vec{F}_1$, $\vec{F}_2$ und $\vec{F}_3$

Beispiel

Beschleunigung eines Körpers: Auf einen frei beweglichen Körper der Masse $m = 450\,\text{g}$ wirken die Kräfte $\vec{F}_1$, $\vec{F}_2$ und $\vec{F}_3$. Wir wollen die resultierende Beschleunigung $\vec{a}$ berechnen.

$$\vec{F}_1 = \begin{pmatrix} +2,35\,\text{N} \\ +5,50\,\text{N} \end{pmatrix}, \vec{F}_2 = \begin{pmatrix} -1,20\,\text{N} \\ +3,40\,\text{N} \end{pmatrix}, \vec{F}_3 = \begin{pmatrix} +1,60\,\text{N} \\ +7,50\,\text{N} \end{pmatrix}$$

Zur Berechnung der Beschleunigung berechnen wir mit Hilfe der Vektoraddition zunächst die gesamte Kraft $\vec{F}_{\text{ges}}$, die auf die Masse m wirkt.

```
Wolfram|Alpha (1)
> {2.35,5.5} + {-1.2,3.4} + {1.6,7.5} <RETURN>
Result: (2.75, 16.4)
Vector length: 16.629
```

Dann teilen wir zur Berechnung der Beschleunigung $\vec{a}$ die die Gesamtkraft $\vec{F}_{\text{ges}}$ gemäß Gl. 6.5 durch die Masse m.

```
Wolfram|Alpha (2)
> {2.75, 16.4}/0.45 <RETURN>
Result: {6.11111, 36.4444}
```

Die Masse beschleunigt in x-Richtung mit einem Wert $a_x = 6,11\,\text{m}\,\text{s}^{-2}$ und in y-Richtung mit einem Wert $a_y = 36,44\,\text{m}\,\text{s}^{-2}$. Bei der Berechnung mit MATLAB definieren wir zunächst die Vektoren $\vec{F}_1$, $\vec{F}_2$ und $\vec{F}_3$ als Spaltenvektoren und führen dann die Vektoraddition durch.

```
MATLAB Command Window (1)
> F1 = [2.35;5.50]; <RETURN>
> F2 = [-1.20;3.40]; <RETURN>
> F3 = [1.60;7.50]; <RETURN>
> Fges = F1 + F2 + F3 <RETURN>
Fges =
     2.7500
    16.4000
> a=Fges/0.45 <RETURN>
a =
    6.1111
   36.4444
```

Die Vektoraddition können wir auch mit Hilfe der Tabellenkalkulation Excel durchführen und fertigen hierzu das in Abb. 6.2 dargestellte Excel-Arbeitsblatt

	A	B	C	D	E	F
1	F_1	F_2	F_3	F_g	a	
2						
3	2,35	-1,20	1,6	2,75	6,11	
4	5,50	3,40	7,5	16,4	36,44	
5						

Abb. 6.2 Excel-Arbeitsblatt zur Vektoraddition

an. Zunächst tragen wir die Werte für die Vektoren $\vec{F}_1$, $\vec{F}_2$ und $\vec{F}_3$ in die die Spalten `A`, `B` und `C` ein. Dann werden die Zellen eines Vektors ausgewählt, beispielsweise die Zellen `A3 : A4` des Vektors $\vec{F}_1$. Mit der rechten Maustaste kann nun der Befehl `Namen definieren ...` gewählt werden und in das vorgesehene Feld ein Name eingetragen werden, hier wurde beispielsweise der Name `F_1` vergeben. Analog erfolgt die Definition der Vektoren $\vec{F}_2$ und $\vec{F}_3$.

```
Excel-Arbeitsblatt (Abb. 6.2)
D3 = F_1 + F_2 + F_3
D4 = F_1 + F_2 + F_3
E3 = F_g/0,45
E4 = F_g/0,45
```

Zur Berechnung des Summenvektors werden dann die noch leeren Zellen `D3 : D4` markiert und in das Eingabefeld die Summe der Vektoren in der Form `{=F_1 + F_2 + F_3}` eingetragen. Zur Durchführung der Berechnung werden gleichzeitig die `Strg`- und `Shift`-Taste gehalten, und die Taste `Return` gedrückt.

Beispiel

Bestimmen des Gleitreibungskoeffizienten μ_r: Wir wollen den Gleitreibungskoeffizienten μ_r experimentell ermitteln. Hierzu verwenden wir eine Masse m, die sich mit einer Anfangsgeschwindigkeit v_0 auf einer reibungsfreien Fläche bewegt. Wir stoppen die Zeit t, vom Auftreffen der Masse auf die reibungsbehafteten Oberfläche bis zum Stillstand. Ebenso messen wir den auf der reibungsbehafteten Oberfläche zurückgelegten Weg s. Wie können wir aus der Zeit t und dem zurückgelegten Weg s den Gleitreibungskoeffizienten μ_r bestimmen?

Die Gleitreibung ist proportional zur Normalkraft F_N, die die Oberflächen aneinanderdrückt und der Beschaffenheit der entsprechenden Oberfläche, die durch den Gleitreibungskoeffizient μ_r berücksichtigt wird. Dieser hängt von der Materialpaarung ab und ist dimensionslos.

Die Reibungskraft ist der Richtung der Bewegung, die durch den Einheitsvektor $\vec{e}_v$ beschrieben wird, entgegengesetzt und lässt sich mit Gl. 6.7 berechnen.

$$\vec{F}_\mathrm{R} = -\mu_\mathrm{r} \cdot F_\mathrm{N} \cdot \vec{e}_v \tag{6.7}$$

Bewegungsgleichungen für konstante Kräfte können vergleichsweise einfach durch Integration gelöst werden und ergeben eine gleichförmig beschleunigte Bewegung.

Zur Lösung der Aufgabe betrachten wir den Betrag der Reibungskraft F_R. Setzen wir für die Normalkraft F_N das Produkt aus Masse m und Erdbeschleunigung g ein, ergibt sich Gl. 6.8.

$$F_\mathrm{R} = \mu_\mathrm{r} \cdot m \cdot g \tag{6.8}$$

Da die Reibungskraft der Geschwindigkeit entgegengerichtet ist, führt diese gemäß des zweiten Newtonschen Gesetzes zu einer negativen Beschleunigung.

$$m \cdot a = \mu_\mathrm{r} \cdot m \cdot g$$

Da schwere und träge Masse identisch sind, können wir durch die Masse teilen und erhalten für die Beschleunigung einen Ausdruck, der nur noch vom Reibungskoeffizienten μ_r und der Erdbeschleunigung g abhängt. Da die Reibungskraft unabhängig von der Geschwindigkeit ist, resultiert auch eine Beschleunigung mit einem konstanten Wert.

$$a = \mu_\mathrm{r} \cdot g$$

Den Wert für die Beschleunigung a können wir nun in die bekannte Formel für den zurückgelegten Weg in Abhängigkeit der Zeit für eine Bewegung mit konstanter Beschleunigung einsetzten und nach μ_r auflösen.

$$s = \frac{1}{2} \cdot a \cdot t^2 = \frac{1}{2} \cdot \mu_\mathrm{r} \cdot g \cdot t^2$$

$$\mu_\mathrm{r} = \frac{2 \cdot s}{g \cdot t^2} \tag{6.9}$$

Das Ergebnis können wir noch mal mit Wolfram|Alpha und MATLAB überprüfen, indem wir nach μ_r auflösen lassen.

```
Wolfram|Alpha (3)
> s = 1/2*mu*g*t^2, solve mu <RETURN>
Result: mu = (2 s)/(g t^2)
```

Mit MATLAB rechnen wir hierzu symbolisch und definieren mit dem Befehl `syms s mu g t` die benötigten Variablen. Mit dem Befehl `solve` können wir die eingegebene Gleichung nach der Variablen `mu` auflösen.

```
MATLAB Command Window (2)
> syms s mu g t <RETURN>
> solve(s==1/2*mu*g*t^2,mu) <RETURN>
ans =
   (2*s)/(g*t^2)
```

Beispiel

Fallgeschwindigkeit eines Tennisballes mit Luftreibung: Welche Geschwindigkeit erreicht ein Tennisball mit einer Masse $m = 58$ g und einem Durchmesser $D = 6,7$ cm beim freien Fall in der Luft? Wie sieht die Bewegung in einem v-t-Diagramm aus, wenn der Tennisball beim Loslassen keine Anfangsgeschwindigkeit hat?

Zunächst fertigen wir die in Abb. 6.3 gezeigte Skizze an, in die wir die Gewichtskraft F_G und die durch den Luftwiderstand bedingte Reibungskraft F_W eintragen.

Kurz nach dem Loslassen wird der Tennisball mit der Erdbeschleunigung g starten. Mit zunehmender Geschwindigkeit v wirkt dann die durch den Luftwiderstand bedingte Reibungskraft F_W, die mit dem Quadrat der Geschwindigkeit zunimmt (Newton-Reibung). Der Betrag der Luftreibung hängt gemäß Gl. 6.10 von dem dimensionslosen Luftwiderstandsbeiwert c_W (engl. *drag coefficient*), der Stirnfläche A und der Dichte der Luft ρ_L ab.

$$F_W = \frac{1}{2} \cdot c_W \cdot A \cdot \rho_L \cdot v^2 \qquad (6.10)$$

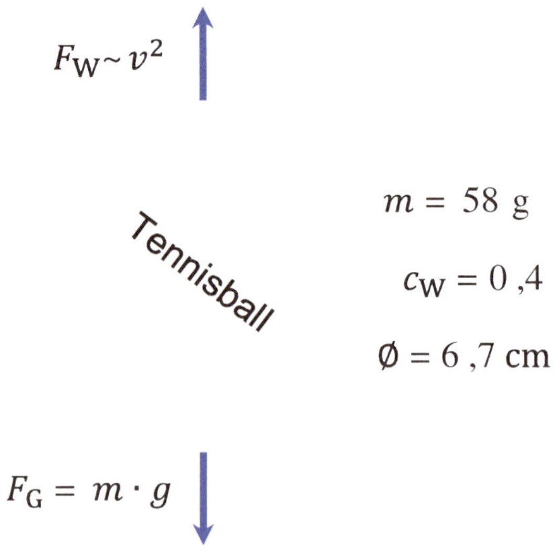

Abb. 6.3 Schematische Darstellung eines Tennisballs im freien Fall mit Luftreibung

Da der Tennisball eine kugelförmige Geometrie hat, berechnen wir dessen Stirnfläche A mit der Fläche eines Kreises $A = \pi \cdot (D/2)^2$. Für $D = 6,7$ cm beträgt die Stirnfläche daher $A = 3,53 \cdot 10^{-3}$ m^2. Wenn wir als Luftwiderstandsbeiwert des Tennisballs den Wert $c_W = 0,4$ einer Kugel annehmen und für die Dichte der Luft den Wert $\rho_L = 1,2$ kg m^{-3} einsetzen, können wir die Endgeschwindigkeit v_e ausrechnen. Diese wird dann erreicht, wenn die durch den Luftwiderstand verursachte Reibungskraft F_W den Wert der Gewichtskraft der Kugel erreicht.

$$\frac{1}{2} \cdot c_W \cdot A \cdot \rho \cdot v_e^2 = m \cdot g$$

$$v_e = \sqrt{\frac{2 \cdot m \cdot g}{c_W \cdot \rho_L \cdot A}} \tag{6.11}$$

Nun können wir die gegebenen Zahlenwerte einsetzen und die Grenzgeschwindigkeit v_e mit Wolfram|Alpha und MATLAB berechnen. Zunächst erfolgt die Eingabe in Wolfram|Alpha.

```
Wolfram|Alpha (4)
> sqrt((2*58e-3*9.81)/(0.4*1.2*3.53e-3)) <RETURN>
Result: 25.9153...
```

Bei der Berechnung mit MATLAB können wir für die Variablen zunächst die gegebenen Zahlenwerte einsetzen und dann die Grenzgeschwindigkeit v_e berechnen.

```
MATLAB Command Window (3)
> m = 58/1000; <RETURN>
> A = 3.53e-3; <RETURN>
> cw = 0.4; <RETURN>
> rho = 1.2; <RETURN>
> g = 9.81; <RETURN>
> ve = sqrt((2*m*g)/(cw*rho*A)) <RETURN>
ve =
   25.9153
```

Der ausgewählte Tennisball wird also im freien Fall eine Grenzgeschwindigkeit $v_e = 25,92$ m s^{-1} erreichen.

Der Geschwindigkeitsverlauf $v(t)$ lässt sich nicht mehr so einfach angeben, dazu müssen wir zunächst eine Differenzialgleichung formulieren und lösen. In Kap. 4 haben wir gesehen, dass sich Differenzialgleichungen, wenn diese erst einmal formuliert sind, sehr gut mit unseren Software-Tools lösen lassen. Wir starten also zunächst mit der Formulierung der Differenzialgleichung, die die Bewegung des Tennisballs beschreibt.

Um eine übersichtliche Darstellung zu erreichen, fassen wir in Gl. 6.10 die Faktoren vor der Geschwindigkeit zu einem Faktor b_N zusammen. Die durch den Luftwiderstand verursachte Reibungskraft können wir mit Gl. 6.12 beschreiben und damit den Faktor $b_N = 8,472 \cdot 10^{-4}$ kg m^{-1} berechnen. Ein Blick auf die Einheit des Reibungskoeffizienten $[b_N] = \text{kg m}^{-1}$ zeigt, dass wenn wir diesen mit dem Quadrat der Geschwindigkeit multiplizieren, die Einheit einer Kraft erhalten $[F_R] = [b_N] \cdot [v^2] = \text{kg m}^{-1} \cdot \text{m}^2\ \text{s}^{-2} = \text{kg m s}^2 = \text{N}$.

$$\vec{F}_W = -b_N \cdot \vec{v}^{\,2} \cdot \vec{e}_v \tag{6.12}$$

Auf den Tennisball wirken die Gewichtskraft und die dieser entgegengesetzte Reibungskraft. Wenn wir für die Gewichtskraft den Wert $F_G = -m \cdot g$ annehmen, können wir die Gesamtkraft F_{ges} daher folgendermaßen beschreiben.

$$F_{ges} = -m \cdot g + b_N \cdot v^2$$

Die Gesamtkraft können wir gemäß dem zweiten Newtonschen Gesetz als Produkt von Masse und Beschleunigung ausdrücken und erhalten somit:

$$m \cdot \dot{v} = -m \cdot g + b_N \cdot v^2$$

Jetzt können wir noch nach $\dot{v}$ auflösen und haben die Differenzialgleichung für den freien Fall des Tennisballs mit Luftreibung formuliert

$$\dot{v} = -g + \frac{b_N}{m} \cdot v^2$$

Diese Differenzialgleichung können wir nun mit der Anfangsbedingung $v(0) = 0$ mit Hilfe von Wolfram|Alpha und MATLAB lösen.

```
Wolfram|Alpha (5)
> v'[t] == -g + b/m*v[t]^2, v[0] == 0 <RETURN>
ODE classification: first-order nonlinear ordinary differential equation
Differential equation solution:
v(t)=-(sqrt(g) sqrt(m) tanh((sqrt(β) sqrt(g) t)/sqrt(m)))/sqrt(β)
```

Zusätzlich zur Ausgabe der Geschwindigkeitsfunktion $v(t)$ weist Wolfram|Alpha noch die Klassifikation dieser Gleichung als gewöhnliche nicht lineare Differenzialgleichung erster Ordnung aus.

Mit MATLAB rechnen wir symbolisch und verwenden den Befehl `dsolve` zum Lösen der Differenzialgleichung. Den Anfangswert berücksichtigen wir mit der Eingabe `v(0) == 0`.

```
MATLAB Command Window (4)
> syms v(t) g b m <RETURN>
> dsolve(diff(v) == -g+b/m*v^2,v(0) == 0) <RETURN>
ans =
-(g^(1/2)*m^(1/2)*tanh((b^(1/2)*g^(1/2)*t)/m^(1/2)))/b^(1/2)
```

Mit dem Befehl `pretty(ans)` kann man sich dieses Ergebnis in MATLAB noch etwas übersichtlicher darstellen lassen. Ordnet man die Terme um, können wir folgendes Ergebnis der Differenzialgleichung für den Fall des unseres Tennisballs mit Luftreibung festhalten.

$$v(t) = -\sqrt{\frac{g \cdot m}{b_\mathrm{N}}} \cdot \tanh\left(\sqrt{\frac{g \cdot b_\mathrm{N}}{m}} \cdot t\right) \tag{6.13}$$

Wenn wir den Ausdruck für v_e aus Gl. 6.14 in Gl. 6.13 einsetzen, erhalten wir Gl. 6.15 als Betrag für die Geschwindigkeitsfunktion.

$$v_\mathrm{e} = \sqrt{\frac{g \cdot m}{b_\mathrm{N}}} \tag{6.14}$$

$$v(t) = v_\mathrm{e} \cdot \tanh\left(\frac{g}{v_\mathrm{e}} \cdot t\right) \tag{6.15}$$

Damit können wir nun auch den in Abb. 6.4 dargestellten Verlauf der Geschwindigkeit in einem v - t -Diagramm visualisieren.

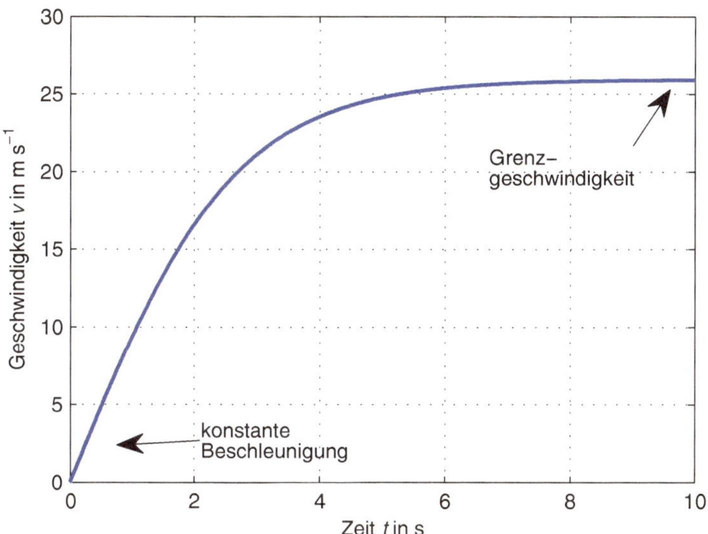

Abb. 6.4 Darstellung der Geschwindigkeit eines Tennisballs im freien Fall unter Berücksichtigung des Luftwiderstandes in einem v - t -Diagramm

```
WolframAlpha (6)
> plot [25.92*tanh(9.81/25.92*t),{t,0,10}] <RETURN>
Plot: ...
```

```
MATLAB Command Window (5)
> t = 0:0.01:10; <RETURN>
> g = 9.81; <RETURN>
> ve = 25.9153; <RETURN>
> v = ve*tanh(g/ve*t); <RETURN>
> plot(t,v) <RETURN>
```

Mit der Tabellenkalkulation Excel müssen wir diese Aufgabe numerisch lösen. Hierzu können wir das in Kap. 4 beschriebene Euler-Verfahren anwenden. Tab. 6.2 zeigt die einzelnen Schritte zur Lösung mit diesem Verfahren. Die Beschleunigung am Start entspricht dem Wert der Erdbeschleunigung, so dass wir für den Wert $a_0 = g$ einsetzen. Als Anfangswert der Geschwindigkeit tragen wir den Wert $v_0 = 0$ ein. Der Wert für die erste berechnete Geschwindigkeit v_1 wird dann mit dem Zeitintervall Δt und der Beschleunigung $a_0 = g$ ermittelt. Die Berechnung der Geschwindigkeit v_2 erfolgt dann mit dem Wert für die Beschleunigung a_1, der sich aufgrund des Luftwiderstandes um den Term $b_N/m \cdot v_1^2$ gegenüber dem Anfangswert verringert hat.

In Abb. 6.5 ist das entsprechende Excel-Arbeitsblatt dargestellt. Nach einer Zeit von $t = 5$ s wird mit diesem Verfahren eine Geschwindigkeit $v(5\ s) = 24,87$ m s^{-1} berechnet. Hierbei wurde für den Term (b_N/m) der Zahlenwert 0,0146 eingesetzt.

Trotz des einfachen Verfahrens können wir hier eine gute Übereinstimmung zu dem mit Gl. 6.15 analytisch berechneten Wert von 24,77 m s^{-1} feststellen. Nach einer Zeit von 5 s hat der Tennisball somit bereits 96 % seiner Endgeschwindigkeit erreicht.

```
Excel-Arbeitsblatt (Abb. 6.5)
A2 = F2
B2 = F5
C2 = -9,81 + 0,0146*B2^2
A3 = A2 + $F$3
B3 = B2 + C2*$F$3
C3 = -9,81 + 0,0146*B3^2
```

Tab. 6.2 Numerische Berechnung des freien Falls eines Tennisballs mit Luftwiderstand mit Hilfe des Euler-Verfahrens

t in s	v in m s^{-1}	a in m s^{-2}
t_0	v_0	$a_0 = -g + (b_N/m) \cdot v_0^2$
$t_1 = t_0 + \Delta t$	$v_1 = v_0 + a_0 \cdot \Delta t$	$a_1 = -g + (b_N/m) \cdot v_1^2$
$t_2 = t_1 + \Delta t$	$v_2 = v_1 + a_1 \cdot \Delta t$	$a_2 = -g + (b_N/m) \cdot v_2^2$
$t_3 = t_2 + \Delta t$	$v_3 = v_2 + a_2 \cdot \Delta t$	$a_3 = -g + (b_N/m) \cdot v_3^2$
...	...	...
$t_{n+1} = t_n + \Delta t$	$v_{n+1} = v_n + a_n \cdot \Delta t$	$a_{n+1} = -g + (b_N/m) \cdot v_{n+1}^2$

	A	B	C	D	E	F	G	H
1	t in s	v in m/s	a in m/s^2					
2	0,00	0,0000	-9,810		t0	0	s	
3	0,10	-0,9810	-9,796		Δt	0,1	s	
4	0,20	-1,9606	-9,754		x0	0	m	
5	0,30	-2,9360	-9,684		v0	0	m/s	
6	0,40	-3,9044	-9,587					
...	...	...	...					
51	4,90	-24,7896	-0,838					
52	5,00	-24,8734	-0,777					

Abb. 6.5 Excel-Arbeitsblatt zur Berechnung der Geschwindigkeit des Tennisballs im freien Fall mit Luftwiderstand

Die mit der Tabellenkalkulation ermittelten Ergebnisse können wir noch mal überprüfen, indem wir die Differenzialgleichung in Wolfram|Alpha eingeben und hier ebenfalls das Euler-Verfahren mit der gleichen Schrittweite für $\Delta t = 0,1$ s wählen.

```
Wolfram|Alpha (7)
> forward euler method {v'[t] == -9.81 + 0.0146*v[t]^2, v[0] == 0}
from t = 0 to 5 stepsize 0.1 <RETURN>
step | t | v | local error | global error
0 | 0. | 0. | 0. | 0.
1 | 0.1 | -0.981 | 0.000468081 | 0.000468081
2 | 0.2 | -1.96059 | 0.00186644 | 0.00233318
3 | 0.3 | -2.93598 | 0.00324354 | 0.00556337
...
48 | 4.8 | -24.6993 | 0.00369723 | 0.113026
49 | 4.9 | -24.7896 | 0.00345527 | 0.108348
50 | 5. | -24.8734 | 0.00322728 | 0.10375
```

Im Folgenden sind noch einmal wichtige physikalische Größen und Gleichungen der Dynamik aufgeführt, weiterführende Literatur findet sich in [1–4].

Wichtige Größen und Gleichungen der Dynamik

Gewichtskraft	$\vec{F}_G = m \cdot \vec{g}$
Federkraft	$\vec{F}_k = -k \cdot \vec{x}$
Reibungskraft (allgemeine Formulierung)	$\vec{F}_R = -b \cdot v^n \cdot \vec{e}_v$

(*Fortsetzung*)

Reibungskraft (Coulomb-Reibung) ($F_R \sim v^0$)	$\vec{F}_\mathrm{R} = -\mu_R \cdot F_\mathrm{N} \cdot \vec{e}_\mathrm{v}$
Reibungskraft (Stokes-Reibung) ($F_R \sim v^1$)	$\vec{F}_\mathrm{R} = -b_\mathrm{S} \cdot \vec{v}$
Reibungskraft (Newton-Reibung) ($F_R \sim v^2$)	$\vec{F}_\mathrm{R} = -b_\mathrm{N} \cdot \vec{v}^{\,2} \cdot \vec{e}_\mathrm{v}$
durch den Luftwiderstand verursachte Reibungskraft	$F_\mathrm{W} = \frac{1}{2} \cdot c_\mathrm{W} \cdot A \cdot \rho_\mathrm{L} \cdot v^2$
Erstes Newtonsches Gesetz (Trägheitsgesetz)	$\vec{p} = m \cdot \vec{v} = \text{konst.}$ (bei Abwesenheit von Kräften)
Zweites Newtonsches Gesetz (Bewegungsgesetz)	$\vec{F} = \dot{\vec{p}} = \frac{d}{dt}\left(m \cdot \vec{v}\right)$ (allgemein) $\vec{F} = m \cdot \vec{a}$ (bei konstanter Masse)
Drittes Newtonsches Gesetz (Wechselwirkungsgesetz)	$\vec{F}_{12} = -\vec{F}_{21}$ (actio = reactio)
Zentripetalkraft	$F_\mathrm{ZP} = m \cdot \omega^2 \cdot r$

Zusammenfassung

- In der Dynamik wird die Bewegung von Körpern unter dem Einfluss von Kräften analysiert.
- Die Newtonschen Gesetze bilden die Basis zur Berechnung der Wirkung von Kräften auf den Bewegungszustand von Massen.
- So beschreibt das zweite Newtonsche Gesetz, dass die Beschleunigung eines Körpers proportional zu Krafteinwirkung und umgekehrt proportional zur beschleunigten Masse ist.
- Wirken mehrere Kräfte, so kann durch Vektoraddition die Gesamtkraft bestimmt werden.
- Alle Kräfte können auf die vier fundamentale Wechselwirkungen Gravitation, elektromagnetische Wechselwirkung, starke Wechselwirkung und schwache Wechselwirkung zurückgeführt werden.
- In der makroskopischen Physik dominieren die Gravitationskraft und die elektromagnetische Wechselwirkung, da diese auch über sehr lange Distanzen wirken.
- Treten ausschließlich konservative Kräfte auf, so bleibt die gesamte mechanische Energie eines Systems erhalten. Beispiele für konservative Kräfte sind die Federkraft oder die Gravitationskraft.
- Nichtkonservative Kräfte, wie beispielsweise Reibungskräfte, führen dazu, dass ein Teil der mechanischen Energie in die Energieform Wärme überführt wird. Dieser Energieanteil steht dem System dann nicht mehr als mechanische Energie zur Verfügung.
- Abhängig davon, ob und wie die Reibungskräfte von der Geschwindigkeit abhängen, ergeben sich charakteristische Bewegungsgleichungen.

Literatur

1. Mahnken R (2012) Lehrbuch der Technischen Mechanik – Dynamik. Eine anschauliche Einführung, 2. Aufl. Springer-Lehrbuch/Springer-Verlag, Berlin/Heidelberg
2. Richard HA, Sander M (2014) Technische Mechanik – Dynamik. Grundlagen - effektiv und anwendungsnah, 3. Aufl. Lehrbuch/Springer Vieweg, Wiesbaden
3. Weber R (2007) Physik: Teil I: Klassische Physik – Experimentelle und theoretische Grundlagen, Teil 1. Vieweg+Teubner Verlag
4. Henz T, Langhanke G (2016) Pfade durch die Theoretische Mechanik 1: Die Newtonsche Mechanik und ihre mathematischen Grundlagen: anschaulich – axiomatisch – abstrakt, 1. Aufl. Springer, Berlin/Heidelberg

Erhaltungssätze der Mechanik

7

7.1 Die von einer Kraft verrichtete Arbeit

Wenn eine Kraft entlang eines Weges wirkt, wird physikalische Arbeit W (engl. *work*) verrichtet. Wird beispielsweise die in Abb. 7.1 schematisch dargestellte Masse mit Hilfe einer Kraft $\vec{F}$ entlang des Wegstückes $\Delta\vec{s}$ bewegt, muss Arbeit geleistet werden. Zur Berechnung der physikalischen Arbeit wird aber nur die zum Weg parallel gerichtete Komponente der Kraft verwendet. Der parallele Anteil der Kraft kann mit Hilfe der trigonometrischen Funktionen berechnet werden oder indem die Arbeit, wie in Gl. 7.1 dargestellt, mit Hilfe des Skalarproduktes aus den Vektoren $\vec{F}$ und $\Delta\vec{s}$ berechnet wird.

$$\Delta W = \vec{F} \cdot \Delta\vec{s} \tag{7.1}$$

$$W = \int \vec{F} \cdot d\vec{s} \tag{7.2}$$

Durch die Definition der Arbeit aus dem Produkt von Kraft und Weg ergibt sich für die Arbeit die abgeleitete SI-Einheit, das Newtonmeter (N m) oder das Joule (J).

Definition

Mechanische Arbeit: Wirkt eine Kraft F entlang eines Weges s, so wird die mechanische Arbeit W verrichtet. Bei einer konstanten Kraft, die parallel zum Weg verläuft, kann die Arbeit aus dem Produkt von Kraft und Weg berechnet werden (Arbeit = Kraft x Weg). Die Einheit der Arbeit ist das Joule (J): $[W] = \text{kg m}^2\,\text{s}^{-2} = \text{N m} = \text{J} = \text{W s}$.

P. Kersten, *Mechanik – smart gelöst*, DOI 10.1007/978-3-662-53706-0_7

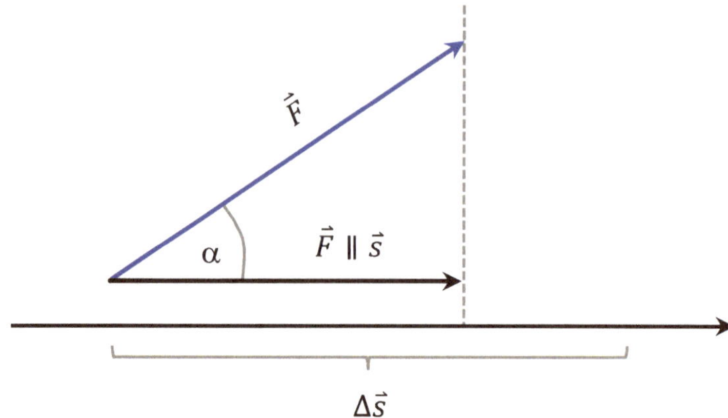

Abb. 7.1 Schematische Darstellung zur Berechnung der physikalischen Arbeit ΔW aus der Kraft $\vec{F}$ und dem zurückgelegten Weg $\Delta\vec{s}$

7.2 Energie und Arbeit

Wird an einem System Arbeit verrichtet, so speichert das System diese als Energie. Beispielsweise kann durch das Spannen einer Feder oder durch das Heben eines Gewichtes Arbeit verrichtet und in Form von potenzieller Energie gespeichert werden.

Definition

Energie und Arbeit: Wird an einem System die Arbeit W verrichtet, so speichert das System diese als Energie E. Die gespeicherte Energie kann zu einem späteren Zeitpunkt wieder Arbeit an einem anderen System verrichten. Die Energie bezeichnet daher die Fähigkeit eines physikalischen Systems, Arbeit zu verrichten.

Energie und Arbeit haben dieselbe Einheit, das Joule (J): $[W] = [E] = \mathrm{kg\,m^2\,s^{-2}} = \mathrm{N\,m} = \mathrm{J} = \mathrm{W\,s}$.

Diese Energie kann zu einem späteren Zeitpunkt wieder Arbeit an einem anderen System verrichten. Mit der gespannten Feder können wir beispielsweise eine Masse beschleunigen und mit dem Gewicht mit einem Flaschenzug einen anderen Gegenstand anheben. Der Verbrauch elektrischer Energie wird üblicherweise in der Einheit Kilowattstunde (kWh) angegeben, 1 kWh entspricht 3.600.000 J.

7.2.1 Die kinetische Energie

Die kinetische Energie E_{kin}^{trans} können wir mit der Beschleunigungsarbeit W_B berechnen, die an einer Masse m verrichtet werden muss, um diese aus dem Stillstand auf eine Geschwindigkeit v zu beschleunigen. Zur Berechnung der Beschleunigungsarbeit können wir wieder Gl. 7.1 verwenden. Die erforderliche Kraft F resultiert aus der Beschleunigung a und der Masse m gemäß des zweiten Newtonschen Gesetzes ($F = m \cdot a$). Nehmen wir zur Berechnung der kinetischen Energie eine gleichförmige Beschleunigung mit der Anfangsgeschwindigkeit $v_0 = 0$ zum Zeitpunkt $t = 0$ an, so kann die Beschleunigung a aus der Geschwindigkeit v und der Zeit t berechnet werden.

$$a = \frac{v}{t}$$

Die Kraft F, die sich aus dem Produkt von Masse m und der Beschleunigung a ergibt, wirkt entlang der Strecke s. In Kap. 5 haben wir gezeigt, dass sich der zurückgelegte Weg s folgendermaßen aus der mittleren Beschleunigung $\langle a \rangle$ und der Zeit t berechnen lässt:

$$s = \frac{1}{2} \cdot a \cdot t^2$$

Nun können wir die Kraft und die Strecke in die Formel für die Arbeit einsetzen und damit die bekannte Formel für die kinetische Energie E_{kin}^{trans} einer Translationsbewegung herleiten.

$$W_B = F \cdot s = (m \cdot a) \cdot \left(\frac{1}{2} \cdot a \cdot t^2\right) = \frac{1}{2} \cdot m \cdot a^2 \cdot t^2 = \frac{1}{2} \cdot m \cdot v^2$$

Definition

Kinetische Energie: Die kinetische Energie eines Körpers setzt sich zusammen aus der kinetischen Energie der Translationsbewegung E_{kin}^{trans} und der Rotation E_{kin}^{rot}. Die kinetische Energie der Translationsbewegung kann mit Hilfe der Masse m und der Geschwindigkeit v berechnet werden.

$$E_{kin}^{trans} = \frac{1}{2} \cdot m \cdot v^2$$

In Abschn. 7.7 wird gezeigt, dass wir kinetische Energie nicht nur in einer Translationsbewegung (Verschiebung), sondern auch in einer Rotationsbewegung (Drehung) speichern können.

Die Arbeit W_B, die zur Beschleunigung einer ruhenden Masse erforderlich ist, kann man auch mit Hilfe der Integration der Kraft über den Weg von s_0 bis s_1 berechnen. Hierzu ersetzen wir die Kraft F durch das Produkt aus Masse m und Beschleunigung a. Die Beschleunigung a können wir durch die Ableitung der Geschwindigkeit v nach der Zeit t darstellen.

$$W_B = \int_{s_0}^{s_1} F\,ds = \int_{s_0}^{s_1} m \cdot a\,ds = \int_{s_0}^{s_1} m \cdot \frac{dv}{dt}\,ds$$

Gehen wir davon aus, dass die Masse m sich während dieser Bewegung nicht ändert, können wir m als konstante Größe vor das Integral ziehen. Da der Ausdruck ds/dt die Geschwindigkeit darstellt, können wir schließlich folgenden Ausdruck formulieren:

$$W_B = \int_{s_0}^{s_1} m \cdot \frac{dv}{dt}\,ds = m \cdot \int_{v_0}^{v_1} \frac{ds}{dt}\,dv = m \cdot \int_{v_0}^{v_1} v\,dv$$

Nun können wir ausrechnen, um welchen Wert die kinetische Energie zunimmt, wenn eine Masse m von der Geschwindigkeit v_0 auf die Geschwindigkeit v_1 beschleunigt wird.

$$W_B = m \cdot \int_{v_0}^{v_1} v\,dv = m \cdot \left[\frac{1}{2}v^2\right]_{v_0}^{v_1} = \frac{1}{2}\,m\,v_1^2 - \frac{1}{2}\,m\,v_0^2$$

Wenn wir eine ruhende Masse ($v_0 = 0$) auf eine Geschwindigkeit $v_1 = v$ beschleunigen, benötigen wir daher folgende Beschleunigungsarbeit W_B:

$$W_B = E_{\text{kin}}^{\text{trans}} = \frac{1}{2} \cdot m \cdot v^2$$

Diese Beschleunigungsarbeit W_B stellt die kinetische Energie $E_{\text{kin}}^{\text{trans}}$ der Masse dar.

7.2.2 Die potenzielle Energie

Hebt man eine Masse m im Schwerefeld der Erde um eine bestimmte Höhendifferenz Δh, so muss man dazu eine bestimmte Arbeit ΔW leisten. Die potenzielle Energie E_{pot} der Masse erhöht sich damit um diese Arbeit. Den absoluten Wert der potenziellen

Energie können wir angeben, wenn wir ein Bezugsniveau ($h = 0$) definieren, von dem aus wir eine Masse anheben.

Um eine Masse um die Höhendifferenz Δh zu heben, ist immer die gleiche Arbeit ΔW erforderlich, unabhängig davon, welcher Weg dazu gewählt wird. Beispielsweise können wir die Masse m senkrecht nach oben ziehen oder unter Aufwendung der gleichen Arbeit eine Rampe hinaufschieben.

Definition

Potenzielle Energie: Wird in einem statischen konservativen Kraftfeld Arbeit aufgewendet, um einen Massepunkt von einem definierten Bezugspunkt P_0 zu einem anderen Punkt P zu bewegen, so entspricht die aufgewendete Arbeit der potenziellen Energie E_{pot} an diesem Punkt P. Die potenzielle Energie wird auch als Lageenergie bezeichnet.

Dieses Prinzip wollen wir überprüfen und die Arbeit berechnen, die erforderlich ist, um eine Masse senkrecht nach oben zu ziehen, oder wie in Abb. 7.2 dargestellt, über eine schiefe Ebene um die gleiche Höhe Δh anzuheben.

Wenn die Masse senkrecht nach oben gezogen wird, steht die Gewichtskraft F_G parallel zum Weg Δh und die Arbeit ΔW kann unmittelbar aus dem Produkt von Kraft F_G und Weg Δs berechnet werden.

$$\Delta W = \vec{F} \cdot \Delta\vec{s} = F_G \cdot \Delta h = m \cdot g \cdot \Delta h \tag{7.3}$$

Wird die Masse über die schiefe Ebene nach oben gezogen, so ist hierzu eine geringere Kraft erforderlich, die sogenannte Hangabtriebskraft F_H, die wir mit dem Steigungswinkel α gemäß Gl. 7.4 berechnen können.

$$F_H = m \cdot g \cdot \sin\alpha \tag{7.4}$$

Allerdings resultiert bei der schiefen Ebene aber auch ein längerer Weg. Der Weg stellt in diesem Fall die Hypotenuse und die Höhe Δh die Gegenkathete des rechtwinkligen Dreiecks dar. Der Weg Δs kann dann folgendermaßen berechnet werden:

$$\Delta s = \frac{\Delta h}{\sin\alpha}$$

Nun können wir das Produkt aus Kraft F und dem zurückgelegten Weg Δs bilden und erhalten die Arbeit ΔW, um die sich die potenzielle Energie der Masse m erhöht hat.

$$\Delta W = \vec{F} \cdot \Delta\vec{s} = (m \cdot g \cdot \sin\alpha) \cdot (\Delta h / \sin\alpha) = m \cdot g \cdot \Delta h$$

Wenn wir die Reibung vernachlässigen, resultiert daher in beiden Fällen die gleiche Arbeit, um die Masse m um eine Höhe Δh anzuheben.

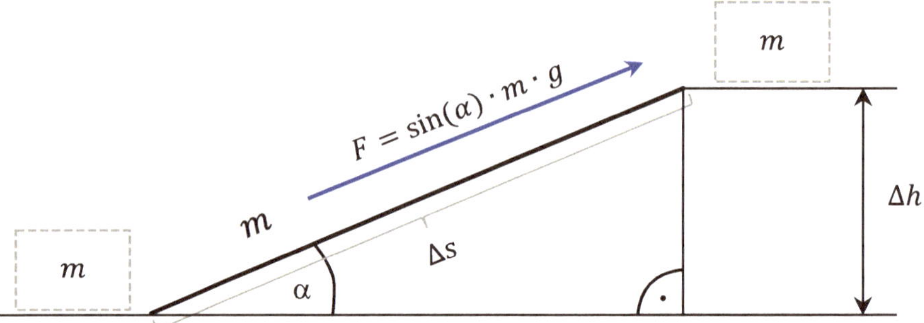

Abb. 7.2 Anheben einer Masse m über eine schiefe Ebene auf die Höhe Δh

7.3 Der Energieerhaltungssatz der Mechanik

In einem abgeschlossenen reibungsfreien System bleibt die Summe aus potenzieller und kinetischer Energie konstant. Abgeschlossen bedeutet hierbei, dass keine äußeren Kräfte wirken, die Arbeit an diesem System verrichten können.

$$E_{\text{kin}} + E_{\text{pot}} = \text{konst.} \tag{7.5}$$

Mit Hilfe des Energieerhaltungssatzes können viele Aufgabenstellungen elegant gelöst werden.

Definition

Energieerhaltungssatz der Mechanik: Wirken in einem abgeschlossenen System ausschließlich konservative Kräfte, so bleibt die mechanische Energie erhalten.

Diesen wichtigen Erhaltungssatz wollen wir im Folgenden gleich an verschiedenen Beispielen anwenden.

Beispiel

Bergauffahrt im Leerlauf: Wir fahren, wie in Abb. 7.3 schematisch dargestellt, in einem Auto mit einer Geschwindigkeit von 80 km/h auf einer geraden Strecke in der Ebene. Nach 100 m Fahrweg beginnt eine Strecke mit einer 15 %igen Steigung, die wir im Leerlauf hinauffahren. Wir wollen die Geschwindigkeit und die zurückgelegte Wegstrecke als Funktion der Zeit darstellen und berechnen, bei welcher Höhe das Auto zum Stillstand kommt, wenn Reibung vernachlässigt wird.

Den Verlauf der Fahrt können wir in zwei Abschnitte einteilen. Der erste Abschnitt besteht in die Fahrt in der Ebene mit einer konstanten Geschwindigkeit $v_1 = 80\ \text{km}\ \text{h}^{-1}$. Für diese Fahrt benötigen wir die Zeit $t_1 = 4{,}50\ \text{s}$.

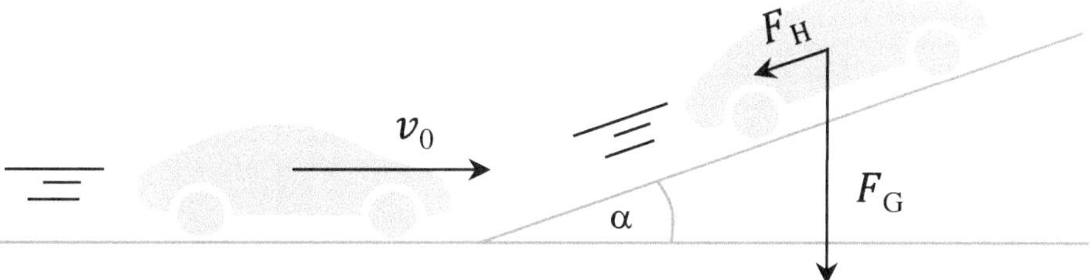

Abb. 7.3 Bergauffahrt eines Autos im Leerlauf mit der Anfangsgeschwindigkeit v_0

Den zweiten Abschnitt bildet dann die Bergauffahrt, bei der sich die anfängliche Geschwindigkeit in der Zeit t_2 bis zum Stillstand verringert. Den Verlauf dieses Abschnitts wollen wir mit der Geschwindigkeitsfunktion v_2 beschreiben. Zunächst rechnen wir die Steigung von der % -Angabe in einen Winkel (Gradmaß) um. Eine 15 %ige Steigung bedeutet, dass die Höhe der Straße um 15 m zunimmt, bezogen auf eine horizontale Strecke der Länge 100 m. Den Winkel α können wir daher mit Hilfe der Arcustangensfunktion bestimmen, dieser hat einen Wert von ca. 8,5°.

$$\alpha = \operatorname{atan}\left(\frac{15\text{ m}}{100\text{ m}}\right) \approx 8,53^\circ$$

Die Höhe, bei der das Auto zum Stillstand kommt, lässt sich nun schnell mit Hilfe des Energieerhaltungssatzes ausrechnen. Dabei geht man davon aus, dass sich die kinetische Energie des Autos mit der Anfangsgeschwindigkeit v_0 vollständig in potenzielle Energie umformt.

$$\frac{1}{2} \cdot m \cdot v_0^2 = m \cdot \text{g} \cdot h$$

$$h = \frac{v_0^2}{2 \cdot g} \tag{7.6}$$

Man erkennt, dass die erreichte Höhe unabhängig von der Masse ist. Setzen wir die Werte für die Geschwindigkeit $v_0 = 80/3,6\text{ m s}^{-1}$ und die Erdbeschleunigung $\text{g} = 9,81\text{ m s}^{-2}$ in Gl. 7.6 ein, erhalten wir den Wert $h = 25,17$ m für die Höhe, bei der das Fahrzeug zum Stillstand kommt. Bei der angegebenen Steigung können wir mit der Sinusfunktion auch sofort die zurückgelegte Wegstrecke s berechnen, die $s \approx 170$ m beträgt.

$$s = \frac{h}{\sin \alpha} = \frac{25,2 \text{ m}}{\sin 8,53^\circ} \approx 170 \text{ m}$$

Wenn wir von einer gleichmäßigen Verzögerung ausgehen, können wir auch die mittlere Beschleunigung berechnen, diese hat nach Gl. 7.7 den Wert $a \approx 1,45 \text{ m s}^{-2}$.

$$a = \frac{v_0^2}{2 \cdot \Delta x} \tag{7.7}$$

Die Geschwindigkeitsfunktion $v_2(t)$ können wir damit folgendermaßen angeben.

$$v_2(t) = 80/3,6 \text{ m s}^{-1} - 1,45 \text{ m s}^{-2} \cdot t$$

Die Zeit t_2 bis das Auto an der Steigung zum Stillstand kommt, können wir berechnen, in dem wir diese Gleichung nach t auflösen und für $v_2(t) = 0$ einsetzen.

$$t_2 = \frac{80/3,6 \text{ m s}^{-1}}{1,45 \text{ m s}^{-2}} = 15,33 \text{ s}$$

Zur Visualisierung der gesamten Fahrt, können wir die gesamte Geschwindigkeitsfunktion $v(t)$ abschnittsweise definieren.

$$v(t) := \begin{cases} v_1(t), & 0 < t \leq 4,50 \, s \\ v_2(t), & 4,50 \, s < t \leq 19,83 \, s \end{cases}$$

Nun können wir die Geschwindigkeit der gesamten Fahrt plotten. Bei Wolfram|Alpha können wir hierzu die Eingabe `plot piecewise` verwenden. Da wir bei der Geschwindigkeitsfunktion $v_2(t)$ mit $t = 0$ starten, den Funktionsgraphen aber mit der fortlaufenden Zeit t zeichnen wollen, müssen wir in der Phase 2 mit der Zeit $t - 4,5$ s rechnen.

```
Wolfram|Alpha (1)
> plot [piecewise[{{(80/3.6),t<4.5},{(80/3.6) - 1.45*(t-4.5),
t<20}}]] from t = 0 to 20 <RETURN>
Plot:...
```

Bei der Lösung mit MATLAB können wir zwei Zeilenvektoren t_1 und t_2 und zwei Zeilenvektoren definieren, mit denen die beiden Geschwindigkeiten v_1 und v_2 berechnet werden. Mit dem Befehl `ones(size(t1)` können wir einen Zeilenvektor generieren, der die gleiche Anzahl an Elementen enthält, wie der Zeilenvektor `t1` und diesen Elementen wir der Wert 1 zugewiesen. Anschließend können die Zeilenvektoren mit den Befehlen `t = [t1 t2]` und `v = [v1 v2]` zusammengefasst und geplottet werden. Abb. 7.4 zeigt das so erstellte v-t-Diagramm.

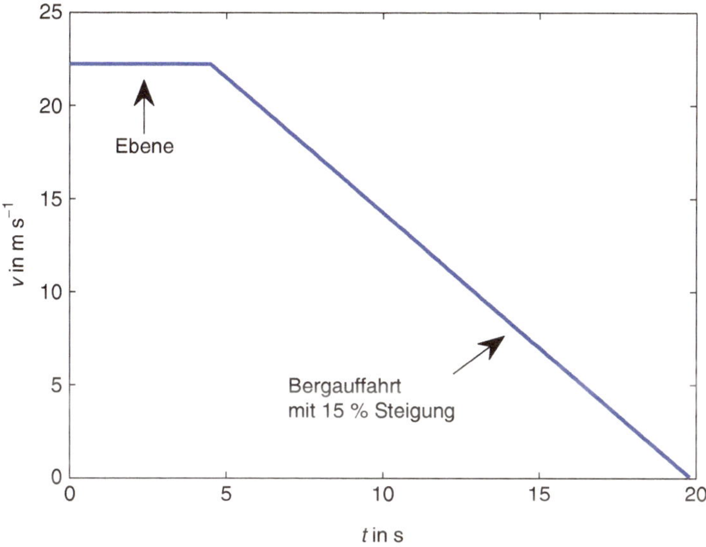

Abb. 7.4 Geschwindigkeit eines Autos in der Ebene und bei der Bergauffahrt einer 15 %igen Steigung in einem v-t-Diagramm

```
MATLAB Command Window (1)
> t1 = 0:0.1:4.5; <RETURN>
> t2 = 4.6:0.1:19.8; <RETURN>
> v1 = (80/3.6)*ones(size(t1)); <RETURN>
> v2 = (80/3.6)-1.45*(t2-4.5); <RETURN>
> t = [t1 t2]; v=[v1 v2]; <RETURN>
> plot(t,v) <RETURN>
```

Die Darstellung der Bergauffahrt in einem v-t-Diagramm kann sehr gut mit Hilfe der Tabellenkalkulation angefertigt werden. In Abb. 7.5 ist das entsprechende Excel-Arbeitsblatt dargestellt. In der Spalte `A` wird die Zeit t eingetragen, die einen Zeitraum von $0 < t \leq 19,8$ s umfasst mit einer Schrittweite von $0,1$ s. In die Zellen der Spalten `B` wird die Geschwindigkeit eingetragen. Die abschnittsweise definierten Geschwindigkeitsfunktionen v_1 und v_2 werden in die entsprechenden Zellen eingetragen.

```
Excel-Arbeitsblatt (Abb. 7.5)
B2 = (80/3,6)
B47 = (80/3,6) - (A47 - 4,5)*1,45
```

Natürlich können wir die Geschwindigkeit $v_2(t)$ auch mit Hilfe einer Differenzialgleichung beschreiben, bei der berücksichtigt wird, dass die auf das Auto wirkende Hangabtriebskraft F_{H} der Geschwindigkeit entgegengerichtet ist.

	A	B	C	D	E	F	G	H
1	t in s	v in m/s						
2	0,10	22,22						
3	0,20	22,22						
...	...	...						
46	4,50	22,22						
47	4,60	22,08						
48	4,70	21,93						
...	...	...						
199	19,80	0,04						

Abb. 7.5 Excel-Arbeitsblatt zur Berechnung der Geschwindigkeit eines Autos bei der Bergauffahrt einer 15 %igen Steigung

$$F_{\mathrm{H}} = m \cdot \ddot{x} = m \cdot \dot{v} = -\sin\alpha \cdot m \cdot g$$

Nach Kürzen durch die Masse m und Umstellen erhalten wir folgende Differenzialgleichung, die wir mit Wolfram|Alpha und MATLAB schnell lösen können.

$$\dot{v} + \sin\alpha \cdot g = 0$$

Als Anfangsbedingung berücksichtigen wir hierbei die Anfangsgeschwindigkeit $v_0 = 80/3,6\ \mathrm{m\,s^{-1}}$. Um die Sinusfunktion zu berechnen, verwenden wir die Eingabe `sind (8.5)`, da wir den Steigungswinkel ja in Gradmaß angegeben haben.

```
Wolfram|Alpha (2)
> solve{v'[t] + sind(8.5)*9.81 == 0, v[0] == 80/3.6} <RETURN>
Differential equation solution:
v(t) = 22.2222-1.45001 t
```

Um bei MATLAB mit dem Ergebnis weiterzurechnen, speichern wir dieses in einer Variablen, deren Name frei wählbar ist. Wir verwenden den Namen `sol` wie *solution* (engl. für Lösung). Mit dem Befehl `vpa(sol,4)` können wir das Ergebnis übersichtlich darstellen lassen. Die Zahl vier gibt hier an, dass vier signifikante Stellen ausgegeben werden sollen.

```
MATLAB Command Window (2)
> syms v(t); <RETURN>
> sol=dsolve(diff(v) + sind(8.5)*9.81 == 0,v(0) == 80/3.6) <RETURN>
```

```
sol =
200/9 - (6530265951163487*t)/4503599627370496
> vpa(sol,4) % Ausgabe von sol mit vier signifikanten Stellen
<RETURN>
ans =
22.22 - 1.45*t
```

Somit konnten wir die Geschwindigkeitsfunktion $v_2(t)$ für die Bergauffahrt erfolgreich überprüfen.

Beispiel

Ist der kürzeste auch der schnellste Weg? Wir wollen die in Abb. 7.6 dargestellte Rutsche bauen, auf der eine Masse reibungsfrei vom Punkt A zum Punkt B gleiten soll. Wir fragen uns, ob es neben der eingezeichneten geraden Verbindung (Bahn 1) noch eine schnellere Bahn gibt und wollen daher auch die Laufzeit T für die (gestrichelte) parabelförmige Verbindung (Bahn 2) berechnen.

Zunächst wollen wir die in Abb. 7.6 angegebenen Gleichungen für die Bahnen visualisieren.

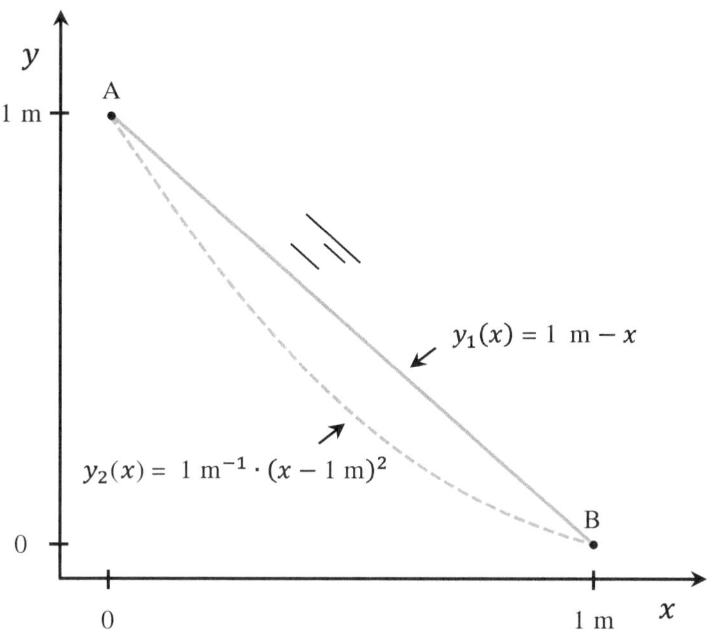

Abb. 7.6 Schematische Darstellung zweier Bahnen, auf denen eine Masse reibungsfrei möglichst schnell von Punkt A nach Punkt B gleiten soll

$$y_1(x) = 1\ \text{m} - x$$

$$y_2(x) = 1\ \text{m}^{-1} \cdot (x - 1\ \text{m})^2$$

Dies können wir mit Wolfram|Alpha durch die Eingabe von `plot` erreichen und wählen für die x-Werte einen Bereich von 0 bis 1.

```
Wolfram|Alpha (3)
> plot [{(x - 1)^2,1 - x},{x,0,1}] <RETURN>
Plot: ...
```

Bei MATLAB definieren wir zunächst mit dem Befehl `x = 0:0.01:1` einen Zeilenvektor mit einer kleinen Schrittweite von in diesem Fall 0,01. Danach können wir die Funktionen $y_1(x)$ und $y_2(x)$ eingeben und plotten.

```
MATLAB Command Window (3)
> x = 0:0.01:1; <RETURN>
> y1 = (x - 1).^2; <RETURN>
> y2 = 1 - x; <RETURN>
> plot(x,y1,x,y2)<RETURN>
```

Da in der Aufgabenstellung eine reibungsfreie Bewegung angenommen wurde, können wir zur Lösung dieser Aufgabe den Energieerhaltungssatz der Mechanik einsetzen. Ziel ist es, die Geschwindigkeit der Masse m in Abhängigkeit von der Höhe auszudrücken, die in diesem Fall durch die y-Koordinate gegeben ist. Hierbei gehen wir gehen von der Ausgangshöhe y_0 aus.

$$\frac{1}{2} \cdot m \cdot v^2 = m \cdot g \cdot (y_0 - y(x)) \tag{7.8}$$

$$v = \sqrt{2 \cdot g \cdot (y_0 - y(x))} \tag{7.9}$$

Die Laufzeit T für die beiden Bahnen können wir berechnen, indem wir das Zeitintervall dt als Produkt des Kehrwertes der Geschwindigkeit und des Wegstück ds ausdrücken und dann über den gesamten Weg integrieren.

$$v = \frac{ds}{dt}$$

$$T = \int dt = \int \frac{1}{v}\, ds \tag{7.10}$$

Jetzt müssen wir noch die Länge des Sekantenzuges berechnen. Hierzu unterteilen wir die Gesamtstrecke in kleine Teilstücke Δs, die wir mit den Teilstücken Δx und Δy gemäß Pythagoras berechnen können.

$$\Delta s = \sqrt{\Delta x^2 + \Delta y^2}$$

$$\Delta s = \Delta x \cdot \sqrt{1 + \left(\frac{\Delta y}{\Delta x}\right)^2}$$

Im Grenzwert für $\Delta x \to 0$ können wir schreiben:

$$ds = \sqrt{1 + y'(x)^2}\, dx$$

$$s = \int \sqrt{1 + y'(x)^2}\, dx \tag{7.11}$$

Den so gewonnenen Ausdruck für ds können wir nun in Gl. 7.10 einsetzen und erhalten die Gleichung zur Berechnung der Laufzeit T in Abhängigkeit der gewählten Kurvenform $y(x)$.

$$T = \int \frac{1}{v} \cdot ds = \int \frac{\sqrt{1 + y'(x)^2}}{\sqrt{2 \cdot g \cdot (y_0 - y(x))}} dx \tag{7.12}$$

Starten wir zunächst mit der Berechnung für die Bahn 1. Die Länge s_1 können wir berechnen, indem wir den Ausdruck für $y'_1(x) = -1$ in Gl. 7.11 einsetzen.

$$s_1 = \int_0^1 \sqrt{1 + (-1)^2}\, dx$$

```
Wolfram|Alpha (4)
> integrate sqrt(1 + (−1)^2) from x = 0 to 1 <RETURN>
Definite integral: = sqrt(2) ~~ 1.4142
```

Erwartungsgemäß erhalten wir für die Länge der Bahn 1 den Wert $s_1 = \sqrt{2}$ m. Nun können wir mit Gl. 7.12 die Laufzeit T_1 berechnen. Als Anfangswert für die Höhe setzen wir $y_0 = 1$ m ein.

$$T_1 = \int_0^1 \frac{\sqrt{1 + (-1)^2}}{\sqrt{2 \cdot 9{,}81\ \text{m}\,\text{s}^{-2} \cdot x}} dx$$

```
Wolfram|Alpha (5)
> integrate sqrt(1 + (−1)^2)/sqrt(2*9.81*x) from x = 0 to 1 <RETURN>
Definite integral: = 0.638551
```

Die Berechnung ergibt eine Laufzeit von $T_1 = 0,64$ s. Bei der geraden Verbindung können wir diese Laufzeit schnell überprüfen. Da es sich hier um eine konstante Beschleunigung handelt, können wir zur Berechnung der Laufzeit T_1 mit der Durchschnittsgeschwindigkeit v rechnen, die sich aus der halben Maximalgeschwindigkeit ergibt.

$$T_1 = \frac{\Delta s}{v} = \frac{\sqrt{2}\,\mathrm{m}}{0,5 \cdot \sqrt{2 \cdot 9,81\,\mathrm{m\,s^{-2}} \cdot 1\,\mathrm{m}}} = 0,64\,\mathrm{s}$$

Auch bei diesem Lösungsweg erhalten wir für die Laufzeit $T_1 = 0,64$ s und können somit das erste Ergebnis bestätigen.

Jetzt berechnen wir analog die Länge s_2 der Bahn 2 sowie die entsprechende Laufzeit T_2.

$$s_2 = \int_0^1 \sqrt{1 + 1\,\mathrm{m}^{-2} \cdot (2\,x - 2\,\mathrm{m})^2}\,\mathrm{d}x$$

```
Wolfram|Alpha (6)
› integrate sqrt(1 + (2*x - 2)^2) from x = 0 to 1 <RETURN>
Definite integral: ~~ 1.4789
```

Die parabelförmige Bahn 2 hat eine Weglänge von $s_2 = 1,48$ m und ist damit erwartungsgemäß etwas länger als die Bahn 1. Nun können wir die Laufzeit T_2 der parabelförmigen Bahn 2 berechnen.

$$T_2 = \int_0^1 \frac{\sqrt{1 + 1\,\mathrm{m}^{-2} \cdot (2\,x - 2\,\mathrm{m})^2}}{\sqrt{2 \cdot 9,81\,\mathrm{m\,s^{-2}} \cdot \left(1\,\mathrm{m} - 1\,\mathrm{m}^{-1} \cdot (x - 1\,\mathrm{m})^2\right)}}\,dx$$

```
› integrate sqrt(1 + (2*x - 2)^2)/sqrt(2*9.81*(1 - (x - 1)^2)) from
x = 0 to 1 <RETURN>
Definite integral: = 0.594924
```

Die Rechnung ergibt für die Laufzeit einen Wert von $T_2 = 0,59$ s und ist damit deutlich geringer als der Wert für die gerade Verbindung. Damit haben wir bereits eine Bahn gefunden, auf der eine Masse schneller von Punkt A nach B gleitet als auf der geraden Verbindung.

Eine weitere Bahn, die Anfangs- und Endpunkt miteinander verbindet, ist die Kreisbahn. Hier könnten wir den Vergleich mit einem Fadenpendel mit der Fadenlänge 1 m ziehen, dass wir mit einem Winkel von 90° auslenken. Bei einem Pendel mit der Fadenlänge 1 m handelt es sich um das Sekundenpendel mit einer Schwingungsdauer von $T \approx 2$ s. Der Kreisbogen müsste daher in einem Viertel der Schwingungsdauer $T/4 \approx 0{,}5$ s zurückzulegen sein. Damit wäre der Kreisbogen eine noch schnellere Variante als die berechnete parabelförmige Bahn 2. Keine schlechte Überlegung: aber auf der anderen Seite haben wir für die Berechnung der Schwingungsdauer ja die Annahme kleiner Auslenkungswinkel getroffen. Endgültig können wir diese Fragestellung daher erst in Kap. 8 lösen, wenn wir durch den Einsatz numerischer Verfahren auch größere Auslenkungswinkel zulassen können.

Die Bahn mit der kürzesten Laufzeit bezeichnet man als Brachistochrone. Die allgemeine Lösung dieses Problems stellt ein klassisches Beispiel im Bereich der Variationsrechnung dar.

7.4 Der Impuls eines Teilchens

Treffen zwei Massen aufeinander, so entsteht ein Kraft-Gegenkraft-Paar, das schematisch in Abb. 7.7 dargestellt ist. Die Masse m_1 übt eine Kraft $\vec{F}_{12}$ auf die Masse m_2 aus, die wiederum die Kraft $\vec{F}_{21}$ auf die Masse m_1 ausübt.

Nach dem dritten Newtonschen Gesetz (Actio gleich Reactio) sind beide Kräfte gleich groß, aber entgegengesetzt.

$$\vec{F}_{12}(t) = -\vec{F}_{21}(t) \tag{7.13}$$

$$m_1 \cdot a_1 = -m_2 \cdot a_2$$

$$m_1 \cdot \frac{dv_1}{dt} = -m_2 \cdot \frac{dv_2}{dt} \tag{7.14}$$

Wir können jetzt eine neue Größe Impuls $\vec{p}$ einführen, die wir als Produkt der Geschwindigkeit $\vec{v}$ und der Masse m eines Körpers definieren.

$$\vec{p} = m \cdot \vec{v} \tag{7.15}$$

Mit dieser Definition können wir Gl. 7.14 folgendermaßen formulieren.

$$\frac{d}{dt}\vec{p}_1 = -\frac{d}{dt}\vec{p}_2$$

$$\frac{d}{dt}\vec{p}_1 + \frac{d}{dt}\vec{p}_2 = 0$$

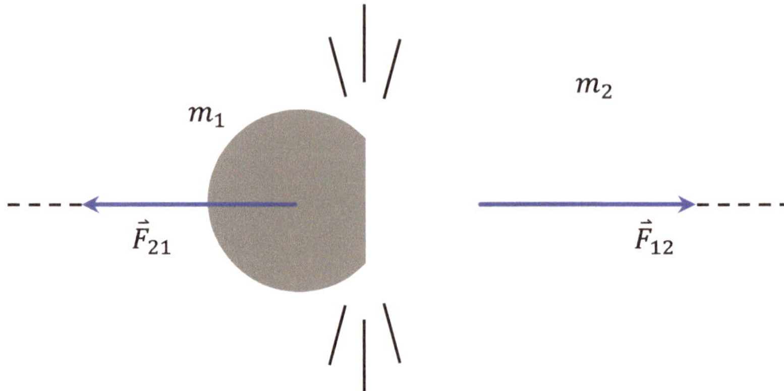

Abb. 7.7 Schematische Darstellung der Kräfte, die während eines Zusammenstoßes zweier Massen m_1 und m_2 wirken

Dies bedeutet, dass die vektorielle Summe der Impulsänderungen $\vec{p}_1$ und $\vec{p}_2$ null ist. Dieses Prinzip, das wir am Beispiel von zwei Massen formuliert haben, lässt sich auf ein System mit beliebig vielen Massen übertragen.

Definition

Impuls: Der Impuls $\vec{p}$ ist eine vektorielle Größe, die sich aus dem Produkt von Masse m und Geschwindigkeit $\vec{v}$ berechnen lässt. Der Impulses $\vec{p}$ zeigt in Richtung der Geschwindigkeit $\vec{v}$. Die zeitliche Änderung des Impulses entspricht der auf die Masse wirkende Kraft. Die Einheit des Impulses ist $[p] = \text{kg m s}^{-1} = \text{N s}$.

Wie gezeigt, entspricht die zeitliche Ableitung des Impulses der Kraft. Die Impulsänderung $\Delta\vec{p}$ ergibt sich daher aus dem Integral der Kraft, wenn wir über die Dauer t_1 bis t_2 eines Stoßes integrieren.

$$d\vec{p} = \vec{F}\ dt$$

$$\int_1^2 dp = \int_{t_1}^{t_2} F\ dt = \Delta\vec{p}$$

Die Impulsänderung $\Delta\vec{p}$ bezeichnet man auch als Kraftstoß. Bei einer konstanten Kraft $\vec{F}$, die im Zeitintervall Δt wirkt, ergibt sich ein Kraftstoß von $\Delta\vec{p} = \vec{F} \cdot \Delta t$. Mit Hilfe dieser Definition der Impulsänderung wird auch die Einheit für den Impuls $[p] = [\Delta p] = \text{N s}$ anschaulich.

7.5 Die Impulserhaltung

Wie in Abschn. 7.4 gezeigt, ist die vektorielle Summe der Impulsänderungen zweier Massen mit den Impulsen $\vec{p}_1$ und $\vec{p}_2$ null. Wir können also einen Gesamtimpuls $\vec{p}_{ges}$ als Summe der Einzelimpulses $\vec{p}_1$ und $\vec{p}_2$ bilden, für den gilt:

$$\frac{d}{dt}\vec{p}_{ges} = \frac{d}{dt}\vec{p}_1 + \frac{d}{dt}\vec{p}_2 = 0$$

Daraus ergibt sich, dass sich der Gesamtimpuls $\vec{p}_{ges}$ nicht mit der Zeit ändert und somit eine Erhaltungsgröße darstellt. Voraussetzung ist, dass von außen keine zusätzlichen Kräfte wirken.

Definition
Impulserhaltung: Der Gesamtimpuls eines abgeschlossenen Systems ist zeitlich konstant. Daraus folgt, dass der Gesamtimpuls zweier Massen nach einem Stoßprozess gleich dem der beiden Massen vor dem Stoßprozess ist, solange von außen keine Kräfte wirken.

Die Impulserhaltung können wir zur Berechnung von Stoßprozessen anwenden. Der Impuls vor dem Stoß p_{vor} entspricht daher dem Impuls nach dem Stoß p_{nach}. Je nach Art des Stoßvorganges unterscheidet man Stoßprozesse, bei denen neben dem Impuls auch noch die kinetische Energie erhalten bleibt und solche Stoßprozesse, bei denen ein Teil der ursprünglichen kinetischen Energie in die Energieform Wärme verwandelt wird.

Prozesse, bei denen Impuls und kinetische Energie erhalten bleiben, bezeichnet man als elastische Stöße. Prozesse, bei denen ein Teil der kinetischen Energie in Wärme umgeformt wird, werden als inelastisch bezeichnet. Die Umwandlung der kinetischen Energie in Wärme kann beispielsweise durch eine plastische Deformation erfolgen.

7.5.1 Elastische Stoßprozesse

Abb. 7.8 zeigt eine schematische Darstellung eines elastischen Stoßes. In diesem Spezialfall trifft die Masse m_1 mit der Geschwindigkeit $\vec{v}_1$ auf eine ruhende zweite Masse m_2. Die Wechselwirkung zwischen den beiden Massen erfolgt in einer Weise, bei der die mechanische Energie vollständig erhalten bleibt. Die kinetische Energie wird, wie in Abb. 7.8 modellhaft dargestellt, wie in einer Feder gespeichert und kann daher wieder vollständig in kinetische Energie umgewandelt werden.

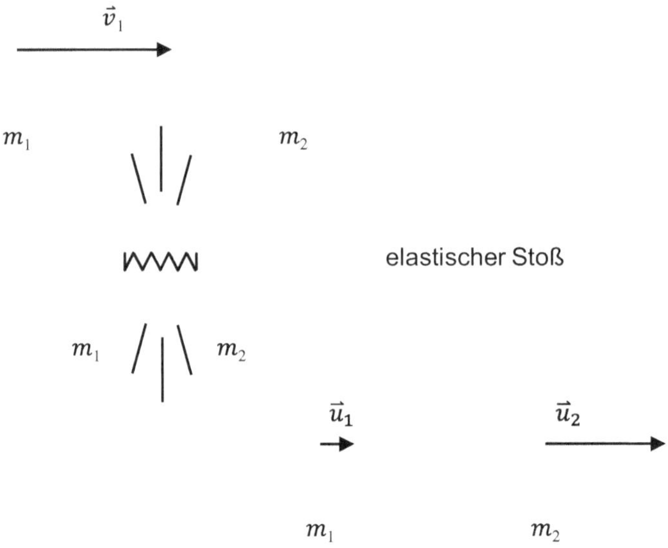

Abb. 7.8 Schematische Darstellung eines elastischen Stoßes, bei dem die Masse m_1 mit der Geschwindigkeit $\vec{v}_1$ auf die ruhende Masse m_2 trifft

Bei einem elastischen Stoß bleibt die gesamte kinetische Energie erhalten. Die kinetische Energie wird hierbei kurzzeitig in der elastischen Energie der Deformation gespeichert.

Der Energieübertrag von der Masse m_1 auf die Masse m_2 hängt vom Verhältnis der beiden Massen ab. Nach dem Stoß bewegen sich die Masse m_1 mit der Geschwindigkeit $\vec{u}_1$ und die Masse m_2 mit der Geschwindigkeit $\vec{u}_2$.

Bei diesem Stoß bleiben der Impuls und die kinetische Energie erhalten. Für die Impulse und die kinetischen Energien können wir folgende Gleichungen formulieren:

$$m_1 \cdot \vec{v}_1 = m_1 \cdot \vec{u}_1 + m_2 \cdot \vec{u}_2 \tag{7.16}$$

$$\frac{1}{2} m_1 \cdot \vec{v}_1^{\,2} = \frac{1}{2} m_1 \cdot \vec{u}_1^{\,2} + \frac{1}{2} m_2 \cdot \vec{u}_2^{\,2} \tag{7.17}$$

Mit die Hilfe dieser Gleichungen können wir nun die Geschwindigkeiten $\vec{u}_1$ und $\vec{u}_2$ nach dem Stoßprozess berechnen. Hierzu formen wir die beiden Gleichungen zunächst folgendermaßen um:

$$m_2 \cdot \vec{u_2} = m_1 \cdot \left(\vec{v_1} - \vec{u_1}\right)$$

$$m_2 \cdot \vec{u_2}^2 = m_1 \cdot \left(\vec{v_1}^2 - \vec{u_1}^2\right) = m_1 \cdot \left(\vec{v_1} - \vec{u_1}\right) \cdot \left(\vec{v_1} + \vec{u_1}\right)$$

Ersetzt man den Ausdruck $m_1 \cdot \left(\vec{v_1} - \vec{u_1}\right)$ der unteren Gleichung durch den Ausdruck $m_2 \cdot \vec{u_2}$ der oberen Gleichung, erhält man:

$$m_2 \cdot \vec{u_2}^2 = m_2 \cdot \vec{u_2} \cdot \left(\vec{v_1} + \vec{u_1}\right)$$

Dies Gleichung können wir nach u_1 und u_2 auflösen.

$$\vec{u_2} = \vec{v_1} + \vec{u_1}$$

$$\vec{u_1} = \vec{u_2} - \vec{v_1}$$

Den Ausdruck für $\vec{u_2} = \vec{v_1} + \vec{u_1}$ können wir nun in die Impulsgleichung Gl. 7.16 einsetzen und erhalten damit die Formel in Gl. 7.18 zur Berechnung der Geschwindigkeit $\vec{u_1}$.

$$m_1 \cdot \vec{v_1} = m_1 \cdot \vec{u_1} + m_2 \cdot \left(\vec{v_1} + \vec{u_1}\right)$$

$$\vec{u_1} = \frac{m_1 - m_2}{m_1 + m_2} \cdot \vec{v_1} \tag{7.18}$$

Jetzt können wir noch den Ausdruck für $\vec{u_1} = \vec{u_2} - \vec{v_1}$ in die Impulsgleichung Gl. 7.16 einsetzen und erhalten die Formel in Gl. 7.19, mit der wir die Geschwindigkeit $\vec{u_2}$ berechnen können.

$$m_1 \cdot \vec{v_1} = m_1 \cdot \left(\vec{u_2} - \vec{v_1}\right) + m_2 \cdot \vec{u_2}$$

$$\vec{u_2} = \frac{2 \cdot m_1}{m_1 + m_2} \cdot \vec{v_1} \tag{7.19}$$

Einige spezielle Stoßvorgänge können wir mit den Ergebnissen für $\vec{u_1}$ und $\vec{u_2}$ sofort analysieren, die Ergebnisse sind in Tab. 7.1 zusammengefasst.

Tab. 7.1 Elastischer Stoß der Massen m_1 und m_2. Hierbei trifft die Masse m_1 mit der Geschwindigkeit v_1 auf die ruhende Masse m_2 ($v_2 = 0$)

Massenverhältnis	Geschwindigkeit $\vec{u_1}$	Geschwindigkeit $\vec{u_2}$
$m_1 = m_2$	0	v_1
$m_1 \gg m_2$	$\vec{v_1}$	$2 \cdot \vec{v_1}$
$m_1 \ll m_2$	$-\vec{v_1}$	0

Nehmen wir einmal zwei Billardkugeln mit der gleichen Masse an ($m_1 = m_2$), wobei die erste Kugel mit der Geschwindigkeit $\vec{v}_1$ auf die zweite, ruhende Kugel $\left(\vec{v}_2 = 0\right)$ stößt. Die erste Kugel wird nach dem Stoß zum vollständigen Stillstand kommen $\left(\vec{u}_1 = 0\right)$ und die zweite Kugel wird die kinetische Energie vollständig übernehmen $\left(\vec{u}_2 = \vec{v}_1\right)$. Wird hingegen ein Tennisball mit der Geschwindigkeit $\vec{v}_1$ gegen eine Wand mit großer Masse ($m_2 \gg m_1$) geworfen, hat dieser nach dem Stoß die Geschwindigkeit $-\vec{v}_1$. Die Geschwindigkeit des Tennisballs hat somit den gleichen Betrag wie vor dem Auftreffen auf die Wand, fliegt aber in die entgegengesetzte Richtung, woraus das negative Vorzeichen resultiert.

Auch wenn wir die Impulsaufnahme aufgrund der großen Masse der Wand nicht wahrnehmen, überträgt der Tennisball während des Stoßprozesses den Impuls $2\,p$ auf die Wand.

Beispiel

Elastischer Stoß von Handball und Basketball: Nehmen wir einmal an, ein Handball der Masse 450 g wird mit einer Geschwindigkeit von 5 m s^{-1} gegen einen ruhenden Basketball der Masse 650 g geworfen. Wie groß ist die Geschwindigkeiten von Handball und Basketball, wenn wir von einem elastischen Stoß ausgehen?

Wir bezeichnen die Masse des Handballs mit m_1, seine Geschwindigkeit mit v_1 und die Masse des Basketballs mit m_2. Zunächst berechnen wir die Geschwindigkeiten u_1 durch Einsetzen der Werte $m_1 = 450\ \text{g} = 0{,}45\ \text{kg}$, $m_2 = 650\ \text{g} = 0{,}65\ \text{kg}$ und $v_1 = 5\ \text{m s}^{-1}$ in Gl. 7.18.

```
Wolfram|Alpha (7)
> (0.45 - 0.65)/(0.45 + 0.65)*5 <RETURN>
Result: −0.909...
```

Dann berechnen wir die Geschwindigkeit u_2 mit Hilfe Gl. 7.19.

```
Wolfram|Alpha (8)
> (2*0.45)/(0.45 + 0.65)*5 <RETURN>
Result: 4.090...
```

Zur Berechnung mit MATLAB können wir den Variablen m_1, m_2 und v_1 zunächst die entsprechenden Werte zuweisen. Danach erfolgt die Berechnung der Geschwindigkeiten u_1 und u_2 mit Gl. 7.18 und 7.19.

```
MATLAB Command Window (4)
> m1 = 0.45% in kg; <RETURN>
> m2 = 0.65% in kg; <RETURN>
> v1 = 5; % in m/s; <RETURN>
> u1=(m1 - m2)/(m1 + m2)*v1 <RETURN>
```

```
u1 =
   -0.9091
> u2 = 2*m1/(m1 + m2)*v1 <RETURN>
u2 =
   4.0909
```

Der Handball hat nach dem Stoß eine Geschwindigkeit von $u_1 = -0{,}91$ m s^{-1} und der Basketball eine Geschwindigkeit von $u_2 = 4{,}09$ m s^{-1}.

Die so berechneten Werte für u_1 und u_2 können wir überprüfen, indem wir die Parameter in die beiden Gleichungen Gl. 7.16 und 7.17 für die Impuls- und die Energieerhaltung einsetzen und dann dieses Gleichungssystem dann mit Wolfram|Alpha lösen.

```
Wolfram|Alpha (9)
> 0.45*5 = 0.45*u1 + 0.65*u2, 1/2*0.45*5^2 = 1/2*0.45*u1^2 +
1/2*0.65*u2^2 <RETURN>
Result:
u1~~-0.909091, u2~~4.09091
```

So konnten wir unsere Ergebnisse noch einmal erfolgreich nachrechnen.

Da es sich hier um einen elastischen Stoß handelt, bleibt die kinetische Energie vollständig erhalten. Die kinetische Energie des Handballs beträgt vor dem Stoß ca. 5, 62 J und verringert sich auf einen Wert von ca. 0, 19 J nach dem Stoßprozess. Genau diese Differenz nimmt der Basketball auf.

7.5.2 Inelastische Stoßprozesse

Bei vielen Stoßvorgängen geht ein Teil der mechanischen Energie verloren und wandelt sich in die Energieform Wärme um. Diese Stoßprozesse bezeichnet man auch als inelastisch. In Abb. 7.9 ist ein inelastischer Stoß schematisch dargestellt. Auch hier trifft die Masse m_1 mit der Geschwindigkeit $\vec{v}_1$ wieder auf eine zweite ruhende Masse m_2. Dann findet die Wechselwirkung zwischen den beiden Massen statt, bei der aber beispielsweise durch eine plastische Verformung ein bestimmter Anteil der kinetischen Energie irreversibel in die Energieform Wärme umgewandelt wird.

Bei einem inelastischen Stoß bleibt die kinetische Energie des Systems nicht vollständig erhalten. Ein Teil der kinetischen Energie wird beispielsweise durch eine plastische Verformung in Wärme umgewandelt.

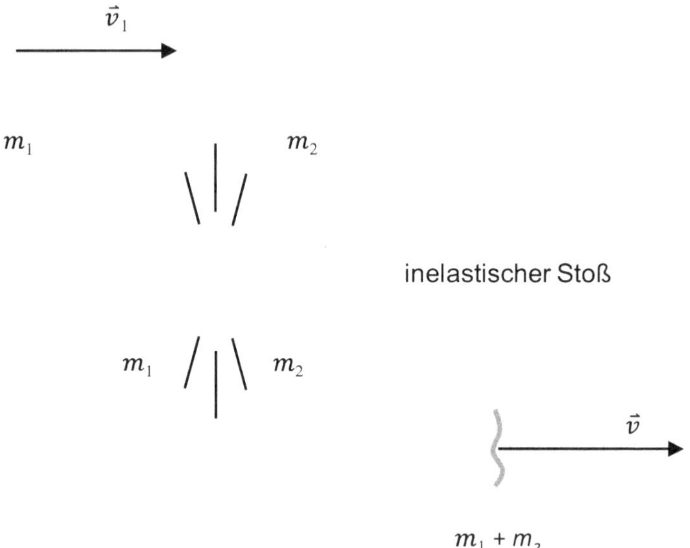

Abb. 7.9 Schematische Darstellung eines inelastischen Stoßes, bei dem die Masse m_1 mit der Geschwindigkeit $\vec{v}_1$ auf die ruhende Masse m_2 trifft.

Die Summe der kinetischen Energie nach dem Stoß verringert sich entsprechend um diesen Anteil. Charakteristisch für einen vollständig inelastischen Stoß ist, dass beide Massen nach dem Stoß aneinander haften bleiben und sich daher mit der gleichen Geschwindigkeit bewegen.

Um die Geschwindigkeiten der Massen nach dem Stoß zu berechnen, können wir nicht mit der kinetischen Energie rechnen, da sich diese ja um den in Wärme umgewandelten Teil verringert. Solange keine zusätzlichen äußeren Kräfte wirken, bleibt der Gesamtimpuls des Systems, in unserem Fall bestehend aus zwei Massen, erhalten. Somit können wir folgende Gleichung formulieren:

$$m_1 \cdot \vec{v}_1 + m_2 \cdot \vec{v}_2 = (m_1 + m_2) \cdot \vec{v}$$

Die Summe der beiden Einzelimpulse $\vec{p}_1 = m_1 \cdot \vec{v}_1$ und $\vec{p}_2 = m_2 \cdot \vec{v}_2$ vor dem Stoß entsprechen dem Impuls der beiden Massen mit der gemeinsamen Geschwindigkeit $\vec{v}$ nach dem Stoß. Diese Gleichung können wir nach $\vec{v}$ auflösen.

$$\vec{v} = \frac{m_1 \cdot \vec{v}_1 + m_2 \cdot \vec{v}_2}{(m_1 + m_2)} \tag{7.20}$$

Mit Hilfe von Gl. 7.20 können wir die Geschwindigkeit zweier Massen nach einem inelastischen Stoßvorgang berechnen.

Beispiel

Geschwindigkeit von Güterwagen nach dem Koppeln: Ein Güterwagen der Masse 30 t (Tonnen) fährt mit der Geschwindigkeit v. Er trifft auf einen zweiten Güterwagen der Masse 25 t (Tonnen), der mit einer Geschwindigkeit von $2,5\ \text{km h}^{-1}$ voraus fährt. Nach dem Zusammentreffen rastet die automatische Kupplung ein und beide Güterwagen fahren mit einer Geschwindigkeit von $7,5\ \text{km h}^{-1}$ weiter. Wir wollen die anfängliche Geschwindigkeit v des ersten Güterwagens berechnen und wie viel kinetische Energie bei dem Ankoppeln in Wärmeenergie umgewandelt wird.

Hier handelt es sich um einen unelastischen Stoß, beide Güterwagen haben nach dem Stoß die gleiche Geschwindigkeit. Ein Teil der kinetischen Energie wird bei diesem Prozess in Wärme umgeformt. Es gilt Impulserhaltung, der Gesamtimpuls des Systems vor dem Stoß kann folgendermaßen berechnet werden:

$$p_{\text{vor}} = 30 \cdot 10^3\ \text{kg} \cdot v + 25 \cdot 10^3\ \text{kg} \cdot (2,5/3,6)\ \text{m s}^{-1}$$

Der Gesamtimpuls nach dem Ankoppeln beträgt

$$p_{\text{nach}} = \left(30 \cdot 10^3\ \text{kg} + 25 \cdot 10^3\ \text{kg}\right) \cdot (7,5/3,6)\ \text{m s}^{-1}$$

Da der Impuls p_{nach} dem Impuls p_{vor} entspricht, können die beiden Terme gleichgesetzt werden und die Gleichung kann mit Wolfram|Alpha und MATLAB nach v aufgelöst werden.

```
Wolfram|Alpha (10)
> 30e3*v + 25e3*(2.5/3.6) = (30e3 + 25e3)*(7.5/3.6), solve v <RETURN>
Result: v~~3.2407
```

Mit MATLAB rechnen wir symbolisch, das Ergebnis speichern wir in der Variablen `sol` und lassen uns dies, zur besseren Vergleichbarkeit mit dem Ergebnis von Wolfram|Alpha, mit dem Befehl `vpa(sol,5)` auf fünf signifikante Stellen ausgeben.

```
MATLAB Command Window (5)
> syms v <RETURN>
> sol=solve(30e3*v + 25e3*(2.5/3.6) == (30e3 + 25e3)*(7.5/3.6),v)
<RETURN>
sol =
6681060238222223/2061584302080000
> vpa(sol,5) <RETURN>
ans =
3.2407
```

Der erste Güterwagen hatte vor dem Stoß eine Geschwindigkeit von $v = 3,24\ \mathrm{m\ s^{-1}} = 11,67\ \mathrm{km\ h^{-1}}$. Um zu berechnen, welcher Anteil der ursprünglichen Energie in Wärme umgewandelt wird, berechnen wir zunächst die Summe der kinetischen Energien $E_{\mathrm{kin,a}}^{\mathrm{trans}}$ des ersten und zweiten Güterwagens vor dem Stoß.

$$E_{\mathrm{kin,a}}^{\mathrm{trans}} = \frac{1}{2} \cdot 30 \cdot 10^3\ \mathrm{kg} \cdot \left(3,2\ \mathrm{m\ s^{-1}}\right)^2 + \frac{1}{2} \cdot 25 \cdot 10^3\ \mathrm{kg} \cdot \left(2,5/3,6\ \mathrm{m\ s^{-1}}\right)^2$$

```
Wolfram|Alpha (11)
> 1/2*30e3*3.2407^2 + 1/2*25e3*(2.5/3.6)^2 <RETURN>
Result: 163560.21...
```

Die kinetische Energie beider Güterwagen vor dem Ankoppeln beträgt $E_{\mathrm{kin,a}}^{\mathrm{trans}} = 163.560\ \mathrm{J}$. Dann berechnen wir die kinetische Energie $E_{\mathrm{kin,b}}^{\mathrm{trans}}$ der beiden Güterwagen nach dem Ankoppeln.

Da beide Güterwagen angekoppelt sind, bewegen sich diese mit der gleichen Geschwindigkeit und haben eine gesamte Masse von 55 t.

$$E_{\mathrm{kin,b}}^{\mathrm{trans}} = \frac{1}{2} \cdot \left(30 \cdot 10^3\ \mathrm{kg} + 25 \cdot 10^3\ \mathrm{kg}\right) \cdot \left(7,5/3,6\ \mathrm{m\ s^{-1}}\right)^2$$

```
Wolfram|Alpha (12)
> 1/2*(30e3 + 25e3)*(7.5/3.6)^2 <RETURN>
Result: 119357.63...
```

Die kinetische Energie der beider Güterwagen nach dem Ankoppeln beträgt $E_{\mathrm{kin,b}}^{\mathrm{trans}} = 119.360\ \mathrm{J}$. Mit MATLAB können wir die Berechnung in einem Command Window durchführen.

```
MATLAB Command Window (6)
> Ekina = 1/2*30e3*3.2407^2 + 1/2*25e3*(2.5/3.6)^2 <RETURN>
Ekina =
   1.6356e+05
> Ekinb = 1/2*(30e3 + 25e3)*(7.5/3.6)^2 <RETURN>
Ekinb =
   1.1936e+05
> pc=Ekinb/Ekina*100% Anteil Ekinb in Prozent; <RETURN>
pc =
   72.9747
> 100-pc % Anteil Wärme in Prozent; <RETURN>
ans =
   27.0253
```

Beim Ankoppeln der beiden Waggons wurden ca. 27 % der ursprünglichen kinetischen Energie in Wärme umgewandelt.

Beispiel

Gepäckstück vergessen: Ein Ruderer (Masse 75 kg), der bereits in einem Ruderboot (Masse 14, 5 kg) mit der Geschwindigkeit $v = 0$ sitzt, hat vergessen, ein Gepäckstück (Masse 2,5 kg) mitzunehmen. Wir stehen auf dem Steg und werfen ihm das Gepäckstück mit einer Geschwindigkeit von 5 m s^{-1} zu. Wie schnell ist das Ruderboot, nachdem der Ruderer das Gepäckstück aufgefangen hat und sicher in den Händen hält?

Hier handelt es sich um einen vollständig inelastischen Stoß. Das Gepäckstück wird beim Auffangen mit der Muskelkraft abgebremst, ein Teil der kinetischen Energie des Gepäckstückes vor dem Auffangen wird in Wärme umgewandelt. Der Impuls bleibt hingegen erhalten, dieser beträgt nach dem Stoß

$$p_{\text{vor}} = 2{,}5\text{ kg} \cdot 5\text{ m s}^{-1}$$

Der Gesamtimpuls nach dem Ankoppeln beträgt

$$p_{\text{nach}} = (75\text{ kg} + 14{,}5\text{ kg} + 2{,}5\text{ kg}) \cdot v$$

Beide Terme können wieder gleichgesetzt werden, die resultierende Gleichung wird nach v aufgelöst.

$$2{,}5\text{ kg} \cdot 5\text{ m s}^{-1} = (75\text{ kg} + 14{,}5\text{ kg} + 2{,}5\text{ kg}) \cdot v$$

$$v = \frac{2{,}5\text{ kg} \cdot 5\text{m s}^{-1}}{92\text{ kg}} \approx 0{,}136\text{ m s}^{-1}$$

Nach dem Auffangen des Gepäckstückes beträgt die Geschwindigkeit des Bootes also $v = 0{,}136\text{ m s}^{-1}$. Die Lösung rechnen wir noch einmal schnell nach und tätigen folgende Eingaben in Wolfram|Alpha und MATLAB:

```
Wolfram|Alpha (13)
> 2.5*5 = (75 + 14.5 + 2.5)*v, solve v <RETURN>
Result: v~~0.13587
```

Mit MATLAB rechnen wir symbolisch und lassen uns das Ergebnis mit drei signifikanten Stellen anzeigen.

```
MATLAB Command Window (7)
> syms v <RETURN>
> sol=solve(2.5*5 == (75 + 14.5 + 2.5)*v,v) <RETURN>
sol =
```

```
25/184
> vpa(sol,3) <RETURN>
ans =
0.136
```

7.6 Die Leistung

Wenn eine Kraft entlang eines Weges wirkt, wird physikalische Arbeit W verrichtet. Die physikalische Größe Arbeit sagt allerdings noch nichts darüber aus, in welcher Zeit diese Arbeit verrichtet wird.

Nehmen wir einmal an, wir wollen eine von einem Elektromotor angetriebene Produktionseinrichtung konstruieren, die Produktionsgüter eine Rampe hinaufzieht. Die hierzu benötigte Arbeit können wir mit dem Produkt aus Gewichtskraft und Höhendifferenz berechnen. Für die Auswahl des Elektromotors müssen wir aber zusätzlich auch wissen, in welcher Zeit diese Arbeit verrichtet werden soll.

Die physikalische Größe, die das Verhältnis von geleisteter Arbeit ΔW zu der dafür benötigten Zeitdauer Δt beschreibt, ist die Leistung P. Die durchschnittliche Leistung kann man Gl. 7.21 berechnen.

$$\langle P \rangle = \frac{\Delta W}{\Delta t} \tag{7.21}$$

Die Momentanleistung kann man durch Ableiten der Arbeit nach der Zeit in Gl. 7.22 berechnen.

$$P = \frac{dW}{dt} \tag{7.22}$$

Die abgeleitete SI-Einheit der Leistung ist $[P] = \mathrm{J\,s^{-1}}$, diese wird auch als Watt (Einheitenzeichen W) bezeichnet.

Definition

Leistung: Die Leistung P gibt an, in welcher Zeit eine Arbeit verrichtet wird. Soll die gleiche Arbeit in einer kürzeren Zeit verrichtet werden, so ist hierfür eine höhere Leistung erforderlich. Die Einheit der Leistung ist das Watt (W): $[P] = \mathrm{kg\,m^2\,s^{-3}} = \mathrm{J\,s^{-1}} = \mathrm{W}$.

Im Folgenden berechnen wir die Leistung an konkreten Beispielen. Wir starten mit der Berechnung der Leistung einer Windkraftanlage, mit der wir nachhaltig elektrische Energie erzeugen können. Anschließend berechnen wir den Leistungsbedarf eines Automobilsin Abhängigkeit der Fahrgeschwindigkeit. Damit können wir beispielsweise berechnen, wie viel Energie eine Fahrzeugbatterie speichern muss um eine bestimmte Reichweite eines elektrisch betriebenen Autos zu ermöglichen.

Beispiel

Leistung einer Windkraftanlage: Wir wollen die Leistung einer Windkraftanlage mit einem Rotordurchmesser $D = 40$ m und einer Windgeschwindigkeit von $6\,\mathrm{m\,s^{-1}}$ (also bei mäßigem Wind) berechnen. Für die Dichte der Luft nehmen wir einen Wert von $\rho_L = 1{,}2\,\mathrm{kg\,m^{-3}}$ an.

Um die Leistung einer Windkraftanlage abzuschätzen, gehen wir zunächst davon aus, dass wir die gesamte kinetische Energie des Windes nutzen können. Hierzu betrachten wir das Luftvolumen ΔV, das im Zeitintervall Δt durch die Querschnittsfläche strömt, die durch den Rotordurchmesser vorgegeben wird. Wie in Abb. 7.10 schematisch dargestellt, kann das Luftvolumen ΔV als Zylinder mit der durch den Rotor aufgespannten Grundfläche A und der in der Zeit Δt zurückgelegten Wegstrecke Δx berechnet werden.

$$A = \pi \cdot \left(\frac{D}{2}\right)^2$$

$$\Delta V = A \cdot \Delta x = A \cdot v \cdot \Delta t$$

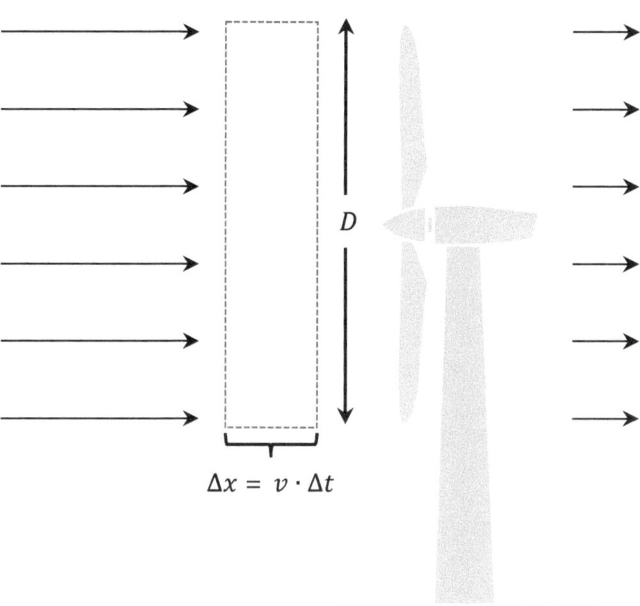

Abb. 7.10 Schematische Darstellung einer Windkraftanlage zur Berechnung der Leistung in Abhängigkeit des Rotordurchmessers D und der Windgeschwindigkeit v

Mit Hilfe der Luftdichte ρ_L können wir aus dem Luftvolumen ΔV folgendermaßen die bewegte Masse Δm berechnen.

$$\Delta m = \Delta V \cdot \rho_L = A \cdot v \cdot \Delta t \cdot \rho_L$$

Die kinetische Energie ΔW dieses Luftvolumens beträgt

$$\Delta W = \frac{1}{2} \cdot \Delta m \cdot v^2 = \frac{1}{2} \cdot (A \cdot v \cdot \Delta t \cdot \rho_L) \cdot v^2$$

Die Leistung P können wir berechnen, wenn wir die kinetische Energie ΔW durch das Zeitintervall Δt teilen. Die Fläche A des Rotors berechnen wir mit dem Rotordurchmesser D und erhalten Gl. 7.23 als Formel zur Berechnung der Leistung einer Windkraftanlage in Abhängigkeit des Rotordurchmessers und der Windgeschwindigkeit.

$$P = \frac{\Delta W}{\Delta t} = \frac{1}{2} \cdot A \cdot \rho_L \cdot v^3$$

$$P = \frac{1}{2} \cdot \pi \cdot \left(\frac{D}{2}\right)^2 \cdot \rho_L \cdot v^3 \tag{7.23}$$

Nun können wir die Zahlenwerte für den Rotordurchmesser $D = 40$ m, die Dichte der Luft $\rho_L = 1{,}2$ kg m^{-3} und die Luftgeschwindigkeit $v = 6$ m s^{-1} einsetzen und die Leistung P berechnen. Als Ergebnis erhalten wir die Leistung in der Einheit $[P] = $ J s^{-1} = W.

Bei Wolfram|Alpha geben wir die Formel mit den gegebenen Zahlenwerten in einer Zeile ein und teilen gleich durch den Faktor 1.000, um das Ergebnis für die Leistung in der Einheit kW zu berechnen.

```
Wolfram|Alpha (14)
> 1/2*pi*(40/2)^2*1.2*6^3/1000 <RETURN>
Result: 162.860...
```

Bei MATLAB definieren wir zunächst alle Variablen und weisen diesen die gegebenen Zahlenwerte zu. Dann erfolgt die Berechnung der Leistung, wobei wir hier auch gleich durch den Faktor 1.000 teilen.

```
MATLAB Command Window (8)
> D = 40; <RETURN>
> v = 6; <RETURN>
> rho = 1.2; <RETURN>
> P = 1/2*pi*(D/2)^2*rho*v^3; <RETURN>
> P/1000 <RETURN>
ans =
  162.8602
```

Wenn die vollständige Windenergie genutzt werden könnte, würden wir somit eine Leistung von $P = 162{,}9$ kW erzielen. Steigt die Windgeschwindigkeit an, so steigt die Leistung mit der dritten Potenz der Windgeschwindigkeit $(P \sim v^3)$.

Die Annahme, dass sich die kinetische Energie des Windes vollständig nutzen lässt, ist leider zu optimistisch. Die Luft käme hinter dem Windrad vollständig zum Stillstand $(v = 0)$und könnte sich daher nicht wegbewegen.

Eine realistischere Annahme ist es, davon auszugehen, dass die Windgeschwindigkeit v_0 an der Radnabe den Mittelwert der einströmenden Geschwindigkeit v_1 und der abströmenden Geschwindigkeit v_2 annimmt.

$$v_0 = \frac{v_1 + v_2}{2}$$

Die Windleistung P kann daher nur so groß sein wie die Differenz zwischen der Leistung der ein- und ausströmenden Luft.

$$P = \frac{1}{2} \cdot A_1 \cdot \rho_L \cdot v_1^3 - \frac{1}{2} \cdot A_2 \cdot \rho_L \cdot v_2^3 \tag{7.24}$$

Da der Massendurchsatz $(\Delta m/\Delta t)$ unabhängig von der Querschnittsfläche A ist, ergibt sich unter der Annahme einer konstanten Luftdichte

$$\frac{\Delta m}{\Delta t} = \rho_L \cdot v_1 \cdot A_1 = \rho_L \cdot v_0 \cdot A_0 = \rho_L \cdot v_2 \cdot A_2$$

Nun können wir Gl. 7.24 umformen mit dem Ziel, die Querschnittsflächen A_1 und A_2 durch die Rotorfläche A_0 zu ersetzen.

$$P = \frac{1}{2} \cdot (A_1 \cdot \rho_L \cdot v_1) \cdot v_1^2 - \frac{1}{2} \cdot (A_2 \cdot \rho_L \cdot v_2) \cdot v_2^2$$

$$P = \frac{1}{2} \cdot (\rho_L \cdot v_0 \cdot A_0) \cdot \left(v_1^2 - v_2^2\right)$$

Für die Geschwindigkeit v_0 an der Radnabe setzen wir nun den Mittelwert aus den Geschwindigkeiten v_1 und v_2 ein und können schließlich die Leistung der Windkraftanlage als Funktion der Geschwindigkeit v_1 der einströmenden und der Geschwindigkeit der ausströmenden Luft v_2 angeben.

$$P = \frac{1}{2} \cdot \rho_L \cdot A_0 \cdot \frac{(v_1 + v_2)}{2} \cdot \left(v_1^2 - v_2^2\right)$$

Diesen Ausdruck wollen wir für die weitere Betrachtung in Abhängigkeit des Verhältnisses v_2/v_1 darstellen und formen daher folgendermaßen um.

$$P = \frac{\rho_L}{4} \cdot A_0 \cdot v_1 \cdot \left(1 + \frac{v_2}{v_1}\right) \cdot v_1^2 \cdot \left(1 - \left(\frac{v_2}{v_1}\right)^2\right)$$

$$P = \frac{\rho_L}{4} \cdot A_0 \cdot v_1^3 \cdot \left(1 + \frac{v_2}{v_1}\right) \cdot \left(1 - \left(\frac{v_2}{v_1}\right)^2\right)$$

Nun können wie den Leistungsbeiwert c_p definieren als das Verhältnis der Leistung P zur maximal möglichen Leistung P_{max}, bei der die einströmende Luft mit der Geschwindigkeit v_1 vollständig durch die Rotorfläche A_0 abgebremst würde.

$$P_{max} = \frac{1}{2} \cdot A_0 \cdot \rho_L \cdot v_1^3$$

$$c_p = \frac{1}{2} \cdot \left(1 + \frac{v_2}{v_1}\right) \cdot \left(1 - \left(\frac{v_2}{v_1}\right)^2\right) \tag{7.25}$$

Zur Berechnung des Leistungsbeiwertes c_p können wir somit die in Gl. 7.25 angegebene Formel verwenden. Interessant ist natürlich die Frage, bei welchem Verhältnis v_2/v_1 der Leistungsbeiwert c_p maximal wird. Hierzu können wir die Funktion in Gl. 7.25 plotten und dann nachfolgend das Maximum bestimmen. Als Abkürzung für das Verhältnis der Luftgeschwindigkeiten wählen wir die Größe $r = (v_2/v_1)$.

Zunächst plotten wir die Funktion des Leistungsbeiwertes c_p mit Wolfram|Alpha.

```
Wolfram|Alpha (15)
> plot 1/2*(1 + r)(1 - r^2) from r = 0 to 1 <RETURN>
Plot:...
```

Bei MATLAB definieren wir den Zeilenvektor `r` mit einer Schrittweite von 0,01 und berechnen damit den Zeilenvektor `cp`. Abb. 7.11 zeigt den Verlauf des Leistungsbeiwertes in Abhängigkeit des Verhältnisses der Luftgeschwindigkeiten v_2/v_1.

```
MATLAB Command Window (9)
> r = 0:0.01:1; <RETURN>
> cp = 1/2*(1 + r).*(1 - r.^2); <RETURN>
> plot(r,cp) <RETURN>
```

Die Bestimmung des Maximums erfolgt bei Wolfram|Alpha mit der Eingabe `maximize` gefolgt von der entsprechenden Funktion und dem Wertebereich, der analysiert werden soll.

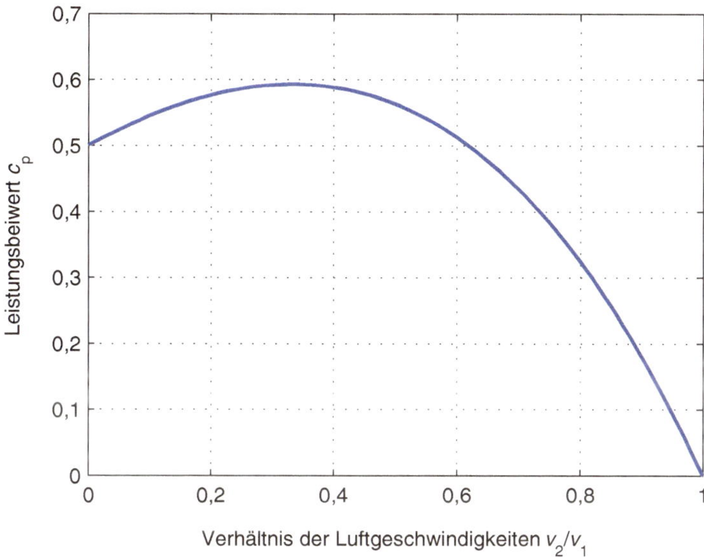

Abb. 7.11 Leistungsbeiwert c_{p} einer Windkraftanlage in Abhängigkeit des Verhältnisses der Luftgeschwindigkeiten v_2/v_1

```
Wolfram|Alpha (16)
› maximize 1/2*(1 + r)(1 - r^2) from r = 0 to 1 <RETURN>
Global maximum: max{1/2 (1+r) (1-r^2)|0<=r<=1} = 16/27 at r = 1/3
```

Wolfram|Alpha weist hier ein globales Maximum von $16/27 \approx 0,59$ an der Stelle $r = 1/3$ aus. Zur Bestimmung des Maximums mit MATLAB wird mit dem Befehl `max(cp)` diejenige Komponente des zuvor berechneten Zeilenvektors `cp` bestimmt, die den größten Zahlenwert aufweist.

```
MATLAB Command Window (10)
› max(cp); <RETURN>
ans =
  0.5926
```

Nun können wir noch bestimmen, welchen Wert die Variable `r` aufweist, bei dem das Maximum erreicht wird. Diese Suche können wir mit dem Befehl `find` durchführen. Allerdings dürfen wir durch Rundungsfehler nicht nach dem genauen Wert suchen, sondern müssen einen Toleranzbereich zulassen.

```
MATLAB Command Window (11)
› find(abs(cp-0.5926) < 0.00005) <RETURN>
ans =
    34
```

```
> r(34) <RETURN>
ans =
    0.3300
```

Auch mit dieser Berechnung können wir einen Wert von $c_p \approx 0,59$ als Maximum des Leistungsbeiwertes bestimmen, wenn das Verhältnis der Luftgeschwindigkeiten den Wert $r = v_2/v_1 \approx 0,33$ annimmt.

Den Verlauf des Leistungsbeiwertes können wir auch mit Excel berechnen. Hierzu fertigen wir das in Abb. 7.12 dargestellte Excel-Arbeitsblatt an. Als Abkürzung für das Verhältnis der Luftgeschwindigkeiten wählen wir hier ebenfalls die Bezeichnung `r`. Als Schrittweite zur Berechnung von `cp` wird hier ein Wert von 0,01 gewählt. Mit der Funktion =`MAX(B2:B101)` in der Zelle `E3` können wir den maximalen Wert von `cp` in der Spalte `B` ermitteln. Somit können wir auch mit der Tabellenkalkulation einen maximalen Wert für den Leistungsbeiwert $c_p = 0,59$ ermitteln.

```
Excel-Arbeitsblatt (Abb. 7.12)
B2 = 1/2*(1 + A2)*(1 - A2^2)
E3 = MAX(B2:B101)
```

Der Leistungsbeiwert c_p einer Windkraftanlage kann also einen maximalen Wert von 59,3 % annehmen. Damit haben wir den sogenannten Betz-Faktor berechnet, der die maximal nutzbare Windleistung beschreibt. Dieser wird erreicht, wenn das Verhältnis von aus- zu einströmender Luft den Wert $(v_2/v_1) = 1/3$ beträgt [1]. Der Leistungsbeiwert realer Windkraftanlagen verringert sich allerdings noch um weitere Effekte, wie beispielsweise durch Reibungsverluste.

Beispiel

Energieverbrauch eines Kleinwagens: Ein Automobilhersteller gibt für einen Kleinwagen eine Motorleistung von 45 kW und eine Höchstgeschwindigkeit von 160 km h^{-1} an. Mit diesen Angaben wollen wir den Energieverbrauch für das Auto in kWh pro 100 km abschätzen, wenn wir von einer Fahrt mit Höchstgeschwindigkeit ausgehen.

Den Energieverbrauch kann man mit Gl. 7.26 berechnen, indem wir die Leistung P mit dem Zeitraum Δt multiplizieren. Hierbei setzen wir voraus, dass die Leistung im betrachteten Zeitraum konstant ist.

$$\Delta W = P \cdot \Delta t \tag{7.26}$$

Wenn wir eine Stunde mit Höchstgeschwindigkeit gefahren sind, legen wir im Zeitraum $\Delta t = 1$ h eine Strecke von 160 km zurück. Im Zeitraum Δt wirkt hierbei eine Leistung von 45 kW. Nach 160 km haben wir daher eine Energie von 45 kWh

	A	B	C	D	E	F	G	H
1	r	cp						
2	0,00	0,5000						
3	0,01	0,5049		Maximum	0,5926			
4	0,02	0,5098						
5	0,03	0,5145						
...	...	...						
102	1,00	0,0000						

Abb. 7.12 Excel-Arbeitsblatt zur Berechnung des Leistungsbeiwertes c_p einer Windkraftanlage

verbraucht. Diesen Energieverbrauch können dann auf eine Strecke von 100 km umrechnen.

Bei Wolfram|Alpha können wir die Eingabe der Leistung sogar mit der Einheit kW versehen und erhalten als Ergebnis in der Einheit kWh.

```
Wolfram|Alpha (17)
> (45 kW*1 h)/160 km*100 km <RETURN>
Result: 28.13 kW h (kilowatt hours)
```

Bei MATLAB geben wir zunächst die Werte für `p` und `t` ein und weisen das Ergebnis der Variablen `E` zu. Die Einheiten vermerken wir separat auf einer Nebenrechnung.

```
MATLAB Command Window (12)
> p = 45; t = 1; <RETURN>
> E = p*t/160*100 <RETURN>
E =
   28.1250
```

Der Kleinwagen aus unserem Beispiel müsste also für eine vergleichsweise bescheidene Reichweite von 100 km bereits mit einer Traktionsbatterie ausgerüstet werden, die eine Energie von mindestens 28 kWh speichern kann.

Da das Speichern von großen Energiemengen noch sehr teuer ist und ein großes Gewicht der Batterien bedingt, ist eine wichtige Frage für die Post-Carbon-Gesellschaft, wie man den Energieverbrauch von Fahrzeugen weiter verringern kann.

Zur Klärung dieser Frage müssen wir genauer analysieren, welches die Ursachen für den Energieverbrauch sind. In Abb. 7.13 sind die Kräfte an einem Fahrzeugmodell schematisch dargestellt. Die Antriebskraft F_A muss die Summe der Fahrwiderstände F_ges überwinden. Bei einer Fahrt in der Ebene werden die Fahrwiderstände hauptsächlich durch die Rollreibung F_RR und den Luftwiderstand F_W bestimmt [2].

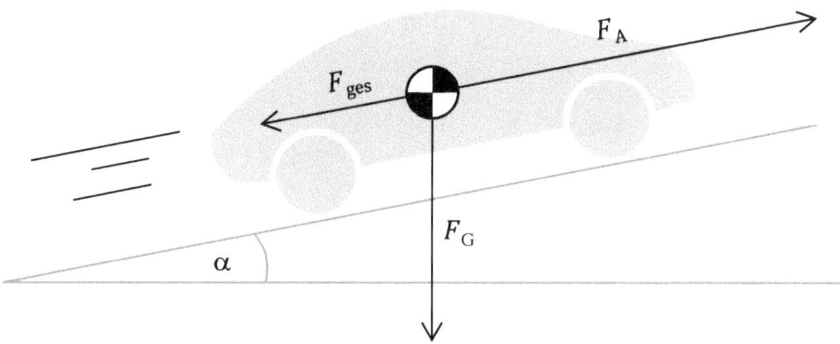

Abb. 7.13 Schematische Darstellung der Kräfte an einem Fahrzeugmodell

Die Rollreibung kann in guter Näherung als geschwindigkeitsunabhängig angenommen werden und mit Gl. 7.27 aus dem Fahrzeuggewicht und dem Rollreibungskoeffizienten F_{RR} berechnet werden.

$$F_{RR} = m \cdot g \cdot f_R \tag{7.27}$$

Der Luftwiderstand steigt mit dem Quadrat der Geschwindigkeit v, hängt von dem c_W-Wert, der Stirnfläche A und der Luftdichte ρ_L ab und kann mit Gl. 7.28 berechnet werden.

$$F_W = \frac{1}{2} \cdot c_W \cdot A \cdot \rho_L \cdot v_{rel}^2 \tag{7.28}$$

Bei der Entwicklung eines neuen Elektroautos können wir den Energieverbrauch durch den c_W-Wert, die Stirnfläche A und die Fahrzeugmasse m entscheidend beeinflussen. Wenn wir das Auto einmal gekauft haben, können wir nur noch den Parameter Fahrgeschwindigkeit v_{rel} beeinflussen. Da die Fahrgeschwindigkeit v_{rel} quadratisch in den Luftwiderstand eingeht, bestimmt dieser Parameter gerade bei hohen Geschwindigkeiten den Energieverbrauch unseres Fahrzeuges. Da die Rollreibung in unserem Modell nicht von der Geschwindigkeit abhängt, beeinflusst diese den Energieverbrauch eher im unteren Geschwindigkeitsbereich. Aufgrund der Proportionalität zum Fahrzeuggewicht kommt es hier darauf an, dass das Elektroauto besonders leicht ist. Das ist der Grund, warum zurzeit neue Werkstoffe für den Bereich Leichtbau von Fahrzeugkarosserien entwickelt werden. Ein Beispiel ist der Aufbau von Fahrzeugkarosserien mit kohlenstofffaserverstärkten Kunststoffen, auch carbonfaserverstärkte Kunststoff (kurz CFK) genannt. Im folgenden Beispiel wollen wir die einzelnen Einflüsse auf den Energieverbrauch eines Elektroautos genauer analysieren.

Tab. 7.2 Parameter zur Berechnung des Energieverbrauches eines Elektroautos

Parameter	Formelzeichen	Wert	Einheit
Fahrzeugmasse	m	1.200	kg
Luftwiderstandsbeiwert	c_W	0,30	(dimensionslos)
Stirnfläche	A	2,38	m^2
Reibungskoeffizient	f_R	0,011	(dimensionslos)
Dichte der Luft	ρ_L	1,2	kg/m^3

Beispiel

Design eines neuen Elektroautos: Wir wollen ein Elektroauto konzipieren und hierzu eine Traktionsbatterie mit einem Energieinhalt von 20 kWh einsetzten. Mit Hilfe des vorgestellten Fahrzeugmodells und der Angaben in Tab. 7.2 wollen wir die maximale Reichweite dieses Fahrzeuges bei einer Geschwindigkeit von 120 km h^{-1} berechnen.

Bei der Lösung mit Wolfram|Alpha setzen wir zunächst die Parameter aus Tab. 7.2 in die Gleichungen ein, um die Gesamtkraft F_{ges} zu berechnen. Die Geschwindigkeit 120 km h^{-1} teilen wir durch den Faktor 3,6 um die Geschwindigkeit in den SI-Einheiten m s^{-1} zu erhalten. Die so berechnete Gesamtkraft wirkt über einen Weg von 100 km (entspricht $1 \cdot 10^5$ m). Damit können wir die geleistete Arbeit folgendermaßen berechnen:

$$\Delta W = F_{ges} \cdot \Delta s = F_{ges} \cdot 100 \text{ km} = F_{ges} \cdot 1 \cdot 10^5 \text{ m}$$

Wir erwarten ein Ergebnis in der Einheit N m oder J. Um das Ergebnis in die gebräuchlichere Einheit kWh umzurechnen, können wir den Wert noch durch $3,6 \cdot 10^6$ teilen.

```
Wolfram|Alpha (18)
> (1/2*0.3*2.38*1.2*(120/3.6)^2 + 1200*9.81*0.011)*(1e5)/(3.6e6)
<RETURN>
Result: 16.819...
```

Bei einer Geschwindigkeit von 120 km h^{-1} rechnen wir also mit einem Energieverbrauch von ca. 16,8 kWh/100 km. Interessant ist natürlich, welche Anteile hierbei auf die Rollreibung und auf den Luftwiderstand entfallen.

```
Wolfram|Alpha (19)
> (1200*9.81*0.011)*(1e5)/(3.6e6) <RETURN>
Result: 3.597
```

Die Rollreibung verursacht also einen Energieverbrauch von ca. 3,6 kWh/100 km.

```
Wolfram|Alpha (20)
> (1/2*0.3*2.38*1.2*(120/3.6)^2)*(1e5)/(3.6e6) <RETURN>
Result: 13.2...
```

Der Luftwiderstand verursacht einen höheren Energieverbrauch von ca. 13,2 kWh/100 km. Bei einer Geschwindigkeit von 120 km h^{-1} hat der Luftwiderstand also bereits einen Anteil von 78,5 % des Energieverbrauches.

Mit der Eingabe `plot` können wir den Energieverbrauch in Abhängigkeit der Geschwindigkeit darstellen, in diesem Fall in einem Geschwindigkeitsbereich von 0 bis 160 km h^{-1}.

```
Wolfram|Alpha (21)
> plot(1/2*0.3*2.38*1.2*(v/3.6)^2 + 1200*9.81*0.011)*(1e5)/(3.6e6)
from v = 0 to 160 <RETURN>
Plot:...
```

Bei der Lösung der Aufgabe mit MATLAB können wir zunächst alle Parameter des Fahrzeugmodells hinterlegen und danach die jeweiligen Größen berechnen. Danach können wir die Werte F_W und F_{RR} berechnen, sowie die daraus resultierenden Energieverbräuche.

```
MATLAB Command Window (13)
> m = 1200; cw = 0.3; A = 2.38; fr = 0.011; rho = 1.2; <RETURN>
> v = 0:1:160; <RETURN>
> FL = 1/2*cw*A*rho*(v/3.6).^2; <RETURN>
> FRR = m*9.81*fr; <RETURN>
> EFL = FL*1000*100/3.6e6; <RETURN>
> EFR = FRR*1000*100/3.6e6; <RETURN>
> Eg = EFL + EFR; <RETURN>
> plot(v,EFR,v,EFL,v,Eg)
```

Die Berechnung des Energieverbrauches kann auch mit der Tabellenkalkulation Excel erfolgen, hierzu fertigen wir das in Abb. 7.14 gezeigte Excel-Arbeitsblatt an. In der Spalte `A` tragen wir die Geschwindigkeit v in der Einheit km h^{-1} mit einer Schrittweite von 5 km h^{-1} ein. In der Spalte `B` und `C` berechnen wir die Rollreibung und die Luftreibung. Diese Werte addieren wir in der Spalte `D` zur Gesamtkraft F_{ges}. In der Spalte `E` berechnen wir dann den Energieverbrauch, auf eine Strecke von 100 km bezogen. Abb. 7.15 zeigt den so berechneten gesamten Energieverbrauch in Abhängigkeit von der Fahrgeschwindigkeit und die Anteile, die jeweils durch die Rollreibung und den Luftwiderstand verursacht werden.

```
Excel-Arbeitsblatt (Abb. 7.14)
B2 = 1200*9,81*0,011
C2 = 1/2*0,3*2,38*1,2*(A2/3,6)^2
D2 = B2 + C2
E2 = D2*(100000)/(3600000)
```

	A	B	C	D	E	F
1	v	FR	FL	Fg	E (kWh/100 km)	
2	0	129,49	0,00	129,49	3,60	
3	5	129,49	0,83	130,32	3,62	
4	10	129,49	3,31	132,80	3,69	
5	15	129,49	7,44	136,93	3,80	
6	20	129,49	13,22	142,71	3,96	
7	25	129,49	20,66	150,15	4,17	
...	...	...	...	...	...	
34	160	129,49	846,22	975,71	27,10	

Abb. 7.14 Excel-Arbeitsblatt zur Berechnung des Energieverbrauchs eines Elektroautos

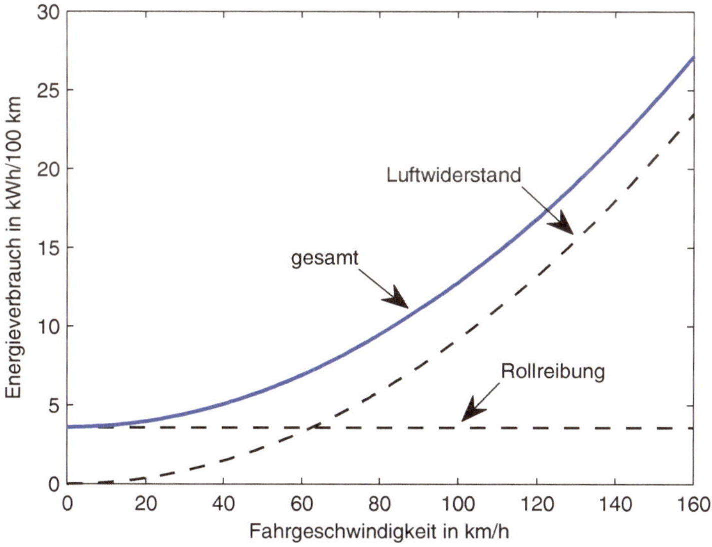

Abb. 7.15 Energieverbrauch eines Elektroautos in Abhängigkeit von der Fahrgeschwindigkeit

Beispiel

Leistungsbedarf eines Autos in Abhängigkeit der Höchstgeschwindigkeit: Ein Automodell der Kompaktklasse wird mit unterschiedlichen Motorisierungen angeboten. In den technischen Daten finden wir folgende Angaben:

Motorisierung	Leistung in kW	Höchstgeschwindigkeit in km h^{-1}
Variante A	63	179
Variante B	81	195
Variante C	92	204
Variante D	110	216

Wie steigt der Leistungsbedarf bei höheren Geschwindigkeiten? Welchen Zusammenhang vermuten wir, wenn wir annehmen, dass bei hohen Geschwindigkeiten die Reibungswiderstände mit dem Quadrat der Geschwindigkeit ($F_R \sim v^2$) zunehmen?

Den Leistungsbedarf können wir folgendermaßen berechnen:

$$P = \frac{\Delta W}{\Delta t} = \vec{F} \cdot \frac{\Delta \vec{s}}{\Delta t} = \vec{F} \cdot \vec{v}$$

Wenn wir annehmen, dass bei diesen Geschwindigkeiten der Luftwiderstand dominiert und mit dem Quadrat der Geschwindigkeit $\left(F_\mathrm{L} \sim v^2\right)$ zunimmt, ergibt sich daher für den Leistungsbedarf

$$P = F_\mathrm{L} \cdot v \sim v^3$$

Wir nehmen also an, dass der Leistungsbedarf eines Autos mit der dritten Potenz der Geschwindigkeit ansteigt. Diesen Zusammenhang wollen wir jetzt mit den Angaben aus den technischen Daten für die Motorisierung und die Höchstgeschwindigkeiten überprüfen.

Hierzu führen wir die in Kap. 3 beschriebenen Regressionsanalysen durch. Bei der Lösung mit Wolfram|Alpha steht hierzu die Funktion `power fit` zur Verfügung. Die Eingabe der Wertepaare erfolgt in geschweiften Klammern für Listenausdrücke. Mit dieser Eingabe wird einer Regressionsanalyse mit folgender Funktion durchgeführt.

$$f(x) = a \cdot x^b$$

```
Wolfram|Alpha (22)
> fit power{{179, 63}, {195, 81}, {204, 92}, {216, 110}} <RETURN>
Least-squares best fit: 0.0000128116 x^2.96967
```

Wolfram|Alpha weist für den Exponenten einen Wert $b = 2{,}97$ aus.

Mit MATLAB können wir ebenfalls eine Regressionsanalyse durchführen, wenn die Curve Fitting Toolbox verfügbar ist. Zunächst geben wir die Werte für die Höchstgeschwindigkeit und die Leistung als Spaltenvektor `v` und `P` ein. Dann können wir die Regressionsanalyse mit dem Befehl `fit` und dem Modell `power1` durchführen.

```
MATLAB Command Window (14)
> v = [179;195;204;216] % Höchstgeschwindigkeit in km/h; <RETURN>
> P = [63;81;92;110] % Leistung in kW; <RETURN>
> fit(v,P,'power1') % Curve Fitting Toolbox erforderlich <RETURN>
ans =
     General model Power1:
```

```
ans(x) = a*x^b
Coefficients (with 95% confidence bounds):
  a = 1.281e-05 (−1.077e-07, 2.573e-05)
  b =      2.97 (2.78, 3.159)
```

MATLAB weist ebenfalls für den Exponenten einen Wert von $b = 2{,}97$ aus. Zusätzlich werden in Klammern noch die sogenannten Vertrauensgrenzen angegeben.

Die Regressionsanalyse können wir auch sehr gut mit der Tabellenkalkulation durchführen. Hierzu fertigen wir das in Abb. 7.16 dargestellt Excel-Arbeitsblatt an und geben die vier Wertepaare für die Leistung und die Höchstgeschwindigkeit in die Zellen der Spalten `B` und `C` ein.

Um das Ergebnis grafisch darzustellen, werden die Zellen `B3:C6` markiert und ein neues Diagramm vom Typ `Punkt (XY)` erstellt.

Nun können wir eine Trendlinie hinzufügen und wählen die Option `Potenz` als `Trendlinienoption` sowie `Formel im Diagramm anzeigen` aus. In der so berechneten Formel wird ein Exponent von $b = 2{,}95$ ausgewiesen. Abb. 7.17 zeigt die in den technischen Daten angegebenen Werte für die Leistung in Abhängigkeit der Geschwindigkeit sowie die mit Hilfe der Regressionsanalyse berechnete Trendlinie.

Unsere theoretische Annahme, dass der Leistungsbedarf des Autos in der dritten Potenz mit der Höchstgeschwindigkeit zunimmt, wird durch die praktischen Daten also sehr gut bestätigt.

Beispiel

Leistungsbedarf eines Autos zur Beschleunigung: Wir wollen den Leistungsbedarf eines Autos mit einer Masse von 1.400 kg berechnen, das in 5, 8 s aus dem Stand auf eine Geschwindigkeit von 80 km h^{-1} beschleunigt werden soll, wenn die Reibung vernachlässigt wird.

Während des Beschleunigungsvorgangs nimmt die kinetische Energie des Autos folgendermaßen zu.

	A	B	C	D	E	F
1		vmax in km/h	P in kW			
2		179	63			
3		195	81			
4		204	92			
5		216	110			

Trendlinien hinzufügen
- Trend-/Regressionstyp: Potenz
- Formel im Diagramm anzeigen

Abb. 7.16 Excel-Arbeitsblatt Leistungsbedarf eines Autos in Abhängigkeit der Geschwindigkeit

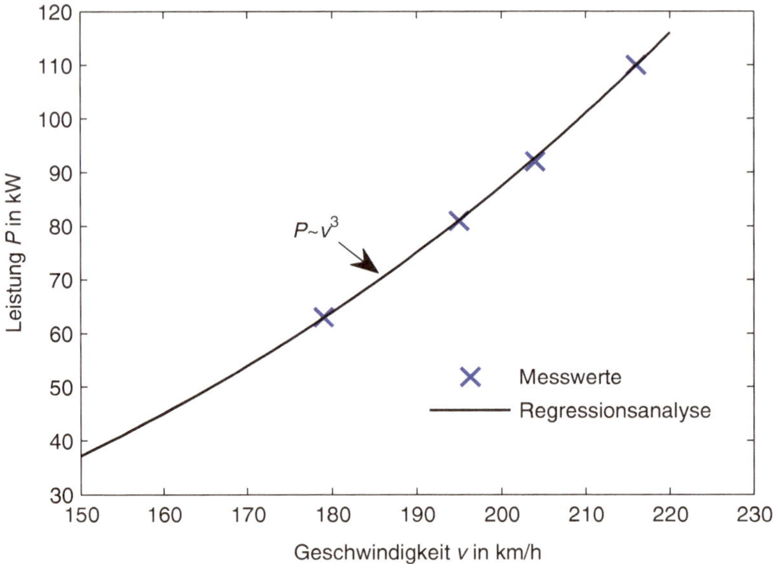

Abb. 7.17 Leistungsbedarf eines Autos in Abhängigkeit der Geschwindigkeit

$$\Delta W = \Delta E_{\text{kin}}^{\text{trans}} = \frac{1}{2} m \cdot \Delta v^2$$

Diese Energie ($\Delta E_{\text{kin}}^{\text{trans}}$) wird dem Auto während der Beschleunigung im Zeitintervall $\Delta t = 5{,}8$ s durch den Antriebsstrang zugeführt. Die Leistung P des Antriebes kann man daher folgendermaßen berechnen.

$$P = \frac{\Delta W}{\Delta t} = \frac{\Delta E_{\text{kin}}^{\text{trans}}}{\Delta t} = \frac{1}{2} \cdot 1.400\ \text{kg} \cdot \left(80/3{,}6\ \text{m s}^{-1}\right)^2 \cdot \frac{1}{5{,}8\ \text{s}}$$

Den Wert für die Leistung können wir folgendermaßen schnell mit Wolfram|Alpha und MATLAB berechnen.

```
Wolfram|Alpha (23)
> (1/2*1400*(80/3.6)^2)/5.8 <RETURN>
Result: 59599.82...
```

```
MATLAB Command Window (15)
> m = 1400; <RETURN>
> dt = 5.8; <RETURN>
> dv = 80; <RETURN>
> P = (1/2*m*(dv/3.6)^2)/dt <RETURN>
P =
   5.9600e+04
```

Die Leistung, die erforderlich ist, um das Auto aus dem Stand in 5,8 s auf eine Geschwindigkeit von 80 km h^{-1} zu beschleunigen, beträgt also $P = 59,6$ kW oder ca. 81 PS.

7.7 Die kinetische Energie der Drehbewegung

Zusätzlich zur kinetischen Energie durch Translation können räumlich ausgedehnte Körper auch Bewegungsenergie durch Rotation um den Schwerpunkt aufnehmen. Um diese als Rotationsenergie bezeichnete Energie zu berechnen, betrachten wir das in Abb. 7.18 gezeigte Masseteilchen m_i, das sich auf einer Kreisbahn mit dem Radius r_i bewegt.

Die kinetische Energie dieses Teilchens können wir mit der bekannten Formel in Gl. 7.29 berechnen. Definieren wir die Geschwindigkeit v_i mit Hilfe der Winkelgeschwindigkeit ω gemäß Gl. 7.30, erhalten wir die Formel in Gl. 7.31.

$$E_{\mathrm{kin}}^{\mathrm{trans}} = \frac{1}{2} \cdot m_{\mathrm{i}} \cdot v_{\mathrm{i}}^2 \tag{7.29}$$

$$v_{\mathrm{i}} = \omega \cdot r_{\mathrm{i}} \tag{7.30}$$

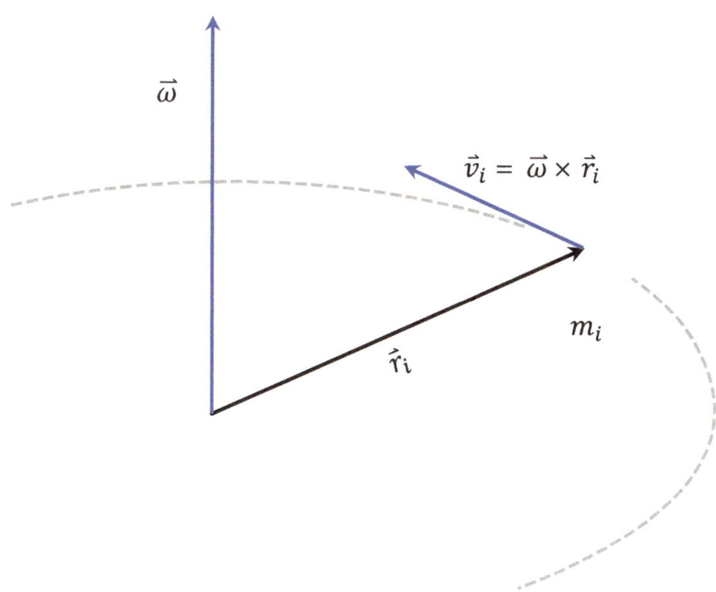

Abb. 7.18 Bewegung eines einzelnen Masseteilchens m_i, das sich auf einer Kreisbahn mit dem Radius r_i bewegt

$$E_{\text{kin}}^{\text{trans}} = \frac{1}{2} \cdot m_{\text{i}} \cdot r_{\text{i}}^2 \cdot \omega_{\text{i}}^2 \tag{7.31}$$

Der Vorteil bei der Beschreibung mit Hilfe der Winkelgeschwindigkeit besteht darin, dass alle Masseteilchen des betrachteten Körpers die gleiche Winkelgeschwindigkeit haben.

7.8 Das Trägheitsmoment

Stellen wir uns einen Hohlzylinder vor, bei dem die gesamte Masse M in einer sehr dünnen Wand konzentriert ist, die einen Abstand R von der Drehachse hat. Um die Rotationsenergie dieses Hohlzylinders zu berechnen, können wir uns vorstellen, die Gesamtmasse M auf viele Massepunkte m_i aufzuteilen. Die gesamte Energie der Rotationsbewegung $E_{\text{kin}}^{\text{rot}}$ können wir dann berechnen, indem wir die einzelnen kinetischen Energien der Massepunkte aus Gl. 7.31 über alle i Massepunkte aufsummieren.

$$E_{\text{kin}}^{\text{rot}} = \sum_i \frac{1}{2} \cdot m_i \cdot r_i^2 \cdot \omega_i^2 = \frac{1}{2} \cdot M \cdot R^2 \cdot \omega^2 = \frac{1}{2} \cdot J \cdot \omega^2 \tag{7.32}$$

Der Term $M \cdot R^2$ in Gl. 7.32 nennen wir das Trägheitsmoment J. Zur Unterscheidung zum Flächenträgheitsmoment wird es auch als Massenträgheitsmoment bezeichnet und hat die Einheit $[J] = \text{kg m}^2$. Ein Hohlzylinder, bei dem alle Massepunkte den Radius $r = R$ haben, hat das Trägheitsmoment $J = M \cdot R^2$.

Definition

Rotationsenergie: Die kinetische Energie $E_{\text{kin}}^{\text{rot}}$ der Rotation eines starren Körpers kann mit Hilfe des Trägheitsmomentes J und der Winkelgeschwindigkeit ω berechnet werden.

$$E_{\text{kin}}^{\text{rot}} = \frac{1}{2} \cdot J \cdot \omega^2$$

Das Vorgehen kann aber auch auf andere geometrische Körper übertragen werden, wie beispielsweise auf einen Vollzylinder oder eine massive Kugel. Auch hier teilen wir den Körper in i Massepunkte auf, jedoch müssen wir berücksichtigen, dass diese Massepunkte m_i einen unterschiedlichen Abstand zur Drehachse aufweisen. Abb. 7.19 zeigt die Trägheitsmomente für den Hohlzylinder, den Vollzylinder und die massive Kugel.

Da das Trägheitsmoment des Vollzylinder $J = 0{,}5\, M \cdot R^2$ beträgt, hat die Rotationsenergie einen Wert, der nur der Hälfte eines Hohlzylinders mit gleichem Außenradius R und gleicher Masse M entspricht. Das Trägheitsmoment der Kugel

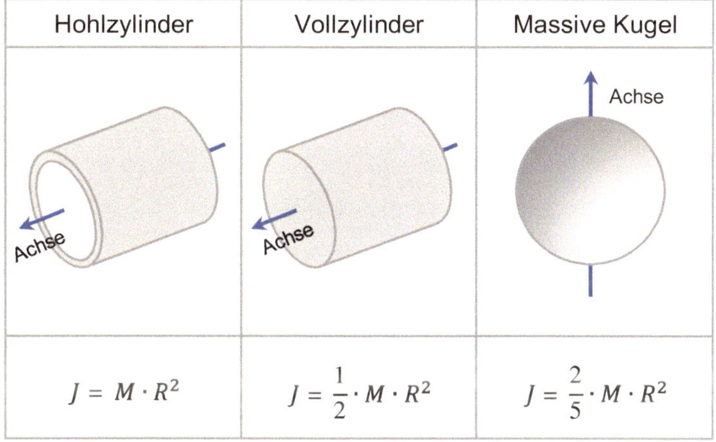

Abb. 7.19 Trägheitsmomente von Hohlzylinder, Vollzylinder und massiver Kugel

ist mit $J = 0,4\, M \cdot R^2$ noch geringer, da die Massepunkte mit einem geringeren Abstand zur Drehachse angeordnet sind.

Kinetische Energie der Translations- und Rotationsbewegung

Translation		Rotation	
Geschwindigkeit	$v = \frac{ds}{dt}$	Winkelgeschwindigkeit	$\omega = \frac{d\varphi}{dt}$
Masse	m	Trägheitsmoment	J
Kinetische Energie	$E_{\text{kin}}^{\text{trans}} = \frac{1}{2} \cdot m \cdot v^2$	Kinetische Energie	$E_{\text{kin}}^{\text{rot}} = \frac{1}{2} \cdot J \cdot \omega^2$

Beispiel

Bremsenergie speichern: Die Bremsenergie eines Autos kann in einem Schwungradsystem gespeichert werden. Mit Hilfe dieser im Englischen auch als *Kinetic Energy Recovery System* (kurz KERS) bezeichneten Vorrichtung kann Energie beim Bremsen aufgenommen werden und beim Beschleunigen wieder abgegeben werden. Wie viel Rotationsenergie kann ein als Vollzylinder ausgeführtes Schwungrad mit einer Masse von 6 kg und einem Durchmesser von 200 mm aufnehmen, wenn die maximale Umdrehungsgeschwindigkeit 60.000 U min^{-1} beträgt? Wie viel Leistung kann dieses Schwungrad bei einem Beschleunigungsvorgang in einem Zeitintervall von 10 s abgeben?

Die Rotationsenergie $E_{\text{kin}}^{\text{rot}}$ können wir mit Hilfe des Trägheitsmomentes J und der Winkelgeschwindigkeit ω des Schwungrades berechnen.

$$E_{\text{kin}}^{\text{rot}} = \frac{1}{2} \cdot J \cdot \omega^2$$

Da das Schwungrad als Vollzylinder angenommen wird, verwenden wir das Trägheitsmoment J eines Vollzylinders.

$$J = \frac{1}{2} \cdot M \cdot R^2$$

Damit können wir die kinetische Energie des Schwungrades folgendermaßen berechnen:

$$E_{\text{kin}}^{\text{rot}} = \frac{1}{2} \cdot \left(\frac{1}{2} \cdot M \cdot R^2\right) \cdot \left(\frac{U}{60} \cdot 2 \cdot \pi\right)^2 \tag{7.33}$$

Hierbei wird die Drehzahl des Schwungrades, die in der Einheit U min^{-1} angegeben ist, in die Einheit der Winkelgeschwindigkeit $[\omega] = \text{s}^{-1}$ umgerechnet.

Nun können wir die Zahlenwerte für die Masse ($M = 6$ kg), den Außenradius ($R = 0,1$ m) des Schwungrades sowie die Drehzahl ($n = 60.000$ U min^{-1}) einsetzen.

$$E_{\text{kin}}^{\text{rot}} = \frac{1}{2} \cdot \left(\frac{1}{2} \cdot (6\text{ kg}) \cdot (0,1\text{ m})^2\right) \cdot \left(\frac{(60.000\text{ U})}{(1\text{ min})} \cdot \frac{(2 \cdot \pi \cdot \text{rad})}{(1\text{ U})} \cdot \frac{(1\text{ min})}{(60\text{ s})}\right)^2$$

```
Wolfram|Alpha (24)
> 1/2*(1/2*6*(200e-3/2)^2)*(60000/60*2*pi)^2 <RETURN>
Decimal approximation: 592176.26...
```

Die im Schwungrad gespeicherte Energie beträgt $E_{\text{kin}}^{\text{rot}} \approx 592$ kJ. Dies entspricht einer Leistung von $P \approx 59,2$ kW, die für eine Zeitdauer von 10 s zur Verfügung steht. Diese zusätzliche Leistung kann dem Antriebsstrang eines Autos zur Verfügung gestellt werden, um beispielsweise Beschleunigungsvorgänge zu unterstützen.

```
MATLAB Command Window (16)
> M = 6; <RETURN>
> R = 200e-3/2; <RETURN>
> I = 1/2*M*R^2; <RETURN>
> omega = (60000/60*2*pi); <RETURN>
> E = 1/2*I*omega^2 <RETURN>
E =
   5.9218e+05
```

	A	B	C	D	E	F	G	H
1	U/min	omega in 1/s	E(rot) in J					
2	0	0	0		M	6	kg	
3	500	52	41		D	200	mm	
4	1.000	105	164		I	0,03	kg m^2	
5	1.500	157	370					
6	2.000	209	658					
...	...	...	...					
142	70.000	7.330	806.018					

Abb. 7.20 Excel-Arbeitsblatt zur Berechnung der Rotationsenergie eines Schwungrades

Den Verlauf der Rotationsenergie E_{kin}^{rot} in Abhängigkeit von der Drehzahl n können wir auch sehr gut mit der Tabellenkalkulation darstellen und fertigen hierzu das Excel-Arbeitsblatt in Abb. 7.20 an. In die Spalte `A` tragen wir die Drehzahl n in U min^{-1} mit einer Schrittweite von 500 U min^{-1} ein. Diese wird in Spalte `B` in die Winkelgeschwindigkeit ω mit der Einheit s^{-1} umgerechnet. In der Spalte `C` erfolgt die Berechnung der Rotationsenergie.

```
Excel-Arbeitsblatt (Abb. 7.20)
B2 = A2/60*2*PI()
C2 = 1/2*$F$4*B2^2
F4 = 1/2*6*(0,2/2)^2
```

Beispiel

Rotationsenergie des Schwungrades steigern: Wir wollen in dem oben beschriebenen Schwungrad die Rotationsenergie um 100 kJ auf 692 kJ steigern. Welche Drehzahl n in U min^{-1} müssten wir zulassen, wenn ansonsten die technische Ausführung nicht geändert werden soll (Schwungrad als Vollzylinder, $M = 6$ kg, $D = 200$ mm)?

Zunächst lösen wir die Formel für die Rotationsenergie E_{kin}^{rot} in Abhängigkeit des Trägheitsmoments J und der Winkelgeschwindigkeit ω in Gl. 7.34 nach ω auf.

$$E_{kin}^{rot} = \frac{1}{2} \cdot J \cdot \omega^2 \tag{7.34}$$

$$\omega = \sqrt{\frac{2 \cdot E_{\text{kin}}^{\text{rot}}}{J}}$$

Dann können wir die Zahlenwerte einsetzen und die Winkelgeschwindigkeit ω berechnen, bei der die Rotationsenergie den Wert $E_{\text{kin}}^{\text{rot}} = 692$ kJ annimmt.

$$\omega = \sqrt{\frac{2 \cdot \left(692 \cdot 10^3 \text{ J}\right)}{1/2 \cdot (6 \text{ kg}) \cdot (0,1 \text{ m})^2}} = 6,792 \text{ s}^{-1}$$

Das Ergebnis für die Winkelgeschwindigkeit ω müssen wir jetzt noch in die gewünschte Größe Drehzahl n mit der Einheit U min^{-1} umrechnen.

$$n = \frac{6.792}{(1 \text{ s})} \cdot \frac{(60 \text{ s})}{(1 \text{ min})} \cdot \frac{(1 \text{ U})}{(2 \cdot \pi)} = 64.860 \text{ U min}^{-1}$$

Das Ergebnis können wir natürlich mit Wolfram|Alpha und MATLAB überprüfen. Bei Wolfram|Alpha können wir hierzu einfach alle gegebenen Zahlenwerte bis auf die Drehzahl in Gl. 7.33 einsetzen und mit der Eingabe `solve n` nach der gesuchten Größe `n` auflösen.

```
Wolfram|Alpha (25)
> 1/2*(1/2*6*(200e-3/2)^2)*(n/60*2*pi)^2 = 692e3, solve n <RETURN>
Result: n = ±64860.3
```

Bei MATLAB können wir die Gleichung ebenfalls mit Hilfe des symbolischen Rechnens nach `n` auflösen. Mit dem Befehl `vpa` können wir uns zur besseren Vergleichbarkeit das Ergebnis auf sechs signifikante Stellen ausgeben lassen.

```
MATLAB Command Window (17)
> M = 6; <RETURN>
> R = 200e-3/2; <RETURN>
> I = 1/2*M*R^2; <RETURN>
> syms n <RETURN>
> vpa(solve(1/2*I*(n/60*2*pi)^2 == 692e3,n),6) <RETURN>
ans =
 64860.3
-64860.3
```

Wir müssen eine Drehzahl von $n \approx 64.860 \text{ U min}^{-1}$ zulassen, um mit dem beschriebenen Schwungrad eine Rotationsenergie $E_{\text{kin}}^{\text{rot}} = 692 \text{ kJ}$ speichern zu können.

Beispiel

Trägheitsmoment eines Vollzylinders: Wie groß ist das Trägheitsmoment J eines Vollzylinders mit der Masse M und dem Außenradius R?

Zur Berechnung des Trägheitsmoments eines Vollzylinders müssen wir berücksichtigen, dass die Massepunkte m_i, aus denen wir uns den Zylinder zusammengesetzt denken, nun verschiedene Abstände von der Rotationsachse annehmen können. Das Trägheitsmoment ist gemäß Gl. 7.35 die Summe aller Massepunkte m_i multipliziert mit dem Quadrat des Abstandes r_i zur Rotationsachse.

$$J = \sum_{i=1}^{n} m_i \cdot r_i^2 \tag{7.35}$$

Dieser Ausdruck nimmt im Grenzwert sehr vieler Massepunkte die Form des Integrals in Gl. 7.36 an.

$$J = \int r^2 \mathrm{d}m \tag{7.36}$$

Jetzt müssen wir überlegen, wie die Masse vom Radius r und der Dichte ρ abhängt. Hierzu berechnen wir zunächst das Volumen des gesamten Zylinders.

$$V = \pi \cdot r^2 \cdot h$$

Durch Ableiten erhalten wir die Abhängigkeit des Volumens V vom Radius r.

$$\frac{\mathrm{d}V}{\mathrm{d}r} = 2 \cdot \pi \cdot r \cdot h$$

$$\mathrm{d}V = 2 \cdot \pi \cdot r \cdot h \cdot \mathrm{d}r$$

Wir können uns vorstellen, dass sich der Vollzylinder aus vielen einzelnen Zylindern mit der Wandstärke dr zusammensetzt. In der Abb. 7.21 ist schematisch ein einzelnes Zylinderelement dargestellt, dessen Volumen sich folgendermaßen berechnen lässt:

$$\mathrm{d}m = \rho \cdot \mathrm{d}V$$

Durch Multiplikation des Volumenelementes dV mit der Dichte ρ des Vollzylinders erhalten wir die Masse dm, die wir als Funktion des Radius r, der Höhe und der Dichte ρ sowie der Dicke der Wandstärke dr ausdrücken können.

$$\mathrm{d}m = 2 \cdot \pi \cdot r \cdot h \cdot \rho \cdot \mathrm{d}r$$

Somit haben wir eine Gleichung, die die Masse einer Zylinderwand mit der Dicke dr beschreibt. Diese können wir nun von $r = 0$ bis R integrieren.

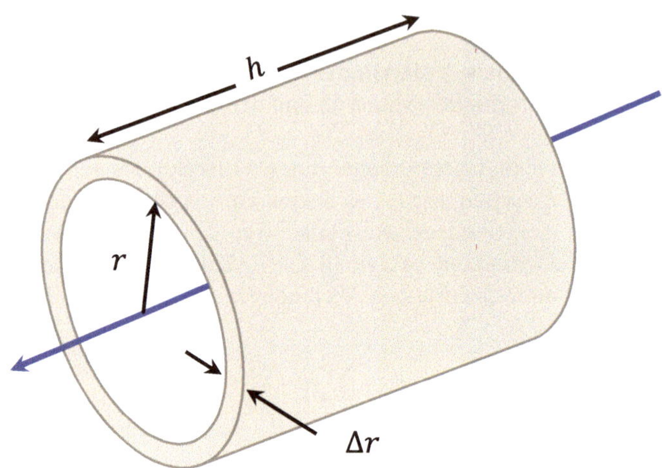

Abb. 7.21 Zylinderelement mit der Wanddicke Δr zur Berechnung des Trägheitsmoments

$$J = \int_0^R r^2 \cdot 2 \cdot \pi \cdot r \cdot h \cdot \rho \cdot \mathrm{d}r = \int_0^R 2 \cdot \pi \cdot h \cdot \rho \cdot r^3 \mathrm{d}r$$

$$J = \left[1/2 \cdot \pi \cdot h \cdot \rho \cdot r^4\right]_0^R = 1/2 \cdot \pi \cdot h \cdot \rho \cdot R^4$$

Dieses Integral können wir natürlich mit Wolfram|Alpha und MATLAB in den angegebenen Grenzen nachrechnen.

```
Wolfram|Alpha (26)
> integrate r^2*2*pi*r*h*rho from r = 0 to R <RETURN>
Definite integral:
integral_0^R r^2 2  r h  dr = 1/2  h  R^4
```

Mit MATLAB wollen wir symbolisch rechnen und starten mit der Eingabe der Variablen und der Funktion „`I(r)`“. Dann erfolgt die Integration in den vorgegebenen Grenzen.

```
MATLAB Command Window (18)
> syms I(r) h rho R; <RETURN>
> I(r) = r^2*2*pi*r*h*rho; <RETURN>
> int(I(r),0,R) <RETURN>
ans =
(pi*R^4*h*rho)/2
```

Damit konnten wir also die Berechnung des Intergrals erfolgreich überprüfen und können als Zwischenergebnis folgendes Trägheitsmoment notieren:

$$J = 1/2 \cdot \pi \cdot h \cdot \rho \cdot R^4 = 1/2 \cdot \underbrace{\pi \cdot R^2 \cdot h \cdot \rho}_{M} \cdot R^2$$

Der Term $\pi \cdot R^2 \cdot h$ stellt das Volumen V unseres Vollzylinders dar, das mit der Dichte ρ multipliziert die Masse M des Vollzylinders ergibt. Damit erhalten wir die bekannte Darstellung des Trägheitsmoments eines Vollzylinders.

$$J = 1/2 \cdot M \cdot R^2 \tag{7.37}$$

Beispiel

Wettlauf von Hohlzylinder, massiver Zylinder und Kugel: Ein Hohlzylinder, ein Vollzylinder und eine massive Kugel mit gleicher Masse M und gleichem Außenradius R laufen von der gleichen Starthöhe zur gleichen Startzeit eine schiefe Ebene hinunter. Welcher Gegenstand kommt als erster am Ende der schiefen Ebene an und welche Geschwindigkeiten haben die Gegenstände?

Wenn die drei Körper nicht gleiten, sondern rollen, kommt zusätzlich zur kinetischen Energie der Translationsbewegung noch die kinetische Energie durch die Rotationsbewegung hinzu.

$$E_{\text{ges}} = E_{\text{kin}}^{\text{trans}} + E_{\text{kin}}^{\text{rot}} = \frac{1}{2} \cdot M \cdot v^2 + \frac{1}{2} \cdot J \cdot \omega^2 \tag{7.38}$$

Um die beiden Terme zusammenfassen zu können, drücken wir Geschwindigkeit v der Translationsbewegung mit Hilfe der Winkelgeschwindigkeit aus. Da der Massenmittelpunkt bei der Drehung den gleichen Weg wie der Kreisbogen zurücklegt, können wir die Geschwindigkeit aus der Definition des Bogenmaßes ableiten.

$$\Delta b = \Delta\theta \cdot r$$

Diesen Ausdruck können wir auf beiden Seiten durch Δt teilen.

$$\frac{\Delta b}{\Delta t} = v = \frac{\Delta\theta}{\Delta t} \cdot r = \omega \cdot r$$

$$\omega = \frac{v}{r}$$

Damit können wir die gesamte kinetische Energie als Funktion der Winkelgeschwindigkeit angeben.

$$E_{\text{ges}} = \frac{1}{2} \cdot M \cdot v^2 + \frac{1}{2} \cdot J \cdot \left(\frac{v}{R}\right)^2$$

$$E_{\text{ges}} = \frac{1}{2} \cdot v^2 \left(M + \frac{J}{R^2} \right)$$

Wenn der Hohlzylinder, der Vollzylinder und die massive Kugel am Ende der schiefen Ebene ankommen, hat sich die gesamte anfängliche potenzielle Energie der Starthöhe in die kinetische Energie E umgeformt, wenn wir Reibungskräfte vernachlässigen können.

$$M \cdot g \cdot h = \frac{1}{2} \cdot v^2 \left(M + \frac{J}{R^2} \right) \tag{7.39}$$

Nun können wir die Trägheitsmomente für die drei Körper einsetzen und die Geschwindigkeiten v_1 für den Hohlzylinder, v_2 für den Vollzylinder und v_3 für die massive Kugel berechnen.

Zur Berechnung der Geschwindigkeit v_1 setzten wir in Gl. 7.39 den Wert $J = M\,R^2$ als Trägheitsmoment für den Hohlzylinder ein.

$$M \cdot g \cdot h = \frac{1}{2} \cdot {v_1}^2 \left(M + \frac{M \cdot R^2}{R^2} \right)$$

$$M \cdot g \cdot h = \frac{1}{2} \cdot {v_1}^2 \cdot 2 \cdot M$$

$$v_1 = \sqrt{g \cdot h}$$

Entsprechend können wir die Geschwindigkeit v_2 für den Vollzylinder und die Geschwindigkeit v_3 für die massive Kugel berechnen.

$$v_2 = \sqrt{4/3 \cdot g \cdot h} \approx 1,15\ \sqrt{g \cdot h}$$

$$v_3 = \sqrt{10/7 \cdot g \cdot h} \approx 1,20\ \sqrt{g \cdot h}$$

Man erkennt, dass die Geschwindigkeit v_3 der massiven Kugel am größten ist, gefolgt von dem Vollzylinder mit der Geschwindigkeit v_2. Der Hohlzylinder hat mit v_1 die geringste Geschwindigkeit. Da die gesamte Masse in der Nähe des Außenradius angeordnet ist, wird ein großer Teil der potenziellen Energie in Rotationsenergie umgeformt.

Mit Hilfe des symbolischen Rechnens überprüfen wir die Ergebnisse mit Wolfram|Alpha und MATLAB. Zunächst berechnen wir mit Wolfram|Alpha die Geschwindigkeit v_1. Wir setzen hierzu den Wert $J = M\,R^2$ für den Hohlzylinder in Gl. 7.39 ein und lösen nach v_1 auf.

```
Wolfram|Alpha (27)
> M*g*h = 1/2*v_1^2*(M +((M*R^2)/R2)), solve v_1 <RETURN>
Results:
```

```
sqrt(g) sqrt(h) = v_1 and R!=0
```

Analog erfolgt die Berechnung der Geschwindigkeit v_2 für den Vollzylinder, hier setzen wir $J = 1/2\,M\,R^2$ als Wert für das Trägheitsmoment ein.

```
Wolfram|Alpha (28)
> M*g*h = 1/2*v_2^2*(M +((1/2*M*R^2)/R2)), solve v_2 <RETURN>
Result:
v_2 = ±(2 sqrt(g) sqrt(h))/sqrt(3) and R!=0
```

Und schließlich berechnen wir die Geschwindigkeit der v_3 der Kugel mit dem Trägheitsmoment $J = 2/5\,M\,R^2$.

```
Wolfram|Alpha (29)
> M*g*h = 1/2*v_3^2*(M +((2/5*M*R^2)/R2)), solve v_3 <RETURN>
Result: v_3 = ±(sqrt(10/7) sqrt(g) sqrt(h))
```

Die Gleichungen können wir natürlich auch mit Hilfe des symbolischen Rechnens mit MATLAB nach den gesuchten Geschwindigkeiten auflösen. Wir starten wieder mit der Berechnung der Geschwindigkeit v_1 des Hohlzylinders.

```
MATLAB Command Window (19)
> syms M g h v1 R <RETURN>
> solve(M*g*h==1/2*v1^2*(M +((M*R^2)/R^2)),v1)<RETURN>
ans =
 g^(1/2)*h^(1/2)
-g^(1/2)*h^(1/2)
```

Dann folgt die Berechnung der Geschwindigkeit v_2 des Vollzylinders.

```
MATLAB Command Window (20)
> syms M g h v2 R <RETURN>
> solve(M*g*h == 1/2*(v2/R)^2*(1/2*M*R^2 + (M*R^2)),v2) <RETURN>
ans =
 (2*3^(1/2)*g^(1/2)*h^(1/2))/3
-(2*3^(1/2)*g^(1/2)*h^(1/2))/3
```

Schließlich berechnen wir die Geschwindigkeit v_3 der Kugel.

```
> syms M g h v3 R <RETURN>
solve(M*g*h == 1/2*v3^2*(M +((2/5*M*R^2)/R^2)),v3) <RETURN>
ans =
 (7^(1/2)*10^(1/2)*g^(1/2)*h^(1/2))/7
-(7^(1/2)*10^(1/2)*g^(1/2)*h^(1/2))/7
```

Würden wir einen Quader die schiefe Ebene reibungsfrei hinuntergleiten lassen, hätte dieser die Geschwindigkeit $v = \sqrt{2 \cdot g \cdot h} \approx 1,41\ \sqrt{g \cdot h}$. Da hierbei die gesamte potenzielle Energie in translatorische Bewegung umgeformt würde, wäre der Quader damit deutlich schneller.

7.9 Das Drehmoment

Um einen Körper in Rotation zu versetzen, ist die Wirkung einer Kraft erforderlich. Entscheidend für die Wirkung der Kraft ist der Abstand von der Drehachse und die senkrecht auf dem Hebelarm wirkende Komponente der Kraft. In Abb. 7.22 ist die Kraft $\vec{F}$ dargestellt, die senkrecht auf dem Hebelarm $\vec{r}$ steht, also tangential bezüglich einer Kreisbahn wirkt. Um die drehende Wirkung der Kraft $\vec{F}$ zu beschreiben, kann man die Größe Drehmoment $\vec{M}$ folgendermaßen definieren:

$$\vec{M} = \vec{r} \times \vec{F} \tag{7.40}$$

Das Drehmoment $\vec{M}$ steht senkrecht zum Hebelarm $\vec{r}$ und zur Kraft $\vec{F}$ und zeigt in Richtung der Drehachse. Mit der Rechten-Hand-Regel können wir noch bestimmen, dass der Drehmomentvektor $\vec{M}$ in der Abb. 7.22 nach oben zeigen muss.

Wenn der Winkel θ zwischen Hebelarm und Kraft bekannt ist, können wir den Betrag des Drehmoments folgendermaßen berechnen:

$$\left|\vec{M}\right| = \left|\vec{r}\right| \cdot \left|\vec{F}\right| \cdot \sin\theta \tag{7.41}$$

Da die Sinusfunktion dimensionslos ist, erkennt man, dass die Einheit des Drehmoments $[M] = \text{N m}$ ist (Newtonmeter).

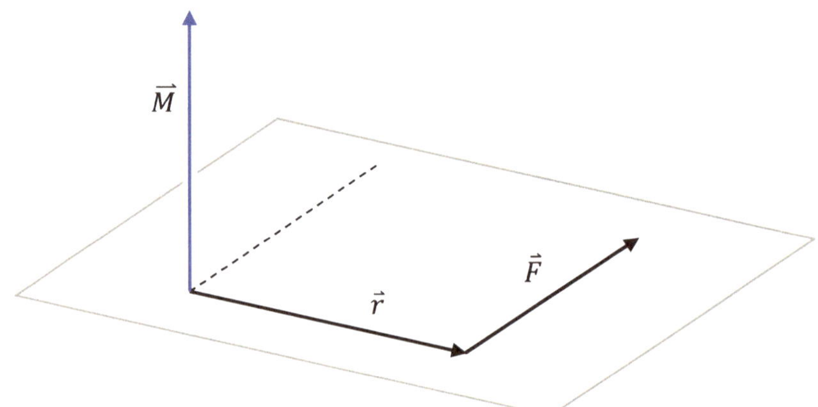

Abb. 7.22 Definition des Drehmoments als Vektorprodukt des Hebelarms und der Kraft

Definition

Drehmoment: Wirkt eine Kraft $\vec{F}$ an einem Hebelarm $\vec{r}$, resultiert ein Drehmoment $\vec{M}$, dessen Betrag von der Kraft $\vec{F}$, der Länge des Hebelarms $\vec{r}$ und dem Winkel zwischen Hebelarm und Kraft abhängt. Der Vektor des Drehmoments $\vec{M}$ zeigt in Richtung der Drehachse. Die Einheit des Drehmoments ist das Newtonmeter (N m): $[M] = \text{kg m}^2\,\text{s}^{-2} = \text{N m}$.

Beispiel

Drehmoment beim Radwechsel: Wir wollen einen Radwechsel durchführen und lesen in der Bedienungsanleitung unseres Autos „Das Anzugsdrehmoment der Radschrauben bei Stahl- und Leichtmetallfelgen beträgt 120 N m (88 ft lbs)".

- Wie groß muss der Hebelarm sein, um das angegebene Drehmoment von 120 N m zu erreichen, wenn eine zum Hebelarm senkrechte Kraft von 250 N zur Verfügung steht?
- In welche Richtung zeigt das Drehmoment, wenn die Kraft nach unten gerichtet ist (in die negative y-Richtung) und der Hebelarm nach rechts zeigt (in die positive x-Richtung)?

$$\left|\vec{M}\right| = \left|\vec{r}\right| \cdot \left|\vec{F}\right| \cdot \sin\theta \tag{7.42}$$

Da die Kraft senkrecht auf den Hebelarm wirkt, nimmt $\sin\theta$ den Wert 1 an. Nach Umstellen der Gleichung nach der gesuchten Größe $\vec{r}$ (Hebelarm) können wir die Werte für das Drehmoment $\vec{M}$ und die Kraft $\vec{F}$ einsetzen.

$$\left|\vec{r}\right| = \frac{\left|\vec{M}\right|}{\left|\vec{F}\right|} \tag{7.43}$$

$$\left|\vec{r}\right| = \frac{120\ \text{N m}}{250\ \text{N}} = 0,48\ \text{m} \tag{7.44}$$

Der Hebelarm muss also $r = 48$ cm lang sein, um mit einer senkrechten Kraft von $F = 250$ N ein Drehmoment von $M = 120$ N m zu erzeugen.

Nun wollen wir noch die Richtung des Drehmoments angeben. Hierzu können wir die Kraft $\vec{F}$ und den Hebelarm $\vec{r}$ als Vektoren schreiben. Da die Kraft nach unten gerichtet ist, ergibt sich als y-Komponente der Kraft $F_y = -250\,N$.

$$\vec{F} = \begin{pmatrix} F_x \\ F_y \\ F_z \end{pmatrix} = \begin{pmatrix} 0 \\ -250\ \text{N} \\ 0 \end{pmatrix} \tag{7.45}$$

Da der Hebelarm vom Drehpunkt aus nach rechts zeigt, hat der Hebelarm die x-Komponente $r_x = +0,48$ m.

$$\vec{r} = \begin{pmatrix} r_x \\ r_y \\ r_z \end{pmatrix} = \begin{pmatrix} +0,48\ \text{m} \\ 0 \\ 0 \end{pmatrix} \tag{7.46}$$

Damit können wir das Drehmoment definitionsmäßig aus dem Vektorprodukt des Hebelarms $\vec{r}$ und dem Kraftvektor $\vec{F}$ definieren.

$$\vec{M} = \vec{r} \times \vec{F} = \begin{pmatrix} +0,48\ \text{m} \\ 0 \\ 0 \end{pmatrix} \times \begin{pmatrix} 0 \\ -250\ \text{N} \\ 0 \end{pmatrix} = \begin{pmatrix} 0 \\ 0 \\ -120\ \text{N m} \end{pmatrix} \tag{7.47}$$

Das Drehmomentvektor $\vec{M}$ mit den Komponenten $M_x = 0$, $M_y = 0$ und $M_z = -120$ N m wirkt also entlang der z-Achse und zeigt somit von uns weg, wenn wir vor dem Rad stehen.

Das Kreuzprodukt können wir natürlich auch mit Wolfram|Alpha und MATLAB berechnen. Zur Berechnung des Kreuzproduktes mit Wolfram|Alpha können wir das x-Zeichen verwenden oder die Eingabe `cross` verwenden.

```
Wolfram|Alpha (30)
> (0.48,0,0)x(0,-250,0) <RETURN>
Result: (0, 0, −120)
```

Zur Berechnung des Kreuzproduktes mit MATLAB definieren wir zunächst die Spaltenvektoren $\vec{r}$ und $\vec{F}$. Mit dem Befehl `cross(r,F)` berechnen wir dann das Kreuzprodukt.

```
MATLAB Command Window (21)
> r = [0.48;0;0]; <RETURN>
> F = [0;-250;0]; <RETURN>
> M = cross(r,F) <RETURN>
M =
      0
      0
   −120
```

Am besten gleich noch einmal mit der Rechten-Hand-Regel nachprüfen: Wenn unser Daumen nach rechts in die $+x$-Richtung und unser Zeigefinger nach oben in die $+y$-Richtung zeigt, zeigt der Mittelfinger in unsere Richtung. Der Hebelarm $\vec{r}$ zeigt zwar in Richtung unseres Daumens, die Kraft $\vec{F}$ verläuft aber aufgrund des negativen Vorzeichens entgegen der Richtung unseres Zeigefingers. Das Drehmoment $\vec{M}$ zeigt damit von uns weg.

Das Drehmoment eine wichtige Größe zur Charakterisierung von Motoren. Ist das Drehmoment $\vec{M}$ bei einer Winkelgeschwindigkeit $\vec{\omega}$ bekannt, so kann man mit Gl. 7.48 auch die Leistung des Motors berechnen.

$$P = \frac{dW}{dt} = \frac{\vec{F} \cdot d\vec{s}}{dt} = \vec{F} \cdot \vec{v} = \vec{F} \cdot \vec{\omega} \times \vec{r} = \vec{\omega} \cdot \left(\vec{r} \times \vec{F}\right) = \vec{M} \cdot \vec{\omega} \tag{7.48}$$

Ist das Drehmoment von Motoren über einen großen Drehzahlbereich konstant, so nimmt die Leistung linear mit der Drehzahl zu. Dies ist in guter Näherung bei einigen Elektromotoren der Fall. Verbrennungskraftmotoren hingegen zeichnen sich durch einen Drehmomentverlauf aus, der im mittleren Drehzahlbereich einen Maximalwert erreicht. Trotz steigender Drehzahlen kann daher die Leistung bei hohen Drehzahlen wieder abnehmen.

Beispiel

Drehmoment und Leistung eines Elektromotors: In den technischen Daten eines Elektroautos finden wir auch die Angaben zum Drehmoment und Leistung des elektrischen Antriebes in Abhängigkeit der Drehzahl. Hierbei steigt die Leistung im Drehzahlbereich von 0 bis 4.700 U min^{-1} in guter Näherung linear von 0 bis 125 kW an. Im Drehzahlbereich von 4.700 U min^{-1} bis 7.000 U min^{-1} nimmt die Leistung dann wieder linear ab bis auf einen Wert von 105 kW. Wir wollen den Verlauf des Drehmoments in Abhängigkeit von der Drehzahl berechnen und den Drehmoment- und Leistungsverlauf in Abhängigkeit der Drehzahl des elektrischen Antriebes in einer Grafik visualisieren.

Die Abhängigkeit der Leistung P vom Drehmoment M und der Winkelgschwindigkeit ω haben wir in Gl. 7.48 beschrieben.

$$P = \vec{M} \cdot \vec{\omega}$$

Diese Gleichung können wir nach M auflösen und rechnen im Folgenden mit den Beträgen.

$$M = \frac{P}{\omega}$$

Um den Drehmomentverlauf zu berechnen, müssen wir die Drehzahl n in die Winkelgeschwindigkeit ω umrechnen.

$$\omega = \frac{(4.700\,\cancel{\mathrm{U}})}{(1\,\cancel{\mathrm{min}})} \cdot \frac{(2 \cdot \pi)}{(1\,\cancel{\mathrm{U}})} \cdot \frac{(1\,\cancel{\mathrm{min}})}{(60\,\mathrm{s})} \approx 492\ \mathrm{s}^{-1}$$

Die Leistung P und das Drehmoment M in Abhängigkeit der Drehzahl n sind in Tab. 7.3 noch einmal zusammengefasst.

Tab. 7.3 Drehmoment M und Leistung P eines Elektromotors in Abhängigkeit der Drehzahl

Drehzahl n in $\mathrm{U\,min^{-1}}$	Winkelgeschwindigkeit ω in $\mathrm{s^{-1}}$	Drehmoment M in N m	Leistung P in kW
0	0	0	0
4.700	492	253	125
7.000	733	143	105

Um den Verlauf des Drehmoments und der Leistung darzustellen, definieren wir die entsprechenden Funktionen $M(n)$ und $P(n)$ in zwei Abschnitten. Wir starten mit der Leistung $P(n)$.

$$P(n) := \begin{cases} P_1(n), & 0 < n \leq 4.700\ \mathrm{U\,min^{-1}} \\ P_2(n), & 4.700\ \mathrm{U\,min^{-1}} < n \leq 7.000\ \mathrm{U\,min^{-1}} \end{cases}$$

Da die Leistung $P_1(n)$ im Drehzahl Bereich $0 < n \leq 4.700\ \mathrm{U\,min^{-1}}$ linear von 0 bis 125 kW ansteigt, können wir P_1 folgendermaßen definieren:

$$P_1(n) = \frac{n}{4.700\ \mathrm{U\,min^{-1}}} \cdot 125\ \mathrm{kW}$$

Die Leistung $P_2(n)$ nimmt im Drehzahlbereich $4.700\ \mathrm{U\,min^{-1}} < n \leq 7.000\ \mathrm{U\,min^{-1}}$ linear von 125 kW auf 105 kW ab. P_2 können wir daher folgendermaßen definieren:

$$P_2(n) = 125\ \mathrm{kW} - \frac{20\ \mathrm{kW}}{2.300\ \mathrm{U\,min^{-1}}} \cdot \left(n - 4.700\ \mathrm{U\,min^{-1}}\right)$$

Nun können wir die Leistung $P(n)$ über den gesamten Drehzahlbereich darstellen. Bei Wolfram|Alpha können wir hierzu die Eingabe `plot piecewise` verwenden.

```
Wolfram|Alpha (31)
> plot [piecewise[{{125/4700*U,U<4700},{125 - (20/2300)*(U -
4700),U<7000}}]] from U = 0 to 7000 <RETURN>
Plot:...
```

In den gleichen Abschnitten können wir nun den Drehmomentverlauf $M(n)$ definieren.

$$M(n) := \begin{cases} M_1(n), & 0 < n \leq 4.700\ \mathrm{U\,min^{-1}} \\ M_2(n), & 4.700\ \mathrm{U\,min^{-1}} < n \leq 7.000\ \mathrm{U\,min^{-1}} \end{cases}$$

Den Drehmomentverlauf $M_1(n)$ und $M_2(n)$ können wir mit $M = P/\omega$ durch Division der Werte für P mit ω berechnen.

```
Wolfram|Alpha (32)
› plot [piecewise[{{(125e3/4700*U)/(U/60*2*pi),U<4700},{(125e3 -
(20/2300)*(U - 4700))/(U/60*2*pi),U<7000}}]] from U = 0 to 7000
<RETURN>
Plot:...
```

Bei der Lösung mit MATLAB definieren wir die beiden Zeilenvektoren `U1` und `U2` mit denen wir den Drehzahlbereich darstellen können.

Damit kann die in den jeweiligen Abschnitten mit den oben beschriebenen Gleichungen die Leistung `P1` und `P2` sowie das Drehmoment `M1` und `M2` berechnet werden. Anschließend können die Zeilenvektoren mit den Befehlen `U = [U1 U2]`, `P = [P1 P2]` und `M = [M1 M2]` zusammengefasst und geplottet werden.

```
MATLAB Command Window (22)
› U1 = 0:100:4700; <RETURN>
› U2 = 4700:100:7000; <RETURN>
› P1 = 125/4700*U1; <RETURN>
› P2 = 125 - (20/2300)*(U2 - 4700); <RETURN>
› M1 = P1*1000./(U1/60*2*pi); <RETURN>
› M2 = P2*1000./(U2/60*2*pi); <RETURN>
› U = [U1 U2]; % Zusammenfassen von U1 und U2 <RETURN>
› P = [P1 P2]; % Zusammenfassen von P1 und P1 <RETURN>
› M = [M1 M2]; % Zusammenfassen von M1 und M2 <RETURN>
› plotyy(U,M,U,P) % Plotten mit zwei y-Achsen <RETURN>
```

Mit dem Befehl `plotyy(U,M,U,P)` wird erreicht werden, dass zur Darstellung der Leistung P und des Drehmoments M zwei unterschiedliche Ordinatenachsen verwendet werden. Abb. 7.23 zeigt das Diagramm des Drehmoment- und Leistungsverlaufes in Abhängigkeit der Motordrehzahl.

Zum Anfertigen des Diagramms kann auch sehr gut die Tabellenkalkulation eingesetzt werden. Hierzu fertigen wir das in Abb. 7.24 dargestellt Excel-Arbeitsblatt an. Die Drehzahl n tragen wir in die Spalte `A` ein und berechnen mit diesen Werten die Winkelgeschwindigkeit in Spalte `B`. In Spalte `C` und `D` erfolgt die abschnittsweise Berechnung des Drehmoments und der Leistung.

Auch mit Excel kann eine zweite y-Achse zur Darstellung gewählt werden. Wird nach dem Plotten eine Datenreihe angewählt, so kann man nach Betätigen der rechten Maustaste die Option `Datenreihen formatieren` anwählen. Unter dem Punkt `Reihenoptionen` kann dann `Datenreihe zeichnen auf Sekundärachse` angewählt werden.

```
Excel-Arbeitsblatt (Abb. 7.24)
B2 = A2/60*2*PI()
C2 = D2*1000/B2
D2 = 125/4700*A2
D49 = 125 - (20/2300)*(A49 - 4700)
```

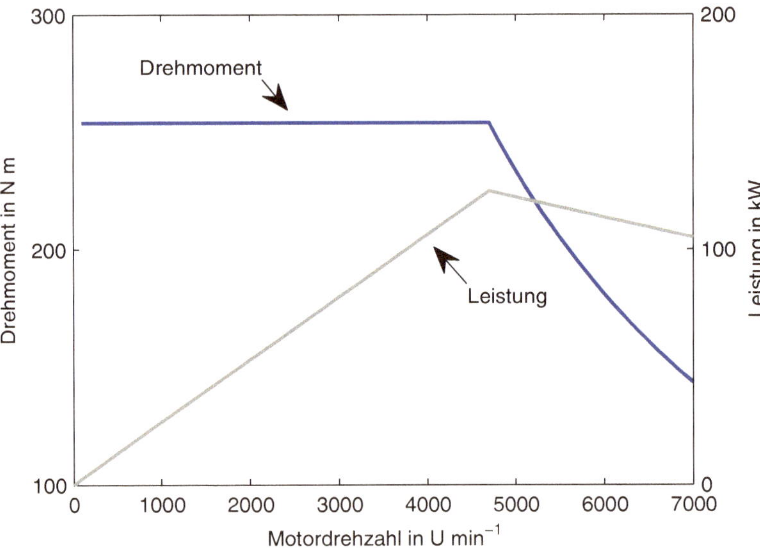

Abb. 7.23 Drehmoment- und Leistungsverlauf eines Elektromotors in Abhängigkeit von der Drehzahl

	A	B	C	D	E	F	G	H
1	Drehzahl in U/min	omega in 1/s	Drehmoment in Nm	Leistung in kW				
2	100	10	254	3				
3	200	21	254	5				
4	300	31	254	8				
...	...	...	...	...				
47	4600	482	254	122				
48	4700	492	254	125				
49	4800	503	247	124				
...	...	...	...	...				
71	7000	733	143	105				

Abb. 7.24 Excel-Arbeitsblatt zur Darstellung der Leistung und des Drehmoments eines Elektromotors in Abhängigkeit der Drehzahl

Ein großer Vorteil von Elektromotoren für den Antrieb von Fahrzeugen besteht in dem hohen Drehmoment, das bereits bei sehr geringen Drehzahlen zur Verfügung steht. Durch das konstante Drehmoment im Drehzahlbereich $0 < n \leq 4.700$ U min^{-1} steigt die Leistung des Elektromotors in diesem Bereich linear an.

7.10 Der Drehimpuls

Ein Masseteilchen, das sich wie in Abb. 7.25 gezeigt mit einer bestimmten Winkelgeschwindigkeit auf einer Kreisbahn bewegt, hat einen Impuls $\vec{p}$. Bei konstanter Winkelgeschwindigkeit $\vec{\omega}$ ist der Betrag des Impulses konstant. Da der Impuls allerdings ständig seine Richtung ändert, haben wir bereits festgestellt, dass ständig eine Kraft wirken muss, um das Masseteilchen auf der Kreisbahn zu halten.

Wir werden im Folgenden sehen, dass es sinnvoll ist, eine weitere Größe einzuführen, und zwar den sogenannten Drehimpuls $\vec{L}$, der gemäß Gl. 7.49 aus dem Radius $\vec{r}$ und dem Impuls $\vec{p}$ gebildet wird.

$$\vec{L} = \vec{r} \times \vec{p} \tag{7.49}$$

Der Drehimpuls $\vec{L}$ steht senkrecht auf der Fläche, die durch den Radius und den Impuls aufgespannt wird, und zeigt in diesem Fall nach oben. Den Betrag des Drehimpulses L können wir in diesem Fall aus dem Betrag des Radius r und dem Betrag der Geschwindigkeit v mit Gl. 7.50 berechnen.

$$L = r \cdot p = r \cdot \underbrace{m \cdot v}_{p} = r \cdot m \cdot \underbrace{\omega \cdot r}_{v} = \underbrace{m \cdot r^2}_{J} \cdot \omega \tag{7.50}$$

Der Term $m \cdot r^2$ stellt das Trägheitsmoment J des Masseteilchens dar. Den Drehimpuls $\vec{L}$ können wir daher auch mit Gl. 7.51 in Abhängigkeit des Trägheitsmoments J und der Winkelgeschwindigkeit $\vec{\omega}$ darstellen.

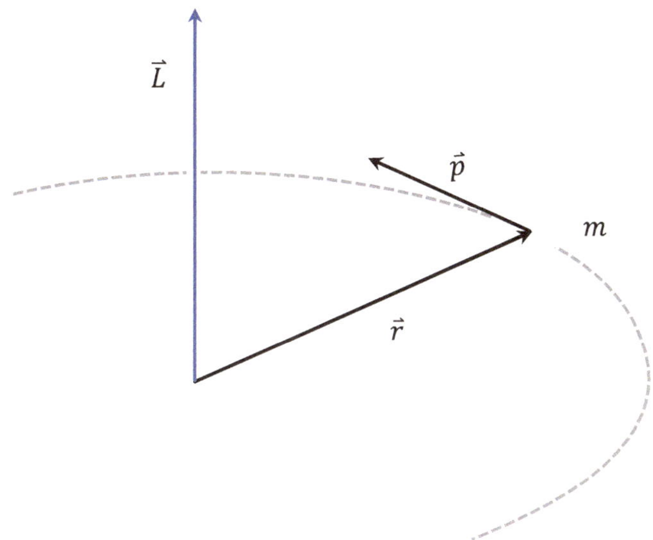

Abb. 7.25 Definition des Drehimpulses am Beispiel eines Masseteilchens auf einer Kreisbahn

$$\vec{L} = J \cdot \vec{\omega} \tag{7.51}$$

Diese Beziehung gilt auch für ausgedehnte Rotationskörper, die wir uns aus den einzelnen Masseteilchen aufgebaut vorstellen können. Voraussetzung ist allerdings, dass sich das Gesamtsystem um eine feste Rotationsachse dreht.

Definition

Drehimpuls: Analog zum Impuls $\vec{p}$ bei der Translationsbewegung kann man für die Rotation den Drehimpuls $\vec{L}$ definieren. Der Drehimpuls wird mit zunehmender Winkelgeschwindigkeit und zunehmendem Trägheitsmoment größer. Der Vektor des Drehimpulses $\vec{L}$ zeigt in Richtung der Drehachse. Die Einheit des Drehmoments ist $[L] = \text{kg m}^2\ \text{s}^{-1} = \text{N m s}$.

7.11 Die Drehimpulserhaltung

Nehmen wir einmal an, dass wir den Drehimpuls eines Masseteilchens ändern wollen. Um zu untersuchen, wie und unter welchen Umständen sich der Drehimpuls ändert, können wir den Drehimpuls nach der Zeit ableiten. Die Ableitung erfolgt analog der Produktregel, so dass zwei Terme resultieren.

$$\frac{d\vec{L}}{dt} = \frac{d}{dt}\left(\vec{r} \times \vec{p}\right) = \left(\frac{d\vec{r}}{dt} \times \vec{p}\right) + \left(\vec{r} \times \frac{d\vec{p}}{dt}\right)$$

Zunächst analysieren wir den ersten Term. Die Ableitung des Ortsvektors $\vec{r}$ nach der Zeit entspricht dem Geschwindigkeitsvektor $\vec{v}$.

$$\frac{d\vec{r}}{dt} \times \vec{p} = \underbrace{\vec{v} \times \vec{p}}_{=0 \text{ da } \vec{v} \| \vec{p}} = 0$$

Da die Geschwindigkeit $\vec{v}$ und der Impuls $\vec{p}$ aber parallel zueinander stehen, nimmt das Kreuzprodukt $\vec{v} \times \vec{p}$ den Wert 0 an.

Dann analysieren wir den zweiten Term. Die Ableitung des Impulses $\vec{p}$ nach der Zeit entspricht der Kraft $\vec{F}$. Das Kreuzprodukt von Hebelarm $\vec{r}$ und Kraft $\vec{F}$ ist aber das Drehmoment $\vec{M}$.

$$\vec{r} \times \frac{d\vec{p}}{dt} = \vec{r} \times \vec{F} = \vec{M}$$

Die Ableitung des Drehimpulses $\vec{L}$ nach der Zeit t entspricht also dem Drehmoment $\vec{M}$. Um den Drehimpulses eines rotierenden Körpers zu ändern, muss somit ein äußeres Drehmoment $\vec{M}$ wirken.

$$\frac{d\vec{L}}{dt} = \vec{M}$$

Im Umkehrschluss bedeutet dies, dass, solange kein äußeres Drehmoment auf einen rotierenden Körper wirkt, auch der Drehimpuls konstant bleiben muss. Damit haben wir eine weitere Erhaltungsgröße, den Drehimpuls $\vec{L}$.

Definition

Drehimpulserhaltung: Solange von außen kein Drehmoment wirkt, bleibt der Drehimpuls $\vec{L}$ eines Systems erhalten.

Die praktische Auswirkung der Drehimpulserhaltung kann man bei verschiedenen Sportarten beobachten. Wenn beispielsweise der Eiskunstläufer Beine und Arme zum Ausführen einer Pirouette zum Körper hin bewegt, verringert sich das Trägheitsmoment. Da der Drehimpuls erhalten bleibt, muss die Winkelgeschwindigkeit der Rotationsbewegung zunehmen. Ähnliche Effekte beobachtet man beim Ausführen von Saltos beim Turmspringen oder Turnen, wenn Beine und Arme angezogen werden.

Die Ableitung des Drehimpulses, der als Kreuzprodukt aus Hebelarm und Impuls definiert ist, können wir auch schnell mit Wolfram|Alpha und MATLAB nachrechnen.

```
Wolfram|Alpha (33)
> d/dt cross[{r(t),p(t)}] <RETURN>
Derivative: d/dt((r(t), p(t))) = r(t)xp'(t)+r'(t)xp(t)
```

Bezüglich der physikalischen Größen der Dynamik gibt es zwischen der Translations- und der Rotationsbewegung entsprechende Analogien.

Analogie zwischen Translations- und Rotationsbewegung

Translation		Rotation	
Kraft	$\vec{F} = m \cdot \vec{a}$	Drehmoment	$\vec{M} = \vec{r} \times \vec{F}$
Impuls	$\vec{p} = m \cdot \vec{v}$	Drehimpuls	$\vec{L} = J \cdot \vec{\omega}$
Arbeit	$dW = \vec{F} \cdot d\vec{s}$	Arbeit	$dW = \vec{M} \cdot d\vec{\theta}$
Leistung	$P = \frac{dW}{dt} = \vec{F} \cdot \vec{v}$	Leistung	$P = \frac{dW}{dt} = \vec{M} \cdot \vec{\omega}$

Beispiel

Drehimpuls einer rotierenden Masse: Eine Masse von 250 g bewegt sich an einem Faden auf einer Kreisbahn mit dem Radius $r_0 = 1$ m mit einer Winkelgeschwindigkeit $\omega_0 = 5\ \mathrm{s}^{-1}$ reibungslos auf einer Ebene. Wie ändern sich die Winkelgeschwindigkeit und die Rotationsenergie, wenn der Radius auf den Wert $r_1 = 0{,}5$ m verringert wird, ohne dass dabei ein äußeres Drehmoment wirkt?

Zur Lösung dieser Aufgabe können wir das Prinzip der Drehimpulserhaltung anwenden. Da ja kein äußeres Drehmoment wirkt, bleibt der anfängliche Drehimpuls L_0 der Masse erhalten, der sich aus dem Trägheitsmoment J_0 und der Winkelgeschwindigkeit ω_0 mit Hilfe der Gl. 7.52 berechnen lässt.

$$L_0 = J_0 \cdot \omega_0 \tag{7.52}$$

Die rotierende Masse hat ein Trägheitsmoment von $J = M \cdot R^2$, das sich durch die Verringerung der Fadenlänge von J_0 auf J_1 verändert.

$$L_0 = J_0 \cdot \omega_0 = J_1 \cdot \omega_1$$

Diese Gleichung können wir nach ω_1 auflösen und die gegebenen Werte einsetzen.

$$\omega_1 = \frac{J_0}{J_1} \cdot \omega_0 = \frac{0{,}25\ \mathrm{kg} \cdot (1{,}0\ \mathrm{m})^2}{0{,}25\ \mathrm{kg} \cdot (0{,}5\ \mathrm{m})^2} \cdot 5\ \mathrm{s}^{-1} = 20\ \mathrm{s}^{-1}$$

Die Winkelgeschwindigkeit steigt also auf den Wert $\omega_1 = 20\ \mathrm{s}^{-1}$, wenn die Fadenlänge halbiert wird. Eine Halbierung des Radius führt also zu einer 4-fachen Winkelgeschwindigkeit. Mit den Werten für die Winkelgeschwindigkeiten ω_0 und ω_1 können wir jetzt mit Gl. 7.53 die Rotationsenergien E_0 und E_1 berechnen.

$$E_{\mathrm{kin}}^{\mathrm{rot}} = \frac{1}{2} \cdot J \cdot \omega^2 \tag{7.53}$$

$$E_0 = \frac{1}{2} \cdot J_0 \cdot \omega_0^2 = \frac{1}{2} \cdot 0{,}25\ \mathrm{kg} \cdot (1{,}0\ \mathrm{m})^2 \cdot \left(5\ \mathrm{s}^{-1}\right)^2 = 3{,}125\ \mathrm{J}$$

$$E_1 = \frac{1}{2} \cdot J_1 \cdot \omega_0^2 = \frac{1}{2} \cdot 0{,}25\ \mathrm{kg} \cdot (0{,}5\ \mathrm{m})^2 \cdot \left(20\ \mathrm{s}^{-1}\right)^2 = 12{,}5\ \mathrm{J}$$

Nach dem Verringern des Radius auf den Wert $r_1 = 0{,}5$ m verfügt das System also über eine Rotationsenergie von $E_{\mathrm{kin}}^{\mathrm{rot}} = 12{,}5$ J.

Obwohl sich der Drehimpuls nicht verändert hat, hat sich die Rotationsenergie um $+9{,}375$ J vergrößert. Diese Energie wurde dem System zugeführt, da bei der

Verringerung des Radius die Zentripetalkraft F_{ZP} über die Wegstrecke von 0,5 m aufgebracht werden musste. Das wollen wir natürlich jetzt einmal nachrechnen. Hierzu können wir die bekannte Formel für die Zentripetalkraft F_{ZP} aus Kap. 6 verwenden.

$$F_{ZP} = m \cdot \omega^2 \cdot r$$

Den Drehimpuls hatten wir schon berechnet, dieser beträgt für eine Masse, welche an einem Faden der Länge r rotiert

$$L = J \cdot \omega = m \cdot r^2 \cdot \omega$$

Diese Gleichung können wir nach ω auflösen und in die Formel für die Zentripetalkraft einsetzen.

$$\omega = \frac{L}{m \cdot r^2}$$

$$F_{ZP} = m \cdot \left(\frac{L}{m \cdot r^2}\right)^2 \cdot r = \frac{L^2}{m} \cdot \frac{1}{r^3}$$

Nun haben wir die Zentripetalkraft F_{ZP} als Funktion des Drehimpulses L, der Masse m und des Radius r formuliert. Die Zentripetalkraft können wir nun über den Weg integrieren und erhalten die Energie, die wir aufwenden müssen, um die Fadenlänge von $r_0 = 1$ m auf $r_1 = 0,5$ m zu reduzieren.

$$\Delta E = \int_{1,0\,m}^{0,5\,m} F_{ZP} \cdot dr = -\int_{1,0\,m}^{0,5} \frac{L^2}{m} \cdot \frac{1}{r^3}\, dr$$

Da der Drehimpuls und die Masse konstant bleiben, können wir die Zahlenwerte einsetzen und diese vor das Integral schreiben.

$$L = L_0 = 0,25 \text{ kg} \cdot (1,0 \text{ m})^2 \cdot 5 \text{ s}^{-1} = 1,25 \text{ kg m}^2 \text{ s}^{-1}$$

$$\Delta E = -\frac{(1,25 \text{ kg m}^2 \text{ s}^{-1})^2}{0,25 \text{ kg}} \cdot \int_{1,0 \text{ m}}^{0,5} \frac{1}{r^3}\, dr = 9,375 \text{ J} \tag{7.54}$$

Das Integral in Gl. 7.54 können wir natürlich mit Wolfram|Alpha oder mit MATLAB ausrechnen.

```
Wolfram|Alpha (34)
> integrate [1/r^3,{r,1,0.5}]*(1.25^2/0.25) <RETURN>
Definite integral:
= −9.375
```

Mit MATLAB berechnen wir das Integral mit Hilfe des symbolischen Rechnens.

```
MATLAB Command Window (23)
> syms r; <RETURN>
> L = 1.25; <RETURN>
> m = 0.25; <RETURN>
> int(1/r^3,r,[1,0.5])*L^2/m <RETURN>
ans =
−75/8
```

Um die Fadenlänge zu halbieren, müssen wir in diesem Fall die Energie von 9,375 J aufwenden, die notwendig ist, um die Zentripetalkraft entlang des Weges wirken zu lassen. Genau um diesen Anteil erhöht sich die Rotationsenergie des Systems. Damit konnten wir unsere erste Berechnung mit Hilfe der Drehimpulserhaltung noch einmal überprüfen.

Beispiel

Drehimpuls einer Schwungscheibe: Wie groß ist der Betrag des Drehimpulses unseres KERS-Schwungrades (Vollzylinder mit einer Masse von 6 kg und einem Durchmesser von 200 mm) bei einer Umdrehungsgeschwindigkeit von 60.000 U min^{-1}? Wir wollen das Schwungrad mit einem Elektromotor antreiben. Da dieser aber nur eine maximale Drehzahl von 6.000 U min^{-1} zulässt, benötigen wir noch ein ideales Getriebe, das die Winkelgeschwindigkeit des Elektromotors um den Faktor 10 vergrößert. Wie lange benötigt unser Elektromotor mit einem Drehmoment von 250 N m auf der Antriebsseite, um das Schwungrad aus dem Stand auf die Drehzahl von 60.000 U min^{-1} zu bringen?

Wir berechnen zunächst den Betrag des Drehimpulses unseres Schwungrades und berücksichtigen hierbei das Trägheitsmoment $J = \frac{1}{2} \cdot M \cdot R^2$ für einen Vollzylinder.

$$L = J \cdot \omega = \frac{1}{2} \cdot M \cdot R^2 \cdot \omega$$

Dann setzen wir die Zahlenwerte ein und berücksichtigen, dass wir die in U min^{-1} angegebene Drehzahl n in die Winkelgeschwindigkeit ω umrechnen müssen.

$$L = \frac{1}{2} \cdot 6\,\mathrm{kg} \cdot \left(\frac{200 \cdot 10^{-3}\mathrm{m}}{2}\right)^2 \cdot \left(\frac{(60.000\,\cancel{\mathrm{U}})}{(1\,\cancel{\mathrm{min}})} \cdot \frac{(2 \cdot \pi)}{(1\,\cancel{\mathrm{U}})} \cdot \frac{(1\,\cancel{\mathrm{min}})}{(60\,\mathrm{s})}\right)$$

Das Drehmoment können wir mit der dieser Formel schnell mit Wolfram|Alpha und MATLAB berechnen.

```
Wolfram|Alpha (35)
> 1/2*6*(200e-3/2)^2*(60000/60*2*pi) <RETURN>
Result: 60 pi
Decimal approximation: 188.49...
```

Bei MATLAB können wir den Variablen `M` und `R` zunächst die entsprechenden Werte zuweisen. Danach erfolgt die Berechnung des Trägheitsmoments, der Winkelgeschwindigkeit und des Drehmoments.

```
MATLAB Command Window (24)
> M = 6; <RETURN>
> R = 200e-3/2; <RETURN>
> J = 1/2*M*R^2; <RETURN>
> omega = 60000/60*2*pi; <RETURN>
> L = I*omega <RETURN>
L =
  188.4956
```

Wir erhalten einen Drehimpuls von $L = 188{,}5\ \mathrm{kg\ m^2\ s^{-1}}$. Wenn sich der Drehimpuls ändert, so muss ein äußeres Drehmoment M wirken.

$$M = \frac{\Delta L}{\Delta t}$$

Sind Drehimpuls und Drehmoment bekannt, so können wir das Zeitintervall Δt berechnen, das wir für die Änderung des Drehimpulses ΔL benötigen.

$$\Delta t = \frac{\Delta L}{M}$$

Wir müssen nun noch berechnen, welches Drehmoment hierzu am Schwungrad zur Verfügung steht. Wenn wir von einem idealen Getriebe ausgehen, so entspricht die Leistung P_1 auf der Antriebsseite der Leistung P_2 auf der Abtriebsseite.

$$P_1 = P_2 = \omega_1 \cdot M_1 = \omega_2 \cdot M_2$$

Damit ergibt sich auch folgendes Verhältnis der Winkelgeschwindigkeiten und Drehmomente.

$$\frac{\omega_1}{\omega_2} = \frac{M_2}{M_1}$$

Wie zu erwarten war, verringert sich bei einer höheren Winkelgeschwindigkeit ω_2 das Drehmoment M_2 auf der Abtriebsseite. Nun können wir die Zahlenwerte für ω_1, ω_2 und das Drehmoment M_1 einsetzen und erhalten das Drehmoment $M_2 = 25$ N m, das an unserem Schwungrad zur Verfügung steht.

$$M_2 = \frac{\omega_1}{\omega_2} \cdot M_1 = 0,1 \cdot 250 \text{ N m} = 25 \text{ N m} \tag{7.55}$$

Wie berechnet, vergrößert sich der Drehimpuls unseres Schwungrades aus dem Stillstand um einen Wert von $\Delta L = 188,5$ kg m s^{-1}. Diesen Wert für ΔL können wir nun einsetzen und erhalten einen Wert für das benötigte Zeitintervall von $\Delta t = 7,54$ s.

$$\Delta t = \frac{188,5 \text{ kg m}^2 \text{ s}^{-1}}{25 \text{ N m}} = 7,54 \text{ s} \tag{7.56}$$

Der Elektromotor benötigt also ca. 7,5 s, um die Schwungscheibe auf die gewünschte Winkelgeschwindigkeit zu beschleunigen.

Im Folgenden sind die wichtigsten Größen und Gleichungen dieses Kapitels noch einmal zusammengefasst.

Wichtige Größen und Gleichungen der klassischen Mechanik

Arbeit (Arbeit = Kraft x Weg)	$W = \vec{F} \cdot \vec{s}$
Kinetische Energie der Translationsbewegung	$E_{\text{kin}}^{\text{trans}} = \frac{1}{2} \cdot m \cdot v^2$
Kinetische Energie der Rotationsbewegung	$E_{\text{kin}}^{\text{rot}} = \frac{1}{2} \cdot J \cdot \omega^2$
Potenzielle Energie (Lageenergie)	$E_{\text{pot}} = m \cdot \text{g} \cdot h$
Hangabtriebskraft	$F_{\text{H}} = \sin\alpha \cdot m \cdot g$
Impuls	$\vec{p} = m \cdot \vec{v}$
Mittlerer Kraftstoß	$\vec{F} \cdot \Delta t = \Delta\vec{p}$
Durchschnittliche Leistung	$\langle P \rangle = \frac{\Delta W}{\Delta t}$
Momentanleistung	$P = \frac{dW}{dt}$
Drehmoment	$\vec{M} = \vec{r} \times \vec{F}$
Leistung eines Motors	$P = \vec{M} \cdot \vec{\omega}$
Drehimpuls einer Punktmasse	$\vec{L} = \vec{r} \times \vec{p}$
Drehimpuls einer Masse mit dem Trägheitsmoment J	$\vec{L} = J \cdot \vec{\omega}$

Zusammenfassung

- Mit dem Energieerhaltungssatz der Mechanik kann man viele Aufgaben elegant lösen unter der Voraussetzung, dass Reibungskräfte vernachlässigt werden können.
- Bei den sogenannten elastischen Stößen bleibt die Summe der kinetischen Energien der Stoßpartner erhalten.
- Die meisten realen Prozesse zeichnen sich allerdings durch eine mehr oder weniger ausgeprägte Reibung aus, wodurch ein Teil der mechanischen Energie in die Energieform Wärme umgewandelt wird.
- Auch bei vielen Stoßprozessen wird durch eine plastische Verformung mechanische Energie in Wärme umgewandelt. Diese Stoßprozesse bezeichnet man als unelastisch oder inelastisch.
- Ein vollständig unelastische Stoß ist dadurch charakterisiert, dass durch eine plastische Deformation beide Stoßpartner nach dem Stoß aneinander haften und sich mit der gleichen Geschwindigkeit fortbewegen.
- Mit dem Impuls kann eine physikalische Größe eingeführt werden, die auch bei inelastischen Prozessen erhalten bleibt, solange von außen keine zusätzlichen Kräfte wirken.
- Zusätzlich zur kinetischen Energie der Translationsbewegung können räumlich ausgedehnte Körper auch Bewegungsenergie durch Rotation aufnehmen.
- Diese Rotationsenergie lässt sich mit Hilfe des Trägheitsmoments und der Winkelgeschwindigkeit berechnen. Beispielsweise kann so die Energie berechnet werden, die in Schwungrädern beim Bremsen von Fahrzeugen gespeichert werden kann.
- Analog zum Impuls bei einer Translationsbewegung stellt der Drehimpuls bei der Rotationsbewegung eine weitere Erhaltungsgröße dar, solange kein äußeres Drehmoment wirkt.

Literatur

1. Hau E (2008) Windkraftanlagen. Grundlagen, Technik, Einsatz, Wirtschaftlichkeit, 4. Aufl. Springer, Berlin/Heidelberg
2. Wallentowitz H, Freialdenhoven A (2011) Strategien zur Elektrifizierung des Antriebsstranges. Technologien, Märkte und Implikationen, 2. Aufl. ATZ/MTZ-Fachbuch. Vieweg + Teubner Verlag/Springer Fachmedien Wiesbaden GmbH Wiesbaden, Wiesbaden

8 Schwingungen und Wellen

Bei Schwingungen und Wellen finden periodische Zustandsänderungen statt, bei denen beispielsweise Energie periodisch ausgetauscht wird. Bei mechanischen Schwingungen eines Federpendels wird Energie zwischen potenzieller und kinetischer Energie ausgetauscht. In einem elektromagnetischen Schwingkreis erfolgt ein Austausch zwischen der elektrischen Energie des Kondensators und der magnetischen Energie der Spule. Betrachtet man einzelne Elemente wie beispielsweise ein Fadenpendel oder ein Masse-Feder-System, spricht man von einer Schwingung. Wenn viele Teilchen in einem System gekoppelt sind, wie beispielsweise bei Wasser- oder Schallwellen, spricht man von Wellen. Eine Welle stellt einen zeitlich und räumlich periodischen Vorgang dar. Die Entstehung von Schwingungen und Wellen soll im Folgenden beschrieben werden.

8.1 Harmonische Schwingungen

Eine grundlegende Schwingungsbewegung ist die harmonische Schwingung, diese kann durch harmonische Funktionen wie Sinus- und Kosinusfunktionen beschrieben werden. Den zeitlichen Verlauf einer schwingenden Masse kann man mit Gl. 8.1 beschreiben.

$$x(t) = A \cdot \cos(\omega_0 \cdot t + \delta) \tag{8.1}$$

Hierbei ist A die Amplitude und δ der Phasenwinkel. Nach einer vollen Schwingung erreicht die schwingende Masse wieder ihre Ausgangslage, die dafür benötige Zeit nennt man Schwingungsdauer T. Die Frequenz f ergibt sich als reziproker Wert der Schwingungsdauer T.

P. Kersten, *Mechanik – smart gelöst*, DOI 10.1007/978-3-662-53706-0_8

$$f = \frac{1}{T}$$

Die Funktion $x(t)$ kann man sich anschaulich vorstellen als die Projektion einer gleichförmigen Kreisbewegung mit der Kreisfrequenz ω (auch Winkelfrequenz genannt). Der Drehwinkel φ der Kreisbewegung kann aus der Kreisfrequenz ω und der Zeit t berechnet werden.

$$\varphi = \omega \cdot t$$

Die Schwingungsbewegung einer harmonischen Schwingung können wir uns mit einem Zeiger vorstellen, der mit der Kreisfrequenz ω rotiert und eine Länge hat, die der Amplitude A der Schwingung entspricht. Die Projektion der rotierenden Zeigerspitze auf eine Koordinatenachse beschreibt die momentane Auslenkung.

Die Kreisfrequenz ω unterscheidet sich um den Faktor 2π von der Frequenz f. Die Einheit der Kreisfrequenz ist $[\omega] = \mathrm{s}^{-1}$, zur Unterscheidung mit der Einheit der Frequenz wird diese jedoch nicht in Hertz (Hz) angegeben.

$$\omega = 2 \cdot \pi \cdot f = \frac{2 \cdot \pi}{T}$$

Mathematisch können die Schwingungen mit Hilfe von Differenzialgleichungen beschrieben werden und analytisch oder mit numerischen Verfahren gelöst werden.

8.2 Das mathematische Pendel

Mit dem mathematischen Pendel haben wir bereits in Kap. 3 experimentiert. Im Folgenden wollen wir den experimentell ermittelten Zusammenhang von Schwingungsdauer und Fadenlänge genauer analysieren. Hierzu sind in Abb. 8.1 die Kräfte dargestellt, die aus der Auslenkung der Masse aus der Gleichgewichtslage resultieren.

Die Gewichtskraft kann man hierbei in zwei Komponenten aufteilen. Ein Teil der Gewichtskraft wirkt in Richtung des Fadens, ein anderer Teil wirkt tangential zur Kreisbahn, der durch die Fadenlänge vorgegeben ist. Der tangentiale Anteil F der Gewichtskraft F_G verursacht die Bewegung und hängt folgendermaßen vom Auslenkungswinkel θ ab:

$$F = F_\mathrm{G} \cdot \sin\theta = -m \cdot g \cdot \sin\theta \tag{8.2}$$

Auch der Weg der Masse s kann als Funktion des Auslenkungswinkels ausgedrückt werden.

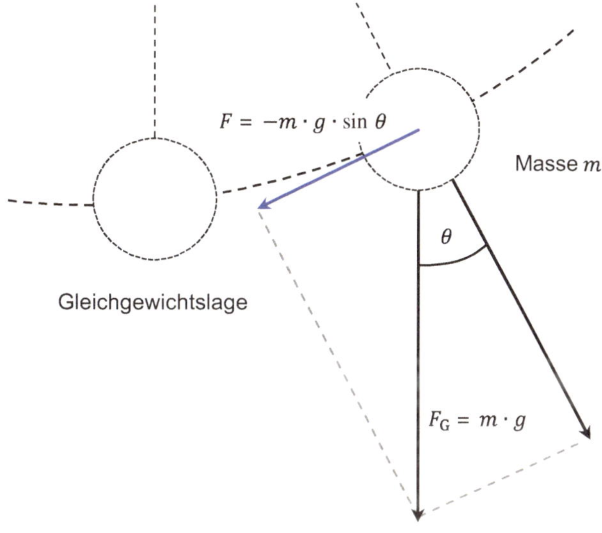

Abb. 8.1 Schematische Darstellung der Kräfte an einem mathematischen Pendel

$$s = l \cdot \theta$$

Da die Beschleunigung a die zweifache Ableitung $\ddot{s}$ des Weges nach der Zeit ist, entspricht diese somit folgendem Ausdruck:

$$a = \ddot{s} = l \cdot \ddot{\theta} \tag{8.3}$$

Nun können wir für die Beschleunigung gemäß des zweiten Newtonschen Gesetzes den Ausdruck $a = F/m$ schreiben und in Gl. 8.3 einsetzen. Hierbei berücksichtigen wir die rücktreibende Kraft $F = -m \cdot g \cdot sin\ \theta$ aus Gl. 8.2.

$$l \cdot \ddot{\theta} = \frac{-m \cdot g \cdot \sin\theta}{m} = -g \cdot \sin\theta$$

Nach Kürzen durch die Masse m und umstellen der Gleichung können wir die Differenzialgleichung für das mathematische Pendel formulieren.

$$\ddot{\theta} + \frac{g}{l} \cdot \sin\theta = 0 \tag{8.4}$$

Wie bereits in Kap. 3 mit Hilfe der Dimensionsanalyse gezeigt, hat die Masse keinen Einfluss auf die Bewegung des Fadenpendels.

Es handelt sich um eine Differenzialgleichung zweiter Ordnung, die durch die Sinusfunktion allerdings nicht mehr linear ist, so dass sich eine analytische Lösung daher deutlich aufwendiger darstellen würde. In Abschn. 8.6 werden wir sehen, dass man diese nicht lineare Differenzialgleichung ohne großen Aufwand mit numerischen Verfahren lösen kann.

Um Gl. 8.4 dennoch einfach analytisch lösen zu können, kann man ausnutzen, dass wir die Sinusfunktion $\sin\theta$ für kleine Auslenkungen durch θ ersetzen können.

Die Funktion $\sin\theta$ kann man für kleine Winkel näherungsweise durch θ ersetzen. Dies erkennt man schnell, wenn man die Sinusfunktion mit der Eingabe `taylor series sin (theta) at theta = 0` in Wolfram|Alpha um den Punkt $\theta = 0$ mit Hilfe der sogenannten Taylor-Entwicklung als Potenzreihe darstellt.

$$\sin\theta = \theta - \frac{1}{6}\theta^3 + \frac{1}{120}\theta^5 + \dots$$

Man erkennt, dass die höheren Potenzen der Reihenentwicklung für kleine θ schneller gegen 0 gehen als der lineare Term.

Mit dieser sogenannten Kleinwinkelnäherung vereinfacht sich die Differenzialgleichung für das mathematische Pendel zu der Form in Gl. 8.5.

$$\ddot{\theta} + \frac{g}{l} \cdot \theta = 0 \tag{8.5}$$

Eine Strategie zur Lösung der Differenzialgleichung besteht darin, einen Ansatz für die Funktion $\theta(t)$ zu formulieren und in die Gleichung einzusetzen. In diesem Fall wählen wir für $\theta(t)$ folgende Kosinusfunktion:

$$\theta(t) = \theta_0 \cdot \cos(\omega_0 \cdot t + \delta) \tag{8.6}$$

Als Amplitude verwenden wir hier den Winkel θ_0, der den maximalen Auslenkungswinkel darstellt. Nun leiten wir den Ausdruck für $\theta(t)$ aus Gl. 8.6 zweimal nach der Zeit ab und setzen das Ergebnis in Gl. 8.5 ein.

$$-\theta_0 \cdot {\omega_0}^2 \cdot \cos(\omega_0 \cdot t + \delta) + \frac{g}{l} \cdot \theta_0 \cdot \cos(\omega_0 \cdot t + \delta) = 0$$

Nach Kürzen durch θ_0 und $\cos(\omega_0 \cdot t + \delta)$ erhalten wir folgenden Ausdruck, den wir nach ω_0 auflösen können:

$$-{\omega_0}^2 + \frac{g}{l} = 0$$

$$\omega_0 = \sqrt{g/l} \tag{8.7}$$

Damit haben wir die Eigenkreisfrequenz ω_0 eines ungedämpften mathematischen Pendels berechnet. Diesen Ausdruck für ω_0 können wir in Gl. 8.1 einsetzen.

$$\theta(t) = \theta_0 \cdot \sin\left(\sqrt{g/l} \cdot t + \delta\right) \tag{8.8}$$

Auch die Schwingungsdauer T für ein mathematisches Pendel können wir mit ω_0 berechnen.

$$T = \frac{2 \cdot \pi}{\omega_0} = 2 \cdot \pi \sqrt{l/g} \tag{8.9}$$

Den in Kap. 3 mit Hilfe der Dimensionsanalyse vermuteten Zusammenhang $T \sim \sqrt{l/g}$ können wir hiermit bestätigen. Zusätzlich erhalten wir den genauen Faktor 2π. Hier hatte unser Experiment einen Wert von 6, 1ergeben. Für ein Freihandexperiment nicht so schlecht, oder?

Die Schwingungsdauer T eines mathematischen Pendels hängt von der Pendellänge l ab. Die Schwingungsdauer wird größer, wenn die Pendellänge zunimmt, und kleiner, wenn diese abnimmt. Bei Pendeluhren kann dieser Effekt zum Einstellen der Laufgeschwindigkeit ausgenutzt werden, indem die wirksame Pendellänge eingestellt wird.

Die Lösung der Differenzialgleichung mit Wolfram|Alpha erfolgt durch direkte Eingabe der Gl. 8.5 zur Kennzeichnung der Ableitung verwenden wir Ableitungsstriche. Die Bewegungsgleichung wird als lineare Differenzialgleichung zweiter Ordnung erkannt und eine Lösung für die Funktion `θ(t)` in Abhängigkeit der Zeit angegeben.

```
Wolfram|Alpha (1)
> {theta''[t] + g/l*theta[t] == 0} <RETURN>
ODE classification: second-order linear ordinary differential
equation
Differential equation solution:
θ(t) = c_2 sin((sqrt(g) t)/sqrt(l))+c_1 cos((sqrt(g) t)/sqrt(l))
```

Die Lösung entspricht in der Form der Gl. 8.6 jedoch werden noch die zusätzliche Konstanten `c1` und `c2` ausgegeben, sowie ein zusätzliche Kosinusfunktion. Die Konstanten stellen die Integrationskonstanten dar, die noch nicht näher spezifiziert werden können, da die Anfangsbedingungen noch nicht angegeben wurden.

Zur Lösung der Differenzialgleichung mit MATLAB führen wir zunächst den Befehl `syms` für das symbolische Rechnen auf, gefolgt von der Funktion `theta(t)` und der Konstanten `g` für die Erdbeschleunigung und der Variablen `l` für die Fadenlänge. Mit dem Befehl `dsolve` kann die Differenzialgleichung gelöst werden. Mit der Angabe `diff (phi, 2)` wird darauf hingewiesen, dass es sich hierbei um eine zweifache Ableitung handelt.

```
MATLAB Command Window (1)
> syms theta(t) g l; <RETURN>
> dsolve(diff(theta,2) + l/g*theta == 0) <RETURN>
ans =
C2*exp((t*(-g*l)^(1/2))/g) + C3*exp(-(t*(-g*l)^(1/2))/g)
```

Das Ergebnis wird hier nicht als Sinus- und Kosinusfunktionen dargestellt, sondern mit der Exponentialfunktion. Die Argumente in der Exponentialfunktion entsprechen wieder dem Term $\omega \cdot t$ und liefern nach Umformen ebenfalls das Ergebnis aus Gl. 8.9.

Beispiel

Das Sekundenpendel: Ein Pendel, dessen halbe Schwingungsdauer eine Sekunde beträgt, wird auch als Sekundenpendel bezeichnet. Nehmen wir an, wir wollen ein Sekundenpendel aus einem Faden und einer kleinen Masse aufbauen.

- Wie müssen wir die Fadenlänge wählen, wenn wir von einer Erdbeschleunigung $g = 9{,}81\,\mathrm{m\,s^{-2}}$ ausgehen?
- Mit welcher Funktion kann der Winkel θ als Funktion der Zeit beschrieben werden, wenn die Masse zum Zeitpunkt $t = 0$ keine Geschwindigkeit hat, aber um $\theta_0 = 10^\circ$ aus der Gleichgewichtslage ausgelenkt ist?

Hierzu lösen wir Gl. 8.9 nach l auf und erhalten Gl. 8.10, in die wir die Werte für $g = 9{,}81\,\mathrm{m\,s^{-2}}$ und $T = 2\,\mathrm{s}$ einsetzen können.

$$l = \frac{g \cdot T^2}{4 \cdot \pi^2} = \frac{9{,}81\,\mathrm{m\,s^{-2}} \cdot (2\,\mathrm{s})^2}{4 \cdot \pi^2} = 0{,}99\,\mathrm{m} \tag{8.10}$$

Um ein Sekundenpendel zu bauen, benötigen wir also einen Faden der Länge $l \approx 1\,\mathrm{m}$. Das Ergebnis können wir schnell überprüfen, indem wir mit Wolfram|Alpha und MATLAB symbolisch nachrechnen. Hierzu setzen wir die Schwingungsdauer $T = 2\,\mathrm{s}$ und den Wert $g = 9{,}81\,\mathrm{m\,s^{-1}}$ in Gl. 8.9 ein und lösen dann nach der Fadenlänge l auf.

```
Wolfram|Alpha (2)
> 2 = 2*pi*sqrt(l/9.81), solve l <RETURN>
Result:
l = 0.993961
```

Analog erfolgt die Berechnung mit MATLAB durch symbolisches Rechnen. Da wir die Erdbeschleunigung g mit drei Stellen eingegeben haben, lassen wir uns mit dem Befehl vpa (...,3) auch das Ergebnis auf drei signifikante Stellen genau anzeigen.

```
MATLAB Command Window (2)
> syms l; <RETURN>
> g = 9.81; <RETURN>
> vpa(solve(2*pi*sqrt(l/g) == 2,l),3) <RETURN>
ans =
0.994
```

Zur Bestimmung der Funktion $\theta(t)$ lösen wir die Differenzialgleichung für die gegebenen Anfangsbedingungen $\dot{\theta}(0) = 0$ und $\theta(0) = \pi/18$.

```
Wolfram|Alpha (3)
> {theta''[t] + 9.81/1*theta[t] == 0, theta'[0] == 0, theta[0] ==
(pi/18)} <RETURN>
ODE classification: second-order linear ordinary differential
equation
Differential equation solution:
θ(t) = 0.174533 cos(3.13209 t)
```

Zur Eingabe der Anfangsgeschwindigkeit $\dot{\theta}(0) = 0$ definieren wir uns zunächst die Variable dtheta, der wir mit dem Befehl dtheta = diff(theta) die erste zeitliche Ableitung von θ zuweisen. Mit dem Befehl dtheta(0) == 0 können wir der Anfangsgeschwindigkeit den Wert null zuweisen.

```
MATLAB Command Window (3)
> syms theta(t) <RETURN>
> g = 9.81; l = 1; <RETURN>
> dtheta = diff(theta); <RETURN>
> sol=dsolve(diff(theta,2) + g/l*theta == 0, theta(0) == pi/18,
dtheta(0) == 0) <RETURN>
sol =
(pi*cos((3*109^(1/2)*t)/10))/18
> vpa(sol,3) <RETURN>
ans =
0.175*cos(3.13*t)
```

Nun können wir die Lösung unseres Sekundenpendels formulieren und erhalten für den Winkel $\theta(t)$ als Funktion der Zeit folgende Funktion:

$$\theta(t) = \frac{\pi}{18} \cdot \cos\left(3,13\,\mathrm{s}^{-1} \cdot t\right)$$

Das Ergebnis weist einen Wert von $\omega_0 = 3,13\,\mathrm{s}^{-1}$ als Eigenkreisfrequenz aus, mit dem wir nun die Schwingungsdauer T berechnen können.

$$T = \frac{2\pi}{\omega} = \frac{2 \cdot \pi}{3,13\,\mathrm{s}^{-1}} = 2,01\,\mathrm{s}$$

Erwartungsgemäß erhalten wir einen Wert von $T \approx 2\,\mathrm{s}$ für die Schwingungsdauer unseres Sekundenpendels.

Da wir mit der Tabellenkalkulation keine symbolischen Rechnungen durchführen können, kommen zur Lösung der Differenzialgleichung ausschließlich numerische Verfahren in Frage. Wir berechnen das mathematische Pendel für kleine Auslenkungswinkel mit Hilfe des in Kap. 4 beschriebenen Euler-Verfahrens. Tab. 8.1 zeigt die einzelnen Schritte dieses Verfahrens.

Die einzelnen Schritte dieses Verfahren können wir dann in ein Excel-Arbeitsblatt übertragen. Wie in Abb. 8.2 gezeigt, sind in der Spalte `A` die Werte für die einzelnen Zeitpunkte t_n eingetragen. Als Schrittweite wurde hier eine Zeit von $\Delta t = 0,01$ s und als Zeitintervall der Bereich $0 \leq t \leq 3\,\mathrm{s}$ gewählt. In der Spalte `B` sind die Auslenkungswinkel θ_n und in der Spalte `C` die erste sowie in der Spalte `D` die zweite Ableitungen des Auslenkungswinkels eingetragen.

```
Excel-Arbeitsblatt (Abb. 8.2)
A2 = G2
B2 = G4
C2 = G5
D2 = −B2*9,81/1
A3 = A2 + $G$3
B3 = B2 + C2*$G$3
C3 = C2 + D2*$G$3
D3 = −B3*9,81/1
```

Nach Markieren der Spalten `B` und `C` können wir die den Winkel θ und die Ableitung des Winkles $d\theta/dt = \dot{\theta}$ in Abhängigkeit der Zeit plotten.

Tab. 8.1 Numerische Berechnung des mathematischen Pendels für kleine Auslenkungswinkel mit Hilfe des Euler-Verfahrens

t in s	θ in rad	$\dot{\theta}$ in rad s^{-1}	$\ddot{\theta}$ in rad s^{-2}
t_0	θ_0	$\dot{\theta}_0$	$\ddot{\theta}_0 = -\theta_0 \cdot g/l$
$t_1 = t_0 + \Delta t$	$\theta_1 = \theta_0 + \dot{\theta}_0 \cdot \Delta t$	$\dot{\theta}_1 = \dot{\theta}_0 + \ddot{\theta}_0 \cdot \Delta t$	$\ddot{\theta}_1 = -\theta_1 \cdot g/l$
$t_2 = t_1 + \Delta t$	$\theta_2 = \theta_1 + \dot{\theta}_1 \cdot \Delta t$	$\dot{\theta}_2 = \dot{\theta}_1 + \ddot{\theta}_1 \cdot \Delta t$	$\ddot{\theta}_2 = -\theta_2 \cdot g/l$
$t_3 = t_2 + \Delta t$	$\theta_3 = \theta_2 + \dot{\theta}_2 \cdot \Delta t$	$\dot{\theta}_3 = \dot{\theta}_2 + \ddot{\theta}_2 \cdot \Delta t$	$\ddot{\theta}_3 = -\theta_3 \cdot g/l$
...	...	...	...
$t_{n+1} = t_n + \Delta t$	$\theta_{n+1} = \theta_n + \dot{\theta}_n \cdot \Delta t$	$\dot{\theta}_{n+1} = \dot{\theta}_n + \ddot{\theta}_n \cdot \Delta t$	$\ddot{\theta}_{n+1} = -\theta_n \cdot g/l$

	A	B	C	D	E	F	G	H
1	t in s	θ in rad	θ' in rad/s	θ'' in rad/s^2				
2	0,00	0,1745	0,0000	-1,7122		t0	0	s
3	0,01	0,1745	-0,0171	-1,7122		Δt	0,01	s
4	0,02	0,1744	-0,0342	-1,7105		θ0	0,1745	rad
5	0,03	0,1740	-0,0513	-1,7071		θ'0	0	rad/s
6	0,04	0,1735	-0,0684	-1,7021				
7	0,05	0,1728	-0,0854	-1,6954				
...	...	...	...	...				
202	2,00	0,1925	0,0127	-1,8881				
...	...	...	...	...				
302	3,00	-0,2021	-0,0200	1,9825				

Abb. 8.2 Excel-Arbeitsblatt zur Berechnung des mathematischen Pendels mit dem Euler-Verfahren

Das Ergebnis können wir natürlich mit Wolfram|Alpha nachrechnen. Hierzu wählen wir mit der Eingabe `forward Euler method` das Euler-Verfahren und mir der Eingabe `stepsize 0.01` eine Schrittweite von $\Delta t = 0,01\,\mathrm{s}$.

```
Wolfram|Alpha (4)
> forward euler method {theta''[t] + 9.81/1*theta[t] == 0,
theta'[0] == 0, theta[0] == (pi/18)} from t=0 to 3 stepsize 0.01
<RETURN>
Stepwise results:
step | t | θ | local error | global error
0 | 0. | 0.174533 | 0. | 0.
1 | 0.01 | 0.174533 | -0.0000856014 | -0.0000856014
2 | 0.02 | 0.174362 | -0.00025672 | -0.000171105
3 | 0.03 | 0.174019 | -0.000427587 | -0.000256258
...
200 | 2. | 0.192471 | 0.000189434 | -0.0179693
...
299 | 2.99 | -0.201688 | -0.000412224 | 0.0274674
300 | 3. | -0.202086 | -0.000241328 | 0.0276238
```

Das Euler-Verfahren mit einer Schrittweite von $\Delta t = 0,01\,\mathrm{s}$ ergibt für die Zeit $t = 2\,\mathrm{s}$ einen Winkel von $\theta \approx 0,1915\,\mathrm{rad}$, welcher damit größer ist als der

Anfangswert. Physikalisch ist dieses Ergebnis nicht sinnvoll, da wir bei einem reibungsfreien System davon ausgehen, dass der maximale Auslenkungswinkel konstant bleibt. Um dieses „Aufschwingen" zu vermeiden, kann man die Schrittweite verringern oder das in Abschn. 8.6 beschriebene mehrstufige Runge-Kutta-Verfahren anwenden.

Da wir hier ein reibungsfreies System angenommen haben, können wir mit der Energieerhaltung überprüfen, ob wir beim Durchgang durch die Gleichgewichtslage ($\theta = 0$) mit den berechneten Formeln die korrekte Geschwindigkeit $v_{\max}$ für unsere Masse erhalten.

Abb. 8.3 stellt die Berechnung der Höhe in Bezug auf die Gleichgewichtslage dar, wenn die Masse um den Winkel θ ausgelenkt wird. Auf die Aufgabenstellung bezogen hat das Pendel bei einer Auslenkung von $\theta = 10°$ (entsprechend $\pi/18$ rad) keine kinetische Energie, dafür aber die maximale potenzielle Energie E_{pot}, die wir mit Gl. 8.11 berechnen können.

$$E_{\text{pot}} = m \cdot g \cdot l \cdot (1 - \cos\theta) \tag{8.11}$$

In der Gleichgewichtslage ist die Situation genau umgekehrt. Hier hat die Masse eine maximale kinetische Energie, aber keine potenzielle Energie. Die kinetische Energie $E_{\text{kin}}^{\text{trans}}$ an diesem Punkt beträgt daher

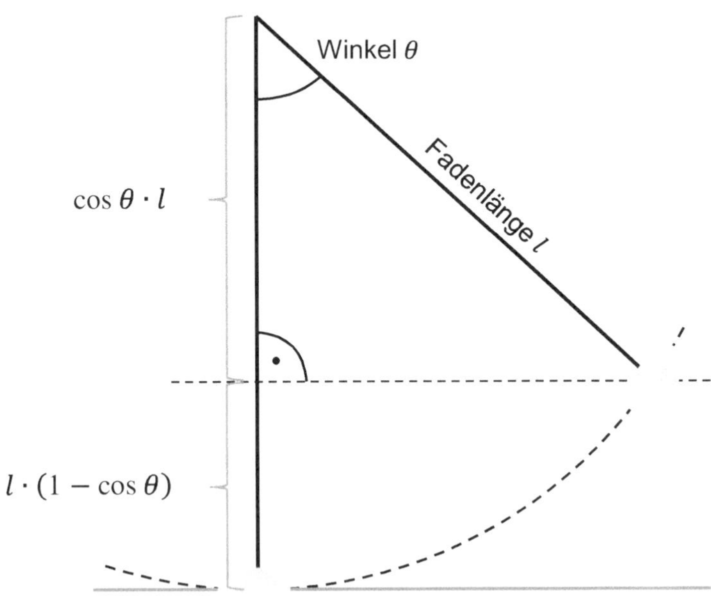

Abb. 8.3 Schematische Darstellung zur Berechnung der potenziellen Energie eines mathematischen Pendels in Abhängigkeit des Auslenkungswinkels θ

$$E_{kin}^{trans} = \frac{1}{2} \cdot m \cdot v_{max}^2 = m \cdot g \cdot l \cdot (1 - \cos\theta)$$

Diesen Ausdruck können wir umformen und erhalten folgende Gleichung für v_{max}, in die wir die Werte für $g = 9{,}81\,\mathrm{m\,s^{-2}}$, für $l = 1\,\mathrm{m}$ und $\theta = \pi/18$ einsetzen können:

$$v_{max} = \sqrt{2 \cdot g \cdot l \cdot (1 - \cos\theta)}$$

$$v_{max} = \sqrt{2 \cdot 9{,}81\,\mathrm{m\,s^{-2}} \cdot 1\,\mathrm{m} \cdot (1 - \cos(\pi/18))} = 0{,}55\,\mathrm{m\,s^{-1}}$$

Als Wert für die maximale Geschwindigkeit ergibt sich $v_{max} = 0{,}55\,\mathrm{m\,s^{-1}}$.

Diesen Wert können wir mit dem Wert der Geschwindigkeit vergleichen, der sich aus der Lösung der Differenzialgleichung ergibt. Da die Geschwindigkeit der Masse durch $\dot{s} = l \cdot \dot{\theta}$ beschrieben wird, leiten wir die Winkelfunktion $\theta(t)$ nach der Zeit ab und multiplizieren dann mit der Fadenlänge $l = 1\,\mathrm{m}$.

$$\dot{s}(t) = l \cdot \dot{\theta}(t) = 1\,\mathrm{m} \cdot -0{,}55\,\mathrm{s^{-1}} \cdot \sin\left(3{,}13\,\mathrm{s^{-1}} \cdot t\right)$$

Die maximale Geschwindigkeit wird hier erreicht, wenn die Sinusfunktion den Wert 1 annimmt. Damit ergibt sich für die Geschwindigkeit $\dot{s}$ ein maximaler Wert von $0{,}55\,\mathrm{m\,s^{-1}}$. Klasse, wir erhalten somit den gleichen Wert wie bei der Berechnung mit Hilfe der Energieerhaltung.

8.3 Das Masse-Feder-System

Ein weiteres Beispiel für ein schwingendes System ist das Masse-Feder-System, das in Abb. 8.4 schematisch dargestellt ist. Bei dieser auch als Federschwinger bezeichneten Anordnung gleitet eine Masse m, die an einer Feder mit der Federkonstanten k angebracht ist, reibungsfrei auf einer Unterlage.

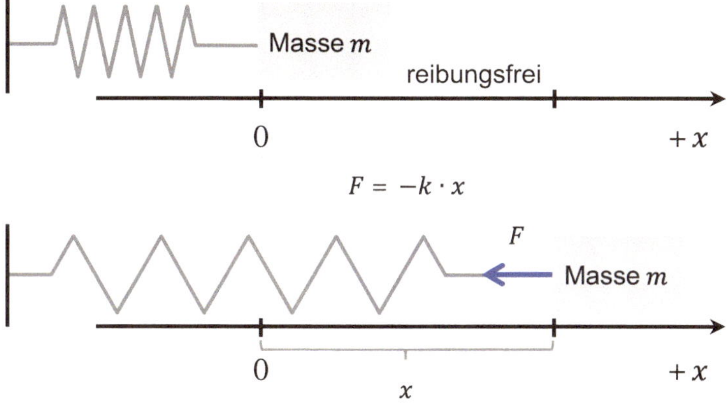

Abb. 8.4 Schematische Darstellung eines reibungsfreien Masse-Feder-Systems

Lenkt man die Masse aus der Gleichgewichtslage aus, so wirkt eine rücktreibende Kraft, die der Auslenkung $\vec{x}$ entgegengerichtet ist.

$$\vec{F}_{\mathrm{k}} = -k \cdot \vec{x}$$

Diese Kraft führt beim Loslassen der Masse aus dem ausgelenkten Zustand zu einer Beschleunigung. Zur Beschreibung der Bewegung können wir folgende Differenzialgleichung aufstellen:

$$\ddot{x} + \frac{k}{m} \cdot x = 0 \tag{8.12}$$

Als Lösung dieser linearen Differenzialgleichung zweiter Ordnung erwarten wir die Funktion $x(t)$ in folgender Form:

$$x(t) = A \cdot \cos(\omega_0 \cdot t + \delta) \tag{8.13}$$

Den Lösungsansatz für $x(t)$ setzen wir in Gl. 8.12 ein, um zu überprüfen, unter welchen Bedingungen sich damit die Differenzialgleichung lösen lässt.

$$-A \cdot \omega_0{}^2 \cdot \cos(\omega_0 \cdot t + \delta) + \frac{k}{m} \cdot \mathrm{A} \cdot \cos(\omega_0 \cdot t + \delta) = 0$$

Nach Kürzen mit A und $\cos(\omega_0 \cdot t + \delta)$ erhalten wir folgenden Ausdruck, den wir noch nach ω_0 auflösen können:

$$-\omega_0{}^2 + \frac{k}{m} = 0$$

$$\omega_0 = \sqrt{k/m} \tag{8.14}$$

Damit haben wir die Eigenkreisfrequenz ω_0 eines ungedämpften Masse-Feder-Systems berechnet. Die Bewegung des Masse-Feder-Systems können wir damit folgendermaßen beschreiben:

$$\theta(t) = \theta_0 \cdot \cos\left(\sqrt{k/m} \cdot t + \delta\right)$$

Auch die Schwingungsdauer T für ein Masse-Feder-System können wir nun angeben.

$$T = \frac{2 \cdot \pi}{\omega_0} = 2 \cdot \pi \sqrt{m/k}$$

Die Schwingungsdauer eines Masse-Feder-Systems verlängert sich, wenn die Masse bei gleicher Federkonstanten vergrößert wird. Diesen Effekt kann man gut bei einem LKW beobachten, der auf einer unebenen Straße fährt. Im beladenen Zustand weist die Karosserie eine deutlich längere Schwingungsdauer auf als die eines unbeladenen LKWs.

Die Differenzialgleichung für den Federschwinger können wir auch mit Wolfram|Alpha und MATLAB lösen. Die Eingabe in Wolfram|Alpha erfolgt wie in Gl. 8.12 formuliert. Durch die Eingabe von `x''[t]` und `x[t]` wird angenommen, dass die Ortsfunktion $x(t)$ von der Variablen Zeit t abhängt. Als Anfangsbedingungen gehen wir in diesem Fall bei $t = 0$ von einer Auslenkung mit der Amplituden A und einer Anfangsgeschwindigkeit von $\dot{x}(t) = 0$ aus. Dies entspricht der Situation eines Federschwingers, den wir auslenken und zum Zeitpunkt $t = 0$ vom Ort $x(0) = A$ frei schwingen lassen.

```
Wolfram|Alpha (5)
> {x''[t] + k/m*x[t] == 0, x[0] == A, x'[0] == 0} <RETURN>
ODE classification: second-order linear ordinary differential
equation
Differential equation solution:
x(t) = A cos((sqrt(k) t)/sqrt(m))
```

Auch zur Lösung mit MATLAB geben wir die Differenzialgleichung in der Form aus Gl. 8.12 ein. Da wir symbolisch rechnen wollen, definieren wir aber zuvor die Variablen $x(t)$, k, m und A, mit denen wir symbolsich rechnen wollen. Zusätzlich definieren wir mit dem Befehl `dx = diff(x)` die Variable dx als erste Ableitung der Ortsfunktion nach der Zeit. Mit der Variablen dx und dem Befehl `dx(0) == 0` können wir den Anfangswert für die Geschwindigkeit $\dot{x}(0) = 0$ eingeben.

```
MATLAB Command Window (4)
> syms x(t) k m A <RETURN>
> dx = diff(x); <RETURN>
> dsolve(diff(x,2) + k/m*x == 0, x(0) == A, dx(0) == 0) <RETURN>
> ans =
(A*exp((t*(-k*m)^(1/2))/m))/2 + (A*exp(-(t*(-k*m)^(1/2))/m))/2
```

Im Folgenden wollen wir die Lösung der Bewegungsgleichung unseres Masse-Feder-Systems an konkreten Beispielen anwenden.

Beispiel

Der ungedämpfte harmonische Oszillator: Wir bauen ein ungedämpftes Masse-Feder-System mit einer Masse $m = 0,75\,\text{kg}$ und einer Feder mit der Federkonstante $k = 35\,\text{N}\,\text{m}^{-1}$. Zum Zeitpunkt $t = 0$ hat die Masse keine Geschwindigkeit, ist dafür aber um 10 cm aus der Gleichgewichtslage ausgelenkt. Wie groß ist die Schwingungsdauer T dieses Systems und mit welcher Funktion $x(t)$ kann man den Ort der Masse in Abhängigkeit der Zeit beschreiben?

Zur Bestimmung der Schwingungsdauer des Masse-Feder-Systems können wir zunächst die Eigenkreisfrequenz ω_0 berechnen, indem wir die angegebenen Werte für die Federkonstanten $k = 35\,\text{N}\,\text{m}^{-1}$ und für die Masse $m = 0,75\,\text{kg}$ in Gl. 8.14 einsetzen.

$$\omega_0 = \sqrt{\frac{k}{m}} = \sqrt{\frac{35\,\text{N}\,\text{m}^{-1}}{0,75\,\text{kg}}} = 6,83\,\text{s}^{-1}$$

Aus der Eigenkreisfrequenz ω_0 können wir auch die Schwingungsdauer T berechnen.

$$T = \frac{2\cdot\pi}{\omega_0} = \frac{2\cdot\pi}{6,83\,\text{s}^{-1}} = 0,92\,\text{s}$$

Als Ortsfunktion für das ungedämpfte Masse-Feder-System erwarten wir folgende Form:

$$x(t) = A\cdot\cos\left(\omega_0\cdot t + \delta\right)$$

Die Eigenkreisfrequenz ω_0 haben wir bereits berechnet. Die Amplitude entspricht der Auslenkung $x(0) = +0,1\,\text{m}$ zum Zeitpunkt $t = 0$ und beträgt daher $A = +0,1\,\text{m}$. Damit nimmt der Phasenwinkel den Wert $\delta = 0$ an und wir können die Ortsfunktion unsers Masse-Feder-Systems folgendermaßen angeben:

$$x(t) = 0,1\,\text{m}\cdot\cos\left(6,83\,\text{s}^{-1}\cdot t\right)$$

Unser Ergebnis wollen wir mit Wolfram|Alpha und MATLAB nachrechnen und die Bewegung des Masse-Feder-Systems in einem x-t-Diagramm und einem v-t-Diagramm visualisieren.

```
Wolfram|Alpha (6)
> {x''[t] + 35/0.75*x[t] == 0, x[0] == 0.1, x'[0] == 0} <RETURN>
ODE classification: second-order linear ordinary differential
equation
Differential equation solution: x(t) = 0.1 cos(6.8313 t)
```

Bei der Lösung mit MATLAB rechnen wir symbolisch und definieren zunächst die Variable $x(t)$. Durch die Eingabe von `dx = diff(x)` können wir den Anfangswert für die Geschwindigkeit in der Form `dx(0) == 0` eingeben.

```
MATLAB Command Window (5)
> syms x(t)<RETURN>
> dx = diff(x); <RETURN>
> sol=dsolve(diff(x,2) + 35/0.75*x == 0,dx(0) == 0,x(0) == 0.1)
<RETURN>
sol =
cos((2*105^(1/2)*t)/3)/10
vpa(sol,3) <RETURN>
ans =
0.1*cos(6.83*t)
```

Nun können wir die Ortsfunktion $x(t)$ unseres Masse-Feder-System plotten. Um die Bewegung der Masse für drei ganze Schwingungen zu visualisieren, wählen wir das Zeitintervall $0 \leq t \leq 3 \cdot T$. Abb. 8.5 zeigt die Bewegung des Masse-Feder-Systems in einem x-t-Diagramm und einem v-t-Diagramm.

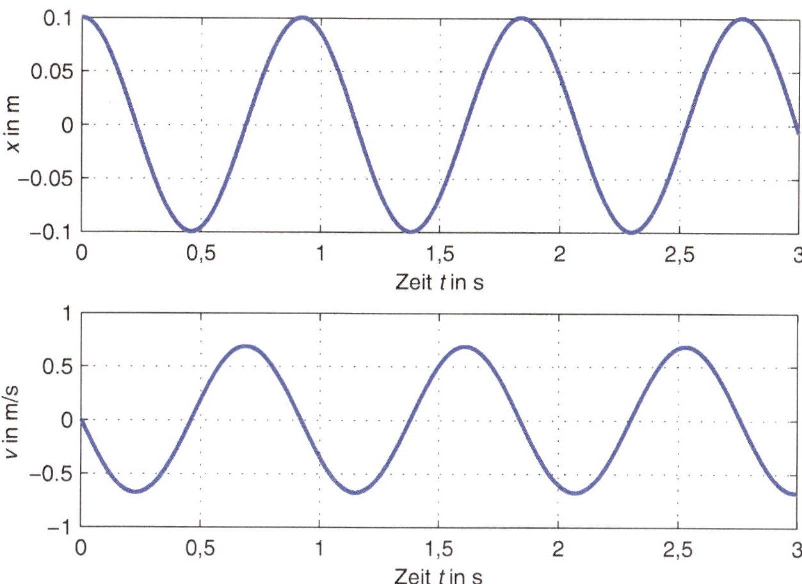

Abb. 8.5 Bewegung eines Masse-Feder-Systems in einem x-t-Diagramm (oben) und in einem v-t-Diagramm (unten)

```
Wolfram|Alpha (7)
> plot 0.1 cos(6.8313*t) from t = 0 to 3*0.92 <RETURN>
Plot:...
```

Mit MATLAB definieren wir zunächst die Variable `t` als Zeilenvektor mit Werten von $t = 0$ bis $t = 3 \cdot 0,92$ s. Als Schrittweite wählen wir hier einen Wert von $0,01$.

```
MATLAB Command Window (6)
> t = 0:0.01:3*0.92; <RETURN>
> x = cos((2*105^(1/2)*t)/3)/10; <RETURN>
> plot(t,x) <RETURN>
```

Das ungedämpfte Masse-Feder-System können wir analog zum mathematischen Pendel mit einem numerischen Verfahren lösen, das wir auch mit einer Tabellenkalkulation durchführen können. Tab. 8.2 zeigt die zur Berechnung benötigten Schritte des Verfahrens.

Die Schritte dieses Verfahrens können wir dann in ein Excel-Arbeitsblatt übertragen. Wie in Abb. 8.6 gezeigt, sind in der Spalte `A` die Werte für die einzelnen Zeitpunkte t_n eingetragen. Als Schrittweite wurde hier eine Zeit von $\Delta t = 0,001$ s und als Zeitintervall der Bereich $0 \leq t \leq 3$ s gewählt. In der Spalte `B` ist der Ort und in der Spalte `C` die Geschwindigkeit eingetragen.

```
Excel-Arbeitsblatt (Abb. 8.6)
A2 = G2
B2 = G4
C3 = G5
D2 = −35/0,75*B2
A3 = A2 + $G$3
B3 = B2 + C2*$G$3
C3 = C2 + D2*$G$3
D3 = −35/0,75*B3
```

Tab. 8.2 Numerische Berechnung des ungedämpften Masse-Feder-Systems mit Hilfe des Euler-Verfahrens

t in s	x in m	v in m s^{-1}	a in m s^{-2}
t_0	x_0	v_0	$a_0 = (-k \cdot x_0)/m$
$t_1 = t_0 + \Delta t$	$x_1 = x_0 + v_0 \cdot \Delta t$	$v_1 = v_0 + a_0 \cdot \Delta t$	$a_1 = (-k \cdot x_1)/m$
$t_2 = t_1 + \Delta t$	$x_2 = x_1 + v_1 \cdot \Delta t$	$v_2 = v_1 + a_1 \cdot \Delta t$	$a_2 = (-k \cdot x_2)/m$
$t_3 = t_2 + \Delta t$	$x_3 = x_2 + v_2 \cdot \Delta t$	$v_2 = v_2 + a_2 \cdot \Delta t$	$a_3 = (-k \cdot x_3)/m$
...	...	...	...
$t_{n+1} = t_n + \Delta t$	$x_{n+1} = x_n + v_n \cdot \Delta t$	$v_{n+1} = v_n + a_n \cdot \Delta t$	$a_{n+1} = (-k \cdot x_{n+1})/m$

	A	B	C	D	E	F	G	H
1	t in s	x in m	v in m/s	a in m/s^2				
2	0,000	0,1000	0,0000	-4,667		t0	0	s
3	0,001	0,1000	-0,0047	-4,667		Δt	0,001	s
4	0,002	0,1000	-0,0093	-4,666		x0	0,1	m
5	0,003	0,1000	-0,0140	-4,666		v0	0	m/s
6	0,004	0,1000	-0,0187	-4,665				
7	0,005	0,1000	-0,0233	-4,664				
...	...	...	...					
3002	3,000	-0,0078	-0,7307	0,366				

Abb. 8.6 Excel-Arbeitsblatt zur Berechnung des ungedämpften Masse-Feder-Systems mit dem Euler-Verfahren

Nach Markieren der Spalten `B` und `C` können wir die den Ort $x(t)$ und die Geschwindigkeit $v(t)$ Abhängigkeit der Zeit plotten. Die Ergebnisse der Tabellenkalkulation können wir wieder mit Wolfram|Alpha nachrechnen.

```
Wolfram|Alpha (8)
> forward euler method {x''[t] + 1.5/0.75*x'[t] + 35/0.75*x[t] ==
0, x[0] == 0.1, x'[0] == 0} from t=0 to 3 stepsize 0.001 <RETURN>
Stepwise results:
step | t | x | local error | global error
0 | 0. | 0.1 | 0. | 0.
150 | 0.15 | 0.0564442 | -0.000503677 | -0.000122856
300 | 0.3 | -0.0231143 | -0.000460185 | 0.000297153
450 | 0.45 | -0.0631725 | -0.000045735 | 0.000680027
...
2850 | 2.85 | 0.00598634 | -0.0000158038 | -0.000339998
3000 | 3. | 0.00145715 | -0.0000340092 | 1.92908×10^-6
```

Bei Abwesenheit von Reibung würde das Masse-Feder-System beliebig lange mit der Eigenkreisfrequenz ω_0 und einer konstanten Amplitude A schwingen. Dieses System stellt daher eine Idealisierung dar. Wir wollen im Folgenden untersuchen, was passiert, wenn auf ein reales System Reibungskräfte wirken.

Die schematische Darstellung in Abb. 8.7 zeigt ein Masse-Feder-System, in das ein Dämpfungselement eingefügt wurde. Dieses Dämpfungselement führt zu einer Reibungskraft, die der Bewegung entgegengesetzt wirkt. In diesem Fall gehen wir von einer viskosen Dämpfung aus, bei der die Reibungskraft linear mit der Geschwindigkeit zunimmt. Es handelt sich daher um die im Kap. 6 beschriebene Stokes-Reibung.

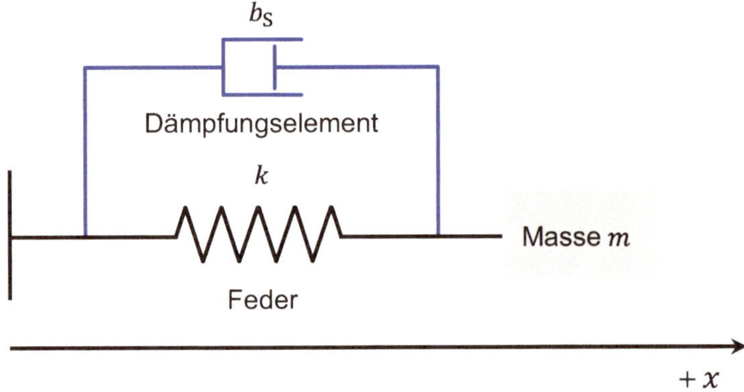

Abb. 8.7 Schematische Darstellung eines Masse-Feder-Systems mit einem Dämpfungselement, das einen Reibungskoeffizienten b_S aufweist.

In der mathematischen Beschreibung des gedämpften Systems müssen wir die zusätzliche Reibungskraft berücksichtigen. Die durch das Dämpfungselement verursachte Reibungskraft können wir folgendermaßen beschreiben:

$$\vec{F}_R = -b_S \cdot \vec{v}$$

Die Einheit des Reibungskoeffizienten b_S der Stokes-Reibung beträgt $[b_S] = \text{kg}\,\text{s}^{-1}$. Wird der Reibungskoeffizient b_S mit der Geschwindigkeit v multipliziert, ergibt sich somit die erwartete Einheit Newton (N) für die Reibungskraft. Mit dieser Reibungskraft können wir die Differenzialgleichung eines gedämpften Masse-Feder-Systems formulieren.

$$m \cdot \ddot{x} = -b_S \cdot \dot{x} - \frac{k}{m} \cdot x = 0$$

Nach Division durch die Masse m erhält man die Differenzialgleichung in Gl. 8.15.

$$\ddot{x} + \frac{b_S}{m} \cdot \dot{x} + \frac{k}{m} \cdot x = 0 \tag{8.15}$$

Man kann zeigen, dass die Lösung dieser Differenzialgleichung der Funktion in Gl. 8.16 entspricht.

$$x(t) = A \cdot e^{-\alpha \cdot t} \cdot \cos(\omega_d \cdot t + \varphi) \tag{8.16}$$

Die Amplitude nimmt hierbei exponentiell mit der Zeit t ab. Die Schwingungen klingen umso schneller ab, je größer der Dämpfungskoeffizient α ist, der mit Gl. 8.17 berechnet werden kann.

$$\alpha = \frac{b_S}{2 \cdot m} \tag{8.17}$$

Der Dämpfungskoeffizient hat die Einheit $[\alpha] = s^{-1}$, wodurch das Argument der e-Funktion in der Gl. 8.16 dimensionslos wird.

Die Eigenkreisfrequenz ω_d des gedämpften Systems verringert sich mit zunehmender Reibung gegenüber der Eigenkreisfrequenz ω_0 des ungedämpften Systems.

Die Eigenkreisfrequenz ω_d des gedämpften Systems kann mit Gl. 8.18 aus dem Reibungskoeffizienten b_S, der Masse m und der Eigenkreisfrequenz ω_0 des ungedämpften Masse-Feder-Systems berechnet werden.

$$\omega_d = \sqrt{\omega_0^2 - \left(\frac{b_S}{2 \cdot m}\right)^2} \tag{8.18}$$

Man erkennt, dass die Schwingungsdauer T mit zunehmender Dämpfung größer wird. Nimmt die Dämpfung soweit zu, dass die beiden Terme unter der Wurzel in Gl. 8.18 gleich groß werden, spricht man vom sogenannten aperiodischen Grenzfall. In diesem Fall führt die Masse keine periodische Schwingung mehr aus, sondern bewegt sich asymptotisch auf die Ausgangslage zu. Dieser Grenzfall wird erreicht, wenn der Dämpfungskoeffizient folgenden Wert erreicht:

$$b_s^2 = 4 \cdot k \cdot m$$

Nimmt im umgekehrten Fall die Reibung immer weiter ab, so verhält sich die Bewegung immer mehr wie die eines ungedämpften Masse-Feder-Systems mit der Eigenkreisfrequenz ω_0.

Beispiel

Masse-Feder-System mit viskoser Dämpfung: Das Masse-Feder-System mit der Masse $m = 0{,}75\,\text{kg}$ und der Federkonstante $k = 35\,\text{N}\,\text{m}^{-1}$ wird, wie in Abb. 8.7 gezeigt, so modifiziert, dass eine zur Geschwindigkeit proportionale Reibung auftritt. Für die Reibungskonstante nehmen wir einen Wert von $b_s = 1{,}5\,\text{kg}\,s^{-1}$ an. Als Anfangsbedingungen nehmen wir wieder eine Auslenkung $A = 0{,}1\,\text{m}$ und die Geschwindigkeit $v(0) = 0$ an. Wir wollen die Ortsfunktion $x(t)$ bestimmen.

Zur Bestimmung der Ortsfunktion $x(t)$ berechnen wir zunächst die Eigenkreisfrequenz ω_d des gedämpften Systems und den Dämpfungskoeffizienten α. Den Dämpfungskoeffizienten können wir mit Gl. 8.17 berechnen, dieser beträgt $\alpha = 1\,\text{s}^{-1}$.

Die Eigenkreisfrequenz ω_d des gedämpften Systems kann mit Gl. 8.18 durch Einsetzen der Werte für den Reibungskoeffizienten b_S, der Masse m und der Eigenkreisfrequenz $\omega_0 = \sqrt{k/m}$ des ungedämpften Systems folgendermaßen berechnet werden:

$$\omega_{\mathrm{d}} = \sqrt{\frac{35\,\mathrm{N\,m^{-1}}}{0,75\,\mathrm{kg}} - \left(\frac{1,5\,\mathrm{kg\,s^{-1}}}{2 \cdot 0,75\,\mathrm{kg}}\right)^2} = 6,76\,\mathrm{s^{-1}}$$

Die so berechneten Werte für ω_{d} und α können wir nun in die allgemeine Form der Bewegungsgleichung für eine gedämpfte Schwingung gemäß Gl. 8.16 einsetzen und erhalten folgende Ortsfunktion:

$$x(t) = 0,1\,\mathrm{m} \cdot e^{-1,00\,\mathrm{s}^{-1} \cdot t} \cdot \cos\left(6,76\,\mathrm{s}^{-1} \cdot t\right)$$

In Abb. 8.8 ist das x-t-Diagramm für den Zeitraum für drei Sekunden nach dem Start der Schwingung aus der Ausgangsposition $x(0) = 0,1\,\mathrm{m}$ dargestellt.

Die Differenzialgleichung für den gedämpften Federschwinger können wir natürlich auch mit Wolfram|Alpha und MATLAB lösen.

```
Wolfram|Alpha (9)
> {x''[t] + 1.5/0.75*x'[t] + 35/0.75*x[t] == 0, x[0] == 0.1,
x'[0] == 0} <RETURN>
ODE classification:
second-order linear ordinary differential equation
Differential equation solution:
x(t) = e^(-t) (0.0147979 sin(6.75771 t)+0.1 cos(6.75771 t))
```

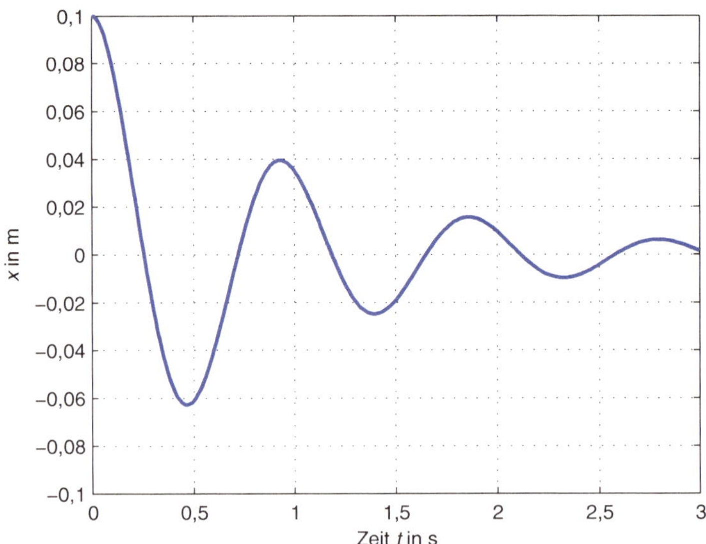

Abb. 8.8 x-t-Diagramm eines Masse-Feder-Systems mit viskoser Dämpfung

Bei MATLAB schreiben wir die Lösung der Differenzialgleichung in die Variable `sol`, um uns diese dann nachfolgend mit dem Befehl `vpa(sol,3)` auf drei signifikante Stellen ausgeben zu lassen.

```
MATLAB Command Window (7)
> syms x(t)<RETURN>
> dx = diff(x); <RETURN>
> sol = dsolve(diff(x,2) + 1.5/0.75*diff(x,1) + 35/0.75*x == 0,
dx(0) == 0,x(0) == 0.1) <RETURN>
> sol =
(exp(-t)*cos((411^(1/2)*t)/3))/10 + (411^(1/2)*exp(-t)*
sin((411^(1/2)*t)/3))/1370
> vpa(sol,3) <RETURN>
ans =
0.0148*exp(-1.0*t)*sin(6.76*t) + 0.1*exp(-1.0*t)*cos(6.76*t)
```

Das viskos gedämpfte Masse-Feder-System können wir analog zum ungedämpften System mit dem Euler-Verfahren numerisch lösen. Zur Berechnung der einzelnen Schritte können wir als Basis Tab. 8.2 verwenden, bei der wir zur Berechnung der Geschwindigkeitswerte v_n einen Term für die Dämpfung hinzufügen. Tab. 8.3 zeigt die zur Berechnung benötigten Schritte des Euler-Verfahrens, das mit einer Schrittweite von $\Delta t = 0{,}001$ s durchgeführt wird. In Abb. 8.9 ist das entsprechende Excel-Arbeitsblatt dargestellt.

```
Excel-Arbeitsblatt (Abb. 8.9)
A2 = G2
B2 = G4
C3 = G5
D2 = (-35*B2 - 1,5*C2)/0,75
A3 = A2 + $G$3
B3 = B2 + C2*$G$3
C3 = C2 + D2*$G$3
D3 = (-35*B3 - 1,5*C3)/0,75
```

Tab. 8.3 Numerische Berechnung des gedämpften Masse-Feder-Systems mit Hilfe des Euler-Verfahrens

t in s	x in m	v in m s^{-1}	a in m s^{-2}
t_0	x_0	v_0	$a_0 = (-k \cdot x_0 - b_S \cdot v_0)/m$
$t_1 = t_0 + \Delta t$	$x_1 = x_0 + v_0 \cdot \Delta t$	$v_1 = v_0 + a_0 \cdot \Delta t$	$a_1 = (-k \cdot x_1 - b_S \cdot v_1)/m$
$t_2 = t_1 + \Delta t$	$x_2 = x_1 + v_1 \cdot \Delta t$	$v_2 = v_1 + a_1 \cdot \Delta t$	$a_2 = (-k \cdot x_2 - b_S \cdot v_2)/m$
$t_3 = t_2 + \Delta t$	$x_3 = x_2 + v_2 \cdot \Delta t$	$v_2 = v_2 + a_2 \cdot \Delta t$	$a_3 = (-k \cdot x_3 - b_S \cdot v_3)/m$
...	...	...	...
$t_{n+1} = t_n + \Delta t$	$x_{n+1} = x_n + v_n \cdot \Delta t$	$v_{n+1} = v_n + a_n \cdot \Delta t$	$a_{n+1} = (-k \cdot x_{n+1} - b_S \cdot v_{n+1})/m$

	A	B	C	D	E	F	G	H
1	t in s	x in m	v in m/s	a in m/s^2				
2	0,000	0,1000	0,0000	-4,667		t0	0	s
3	0,001	0,1000	-0,0047	-4,657		Δt	0,001	s
4	0,002	0,1000	-0,0093	-4,648		x0	0,1	m
5	0,003	0,1000	-0,0140	-4,638		v0	0	m/s
6	0,004	0,1000	-0,0186	-4,628				
7	0,005	0,1000	-0,0232	-4,618				
…	…	…	…					
3002	3,000	0,0015	-0,0365	0,005				

Abb. 8.9 Excel-Arbeitsblatt zur Berechnung des viskos gedämpften Masse-Feder-Systems mit dem Euler-Verfahren

Die Ergebnisse der Tabellenkalkulation können wir wieder mit Wolfram|Alpha nachrechnen.

```
Wolfram|Alpha (10)
› forward euler method {x''[t] + 1.5/0.75*x'[t] + 35/0.75*x[t] == 0,
x[0] == 0.1, x'[0] == 0} from t=0 to 3 stepsize 0.001 <RETURN>
Stepwise results:
step | t | x | local error | global error
0 | 0. | 0.1 | 0. | 0.
150 | 0.15 | 0.0564442 | -0.000503677 | -0.000122856
300 | 0.3 | -0.0231143 | -0.000460185 | 0.000297153
450 | 0.45 | -0.0631725 | -0.000045735 | 0.000680027
...
2850 | 2.85 | 0.00598634 | -0.0000158038 | -0.000339998
3000 | 3. | 0.00145715 | -0.0000340092 | 1.92908×10^-6
```

8.4 Schwingungen in zwei Richtungen

Schwingungsfähige Systeme können so ausgelegt sein, dass diese in x- und y-Richtung unterschiedliche Schwingungsdauern haben. Abb. 8.10 zeigt ein mathematisches Pendel, bei dem durch Verschieben eines Ringes die Längen l_1 und l_2 variiert werden können. Dies hat zur Folge, dass das Pendel in x-Richtung (in der Zeichenebene), nur mit der Länge l_1 schwingen kann, in y-Richtung (senkrecht zur Papierebene) jedoch mit der Gesamtlänge L. Entsprechend resultieren die unterschiedlichen Eigenkreisfrequenzen ω_{0x} für die x-Richtung und ω_{0y} für die y-Richtung.

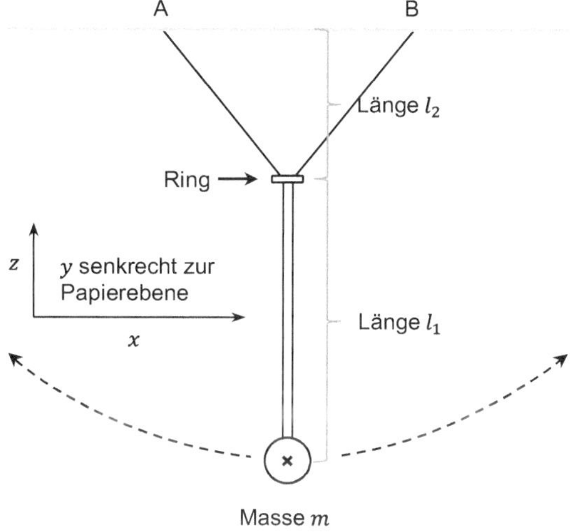

Abb. 8.10 Mathematisches Pendel in zwei Schwingungsrichtungen. Durch den beweglichen Ring können die Längen l_1 und l_2 unterschiedliche Werte annehmen.

$$\omega_{0x} = \sqrt{\frac{g}{l_1}}, \qquad \omega_{0y} = \sqrt{\frac{g}{L}}$$

Das Verhältnis der Eigenkreisfrequenzen in x- und y-Richtung kann durch Verschieben des Ringes geändert werden und beträgt $\sqrt{l_1/L}$.

Auch ein Masse-Feder-System kann man so aufbauen, dass senkrecht aufeinander stehende Schwingungen resultieren. Ein solches System ist in Abb. 8.11 dargestellt. Hier werden Federn verwendet, die in x- und y-Richtung unterschiedliche Federkonstanten aufweisen. Auch hier resultieren entsprechend unterschiedliche Eigenkreisfrequenzen für die x- und y-Richtung.

Bei der Überlagerung der beiden senkrecht zueinander verlaufenden Schwingungen können wir wieder das in Kap. 5 beschriebene Superpositionsprinzip anwenden. Die Bewegung des Massepunktes in x- und y-Richtung können wir mit folgenden Gleichungen beschreiben:

$$x(t) = A_x \cdot \cos\left(\omega_{0x} \cdot t + \delta_x\right) \tag{8.19}$$

$$y(t) = A_y \cdot \cos\left(\omega_{0y} \cdot t + \delta_y\right) \tag{8.20}$$

Verfolgt man die Bewegung der Masse in der x-y-Ebene, so wird diese durch die sogenannten Lissajous-Kurven beschrieben.

Schön anzuschauen ist ein Lissajous-Pendel, das die Kurven mit einer Spitze auf eine glatte Sandoberfläche zeichnet. Alternativ kann ein Gefäß als Masse verwendet werden, aus dem Sand in einem feinen Strahl ausläuft. Die Form der Lissajous-Kurven hängt vom Verhältnis der Eigenkreisfrequenzen, den Amplituden und den Phasenwinkeln ab.

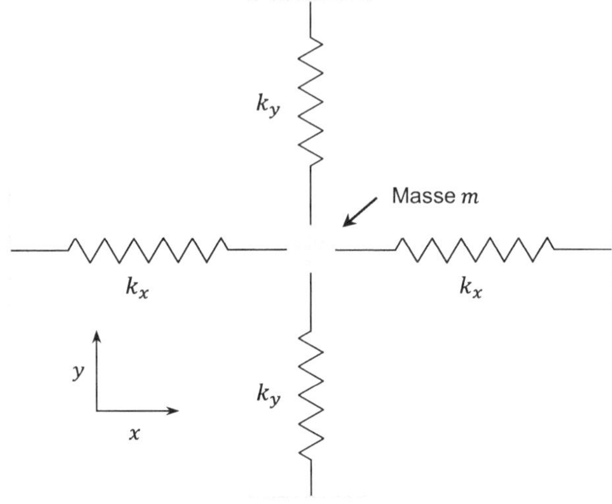

Abb. 8.11 Masse-Feder-System in zwei Schwingungsrichtungen. Das System ist aus Federn aufgebaut, die in x- und y-Richtung unterschiedliche Federkonstanten aufweisen.

Beispiel

Lissajous-Kurve: Ein reibungsfreies Masse-Feder-System schwingt in x-und y-Richtung. Die Berechnung der Eigenkreisfrequenzen ergibt $\omega_{0x} = 6,83\,\mathrm{s}^{-1}$ und $\omega_{0y} = 7,75\,\mathrm{s}^{-1}$. Die Amplitude in beiden Richtungen beträgt $A_x = A_y = 10\,\mathrm{cm}$. Wir lassen die Masse am Punkt mit den Koordinaten x $= +10\,\mathrm{cm}$ und $y = +10$ cm zum Zeitpunkt $t = 0$ starten. Wir wollen die Bahnkurve in der x-y-Ebene für das Zeitintervall $0 \leq t \leq 3\,\mathrm{s}$ visualisieren.

Zur Beschreibung der Bahnkurve können wir die in Gl. 8.19 und in Gl. 8.20 angegebenen Funktionen für die x- und y-Koordinaten anwenden. Die Amplituden A_x und A_y sowie die Eigenkreisfrequenzen ω_{0x} und ω_{0y} sind in der Aufgabenstellung bereits angegeben. Mit den Phasenwinkel δ_x und δ_y können wir den Anfangsort der Masse festlegen. In diesem Fall betragen $\delta_x = 0$ und $\delta_y = 0$, was man durch Einsetzen von $t = 0$ einfach überprüfen kann.

Mit diesen Angaben können wir die x- und y-Koordinaten in Abhängigkeit der Zeit t folgendermaßen darstellen.

$$x(t) = 0,1\,\mathrm{m} \cdot \cos\left(6,83\,\mathrm{s}^{-1} \cdot t\right)$$

$$y(t) = 0,1\,\mathrm{m} \cdot \cos\left(7,75\,\mathrm{s}^{-1} \cdot t\right)$$

Mit diesen Angaben können wir die Bahnkurve in der x-y-Ebene visualisieren. Bei Wolfram|Alpha steht hierzu mit der Eingabe `parametric plot` die in Kap. 2 beschriebene parametrische Darstellung zur Verfügung.

```
Wolfram|Alpha (11)
> parametric plot(0.1*cos(6.83*t),0.1*cos(7.75*t)) from t = 0 to
3 <RETURN>
Parametric plot:...
```

Zur Visualisierung mit MATLAB definieren wir zunächst den Zeilenvektor `t`, mit dem wir dann die Berechnung der x- und y-Koordinaten durchführen können. Als Schrittweite verwenden wir hier einen Wert von 0,01.

Die so berechneten x- und y-Koordinaten werden in den Zeilenvektoren `x` und `y` gespeichert und können mit dem Befehl `plot(x,y)` in einer Grafik dargestellt werden.

```
MATLAB Command Window (8)
> t = 0:0.01:3;<RETURN>
> x = 0.1*cos(6.83*t);<RETURN>
> y = 0.1*cos(7.75*t);<RETURN>
> plot(x,y) <RETURN>
```

Zum Zeichnen von Lissajous-Kurven steht bei Wolfram|Alpha die spezielle Eingabe `lissajous curve` zur Verfügung. In einem speziellen Eingabefeld kann man verschiedene Werte für die Kreisfrequenzen, die Phasenwinkel und die Amplituden eingeben. So kann man einmal ausprobieren, wie sich die Lissajous-Kurven mit den verschiedenen Eingaben verändern.

Auch mit Hilfe der Tabellenkalkulation Excel können die Schwingungen schnell visualisiert werden. Abb. 8.12 zeigt das Excel-Arbeitsblatt mit der Zeit t in den Zellen der Spalte `A`. In den Zellen der Spalten `B` und `C` werden dann die entsprechenden Bewegungsgleichungen für die x- und die y-Richtung eingegeben. Zum Plotten werden die Einträge der Spalte `B` und `C` markiert und über das Menüpunkte

	A	B	C	D	E	F	G	H
1	t	x(t)	y(t)					
2	0,01	0,0998	0,0997					
3	0,02	0,0991	0,0988					
4	0,03	0,0979	0,0973					
...	...	...	...					
300	2,99	-0,0001	-0,0380					
301	3,00	-0,0070	-0,0307					

Abb. 8.12 Excel-Arbeitsblatt zur Visualisierung einer Schwingung in zwei Richtungen

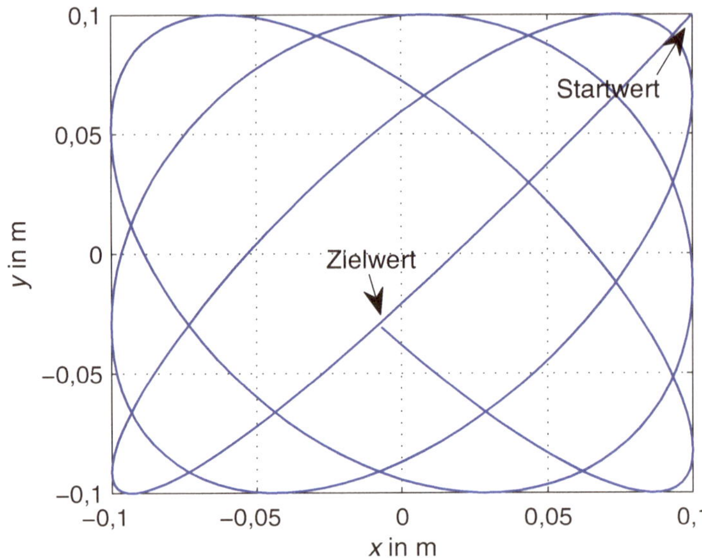

Abb. 8.13 Bewegung des Masse-Feder-Systems in x- und y-Richtung innerhalb der ersten 3 s nach dem Start aus der Ausgangsposition ($x = 0,1\,\mathrm{m}$, $y = 0,1\,\mathrm{m}$).

`Einfügen`, `Diagramme` die Darstellung `Punkt(XY)` gewählt. Abb. 8.13 visualisiert die Bewegung des Masse-Feder-Systems im Zeitintervall $0 \le t \le 3\,\mathrm{s}$.

```
Excel-Arbeitsblatt (Abb. 8.12)
B2 = 0,1*COS(6,83*A2)
C2 = 0,1*COS(7,75*A2)
```

8.5 Wellenarten und Ausbreitung

Werden mehrere schwingungsfähige Einzelelemente in einem System gekoppelt, so kann Energie zwischen den Einzelelementen ausgetauscht werden. Man unterscheidet zwischen mechanischen, elektromagnetischen und Materiewellen. Im Folgenden werden wir uns auf die mechanischen Wellen beziehen. Beispiele für mechanische Wellen sind Wasserwellen, Schallwellen oder seismische Wellen. Abb. 8.14 zeigt schematisch ein System von Massen, die mit einer Feder verbunden sind. Wird eine Masse in Schwingung versetzt, so werden die anderen Masseteilchen ebenfalls in Bewegung versetzt. Hierbei wird Energie und Impuls transportiert, ohne dass dabei ein Materialtransport erfolgt. Die Bewegung der Masseteilchen kann hierbei senkrecht oder parallel zur Ausbreitung der Welle erfolgen. Bei einer Schwingung parallel zur Ausbreitungsrichtung spricht man von einer Longitudinalwelle, bei einer Schwingung senkrecht zur Ausbreitung von einer Transver-

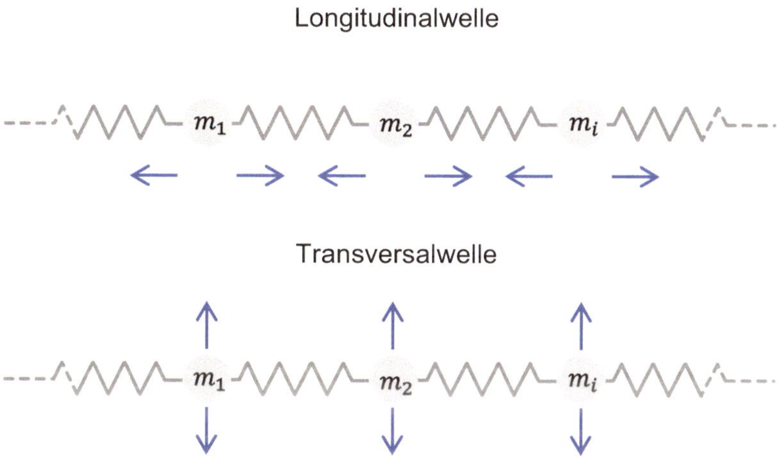

Longitudinalwelle

m_1 m_2 m_i

Transversalwelle

m_1 m_2 m_i

Abb. 8.14 Kopplung einzelner schwingungsfähiger Massen zu einem System

salwelle. Eine Welle breitet stellt eine zeitlich und räumlich periodische Änderung physikalischer Größen dar.

8.6 Warum einfach, wenn es auch kompliziert geht?

In den vorangegangenen Kapiteln haben wir häufig Beispiele aus der Physik und der Technik soweit idealisiert, dass wir diese mit einem vertretbaren Rechenaufwand mit Papier und Bleistift lösen konnten. Bei Vernachlässigung von Reibungskräften konnten wir beispielsweise häufig mit der Energieerhaltung rechnen. Auch die Lösung des mathematischen Pendels lässt sich noch gut entwickeln, wenn wir uns auf kleine Auslenkungswinkel beschränken. Hierdurch konnten wir den Sinuswert des Auslenkungswinkels durch eine lineare Funktion annähern und so der Lösung einer nicht linearen Differenzialgleichung aus dem Weg gehen.

Durch diese Vereinfachungen konnten wir die Lösungen durch analytisches Rechnen bestimmen und so ein gutes Verständnis über die physikalischen Zusammenhänge gewinnen. Ob diese Vereinfachung angemessen war, wollen wir im Folgenden überprüfen und nehmen das Zitat von Albert Einstein „Mache die Dinge so einfach wie möglich – aber nicht einfacher“ als Aufforderung.

Beispiel

Das mathematische Pendel bei großen Auslenkungen: Wir nehmen ein mathematisches Pendel mit einer Fadenlänge von 1 m an. Bei einer Erdbeschleunigung von $g = 9{,}81\,\mathrm{m\,s^{-2}}$ erwarten wir für kleine Auslenkungen eine halbe Schwingungsdauer von einer Sekunde $T/2 = 1\,\mathrm{s}$. Wie verändert sich die

Schwingungsdauer, wenn wir eine maximale Auslenkung aus der Gleichgewichtslage bis zu einem Winkel von 60° zulassen wollen?

Die Differenzialgleichung des mathematischen Pendels haben wir ja bereits in folgender Form aufgestellt.

$$\ddot{\theta} + \frac{g}{l} \cdot \sin \theta = 0$$

Wie erwähnt handelt es sich hierbei um eine nicht lineare Differenzialgleichung zweiten Grades, die sich analytisch nicht mehr so einfach lösen lässt. Zur Beschreibung des mathematischen Pendels haben wir uns in Abschn. 8.2 daher zunächst auf kleine Auslenkungswinkel beschränkt.

Bei dieser sogenannten Kleinwinkelnäherung nutzt man aus, dass wir die Sinusfunktion $\sin \theta$ für kleine Auslenkungen durch θ ersetzen können. Zunächst können wir einmal visualisieren, wie groß die Abweichungen werden, wenn wir den Sinus des Winkels durch einen linearen Term ersetzen.

Mit Wolfram|Alpha können wir beide Funktionen, die Sinusfunktion und die lineare Funktion einer Grafik darstellen, indem wir bei der Verwendung der Eingabe `plot` beide Funktionen durch ein Komma getrennt hintereinanderschreiben.

```
Wolfram|Alpha (12)
> plot(sin(theta),theta,{theta,0,pi/2}) <RETURN>
Plot:...
```

Mit MATLAB definieren wir zunächst den Zeilenvektor `theta`, mit dem wir dann bei der Eingabe des Befehls `plot` den Sinuswert und den linearen Wert berechnen können.

```
MATLAB Command Window (9)
> theta = 0:0.01:pi/2; <RETURN>
> plot(theta,theta, theta,sin(theta)); <RETURN>
```

Abb. 8.15 zeigt die Sinusfunktion und die lineare Näherung in einem Winkelbereich von 0 bis 90° (0 bis $\pi/2$ in Bogenmaß). Bei einem Auslenkungswinkeln $\theta = \pi/18$ beträgt der relative Fehler bei Verwendung der linearen Funktion anstelle der Sinusfunktion $0,5\,\%$.

Um die Schwingungsdauer zu berechnen, können wir numerische Verfahren wie beispielsweise das Runge-Kutta-Verfahren einsetzen. Bei der Berechnung mit Wolfram|Alpha geben wir hierzu die Differenzialgleichung einschließlich der Anfangswerte ein. Dann erfolgt die Angabe der numerischen Methode, mit der diese gelöst werden soll, in diesem Fall mit der Eingabe `fourth order runge kutta`. Als Abkürzung für diese Methode kann auch die Eingabe `RK4` erfolgen.

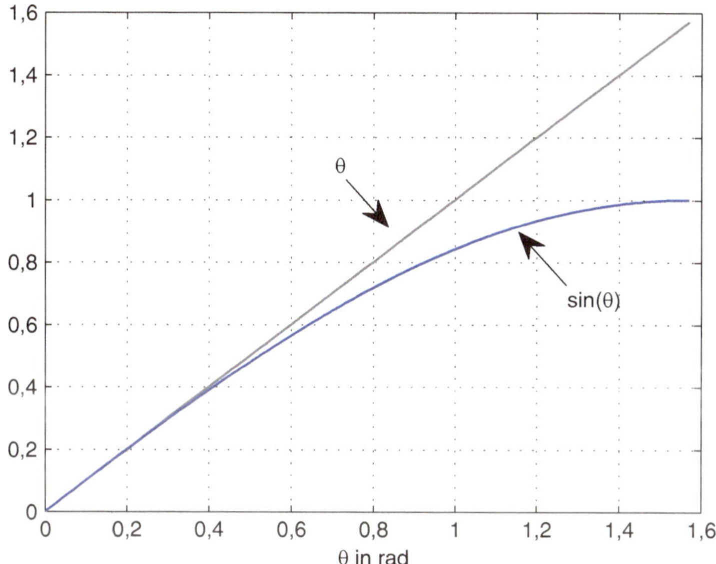

Abb. 8.15 Vergleich der Sinusfunktion $f(\theta) = \sin\theta$ mit der linearen Funktion $f(\theta) = \theta$ in einem Winkelbereich von 0 bis $\pi/2$

Schließlich geben wir noch an, welchen Zeitraum wir betrachten wollen und mit welcher Schrittweite wir die Berechnung ausführen wollen.

```
Wolfram|Alpha (13)
> solve {theta''[t] + 9.81/1*sin(theta[t]) == 0,theta'[0] == 0,
theta[0] == (pi/3)} using RK4 from t = 0 to 3 stepsize 0.1 <RETURN>
Stepwise results:
step | t | theta
0 | 0. | 1.0472
1 | 0.1 | 1.0049
2 | 0.2 | 0.880208
3 | 0.3 | 0.680468
...
29 | 2.9 | -0.609092
30 | 3. | -0.828572
```

Zur Lösung mit dem ode45 Solver von MATLAB müssen wir die Differenzialgleichung zunächst wieder in ein System von Differenzialgleichungen erster Ordnung umformen.

$$\frac{d}{dt}\begin{pmatrix}\theta(1)\\ \theta(2)\end{pmatrix} = \begin{pmatrix}\theta(2)\\ -g/l\cdot\sin\theta(1)\end{pmatrix}$$

```
MATLAB Command Window (10)
> t = [0 3]; <RETURN>
> g = 9.81; <RETURN>
> l = 1; <RETURN>
> [t, theta] = ode45(@(t,theta) [theta(2);-g/l*sin(theta(1))],
t,[pi/3;0]) <RETURN>
> table(t,theta) <RETURN>
ans =
      t                  theta
_________     ______________________
        0      1.0472              0
5.9133e-06     1.0472     -5.0238e-05
1.1827e-05     1.0472     -0.00010048
..........     ......     ...........
   2.0443       0.997         0.90601
   2.1193      1.0416         0.27799
   2.1943      1.0387        -0.35849
   2.2693     0.98809        -0.98459
   2.3443     0.89157         -1.5798
```

Abb. 8.16 zeigt die Schwingung eines Pendels bei einem Auslenkungswinkel von $\theta = 90^\circ$ $(\pi/2)$ und als Referenz dazu bei einem vergleichsweise kleinen Auslenkungswinkel von $\theta = 5^\circ$ $(\pi/36)$.

Die Schwingungsdauer des Sekundenpendels beträgt $T \approx 2\,\mathrm{s}$. Aus der Darstellung der Schwingungsdauer T in Abb. 8.16 kann man entnehmen, dass die Schwingungsdauer für den Winkel $\theta_0 = \pi/2$ deutlich gegenüber dem Wert bei $\theta_0 = \pi/36$ zunimmt und im Bereich von $T \approx 2,4\,\mathrm{s}$ liegt.

Damit können wir die Zeit berechnen, die eine Masse benötigt, um eine kreisförmige Bahn hinabzugleiten. Diese Fragestellung kam bei der Lösung des Brachistochronen-Problems in Kap. 7 auf. Als Anfangsbedingung wählen wir einfach einen Auslenkungswinkel von $\theta(0) = 90^\circ$. Führen wir die Berechnung mit diesem Auslenkungswinkel durch, so ergibt sich eine Schwingungsdauer von $T \approx 2,4\,\mathrm{s}$. Für die Laufzeit von Punkt A nach B ergäbe sich daher mit einem Viertel der Schwingungsdauer T eine Zeit von ca. 0,6 s. Damit ist diese Bewegungsbahn deutlich schneller, als die gerade Verbindung aber im Rahmen der Rechengenauigkeit nicht schneller als die parabelförmige Bahn 2.

In vielen Fällen liefern unsere idealisierten Modelle sehr gute Lösungen. Durch die analytischen Rechenmethoden werden die Zusammenhänge transparent und man erkennt, wie die Eingangsgrößen in die Berechnung eingehen.

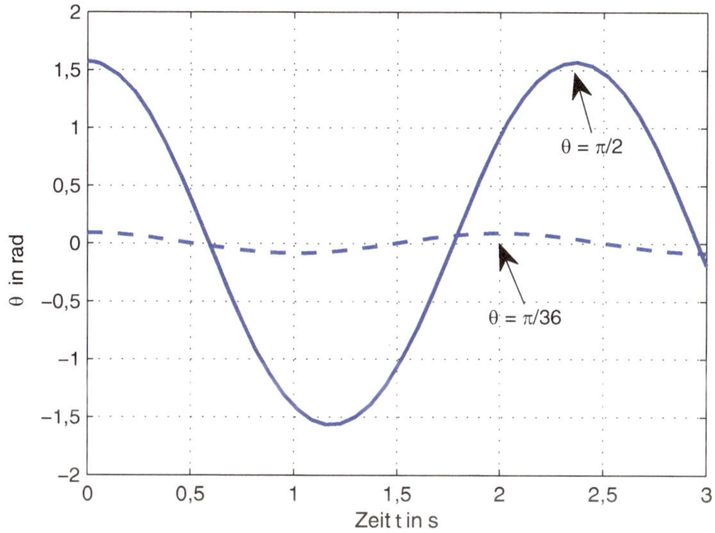

Abb. 8.16 θ-t-Diagramm eines mathematischen Pendels für die Auslenkungswinkel $\theta = \pi/2$ und $\theta = \pi/36$

Müssen zusätzliche Effekte berücksichtigt werden, so müssen wir diese Modelle erweitern. Die Lösung erfordert dann in der Regel einen höheren Rechenaufwand oder den Einsatz numerischer Methoden. Für die Berechnung der Schwingungsdauer eines Pendels mit einem großen Auslenkungswinkel können wir beispielsweise das Runge-Kutta-Verfahren anwenden.

Die Entscheidung, wann solche Methoden zum Einsatz erforderlich sind, hängen von der Aufgabenstellung und der geforderten Genauigkeit ab. Wie auch immer, der Einsatz der numerischen Verfahren wird immer attraktiver. War hierzu noch vor einigen Jahren eine Workstation oder zumindest ein leistungsstarker Desktop-Rechner erforderlich, können wir viele dieser Rechnungen heute schon auf dem Tablet oder Smartphone durchführen.

Im Folgenden sind die wichtigsten Größen und Gleichungen im Bereich der Schwingungen und Wellen zusammengefasst, weiterführende Literatur findet sich unter [1–3].

Wichtige Größen und Gleichungen zur Beschreibung mechanischer Schwingungen und Wellen

Frequenz	$f = \frac{1}{T}$
Kreisfrequenz	$\omega = 2 \cdot \pi \cdot f = \frac{2 \cdot \pi}{T}$
Differenzialgleichung des mathematischen Pendels	$\ddot{\theta} + \frac{g}{l} \cdot \sin\theta = 0$

(*Fortsetzung*)

Differenzialgleichung des mathematischen Pendels (Kleinwinkelnäherung)	$\ddot{\theta} + \frac{g}{l} \cdot \theta = 0$
Winkelfunktion des mathematischen Pendels (Kleinwinkelnäherung)	$\theta(t) = \theta_0 \cdot \cos(\omega_0 \cdot t + \delta)$
Eigenkreisfrequenz des mathematischen Pendels (Kleinwinkelnäherung)	$\omega_0 = \sqrt{g/l}$
Schwingungsdauer des mathematischen Pendels (Kleinwinkelnäherung)	$T = \frac{2 \cdot \pi}{\omega_0} = 2 \cdot \pi \sqrt{l/g}$
Differenzialgleichung des ungedämpften Masse-Feder-Systems (Federschwinger)	$\ddot{x} + \frac{k}{m} \cdot x = 0$
Ortsfunktion des ungedämpften Masse-Feder-Systems (Federschwinger)	$x(t) = A \cdot \cos(\omega_0 \cdot t + \delta)$
Eigenkreisfrequenz des ungedämpften Masse-Feder-Systems (Federschwinger)	$\omega_0 = \sqrt{k/m}$
Schwingungsdauer des ungedämpften Masse-Feder-Systems (Federschwinger)	$T = \frac{2 \cdot \pi}{\omega_0} = 2 \cdot \pi \sqrt{m/k}$
Differenzialgleichung des gedämpften Masse-Feder-Systems (viskose Dämpfung)	$\ddot{x} + \frac{b_S}{m} \cdot \dot{x} + \frac{k}{m} \cdot x = 0$
Eigenkreisfrequenz des gedämpften Masse-Feder-Systems (viskose Dämpfung)	$\omega_d = \sqrt{\omega_0^2 - \left(\frac{b_S}{2 \cdot m}\right)^2}$
Ortsfunktion des gedämpften Masse-Feder-Systems (viskose Dämpfung)	$x(t) = A \cdot e^{-\alpha \cdot t} \cdot \cos(\omega_d \cdot t + \delta)$

Zusammenfassung

- Kann in einem System Energie periodisch ausgetauscht werden, so können Schwingungen und Wellen erzeugt werden.
- Bei den mechanischen Schwingungen eines mathematischen Pendels oder eines Masse-Feder-Systems wird beispielsweise Energie zwischen potenzieller und kinetischer Energie ausgetauscht.
- Eine grundlegende Schwingungsbewegung ist die harmonische Schwingung, die durch Sinus- und Kosinusfunktionen beschrieben werden kann.
- Das Masse-Feder-System und das mathematische Pendel mit kleinen Auslenkungswinkeln werden durch lineare Differenzialgleichung beschreiben, die man noch mit „Papier und Bleistift“ lösen kann.
- Der Einsatz der Software-Tools ermöglicht aber die Berücksichtigung weiterer Effekte wie Reibung oder nicht lineare Rückstellkräfte, wodurch sich ein weites Spektrum zusätzlicher Anwendungen ergibt.
- Sind die Eingaben in die Software-Tools erst einmal erfolgt, können verschiedene Differenzialgleichungen und Anfangswerte ausprobiert werden, die ohne Rechnerunterstützung schon einigen Aufwand verursachen würden.

Literatur

1. Magnus K, Popp K, Sextro W (2013) Schwingungen. Physikalische Grundlagen und mathematische Behandlung von Schwingungen, 9. Aufl. Springer Fachmedien Wiesbaden, Wiesbaden
2. Mayr M (2008) Technische Mechanik. Statik, Kinematik – Kinetik – Schwingungen, Festigkeitslehre, 6. Aufl. Hanser, München
3. Vöth S (2006) Dynamik schwingungsfähiger Systeme. Von der Modellbildung bis zur Betriebsfestigkeitsrechnung mit MATLAB/SIMULINK, 1. Aufl. Technische Mechanik. Friedr. Vieweg & Sohn Verlag | GWV Fachverlage GmbH Wiesbaden, Wiesbaden

9 Physik, Science Fiction und klassische Mechanik

Wir gehen davon aus, dass physikalische Gesetze eine universelle Geltung haben. Beispielsweise sollte die Gleichung zur Berechnung der Schwingungsdauer eines mathematischen Pendels auch zukünftig und auch an anderen Orten gelten. Da in die Formel für die Schwingungsdauer T die Erdbeschleunigung g eingeht, würden wir den jeweiligen Wert für g einsetzen und damit die Schwingungsdauer für jeden beliebigen Ort berechnen können.

Auf dem Mars würden wir anstatt $g = 9{,}81 \text{ m s}^{-2}$ den Wert $3{,}71 \text{ m s}^{-2}$ einsetzen. Damit könnten wir voraussagen, dass ein Sekundenpendel, das auf der Erde eine Schwingungsdauer von $T/2 \approx 1$ s hat, auf den Planeten Mars gebracht eine Schwingungsdauer von $T/2 \approx 1{,}63$ s haben würde.

Auch andere Ereignisse oder Szenarien in der Zukunft können so analysiert werden, wodurch die Anwendung der Physik auf das Genre Science Fiction natürlich sehr interessant ist.

Beim Anschauen von Science-Fiction-Filmen ergeben sich daher häufig interessante Fragestellungen. Angefangen beim Supraleiter mit der Bezeichnung „Unobtanium“ im Science-Fiction-Film Avatar (2009), der Reise durch den Erdmittelpunkt mit dem Hochgeschwindigkeitstransporter „The Fall“ im Film Total Recall (2012) bis hin zur Frage, ob und wie sich die Missionsspezialistin Dr. Ryan Stone im Film Gravity (2013) mit einem Feuerlöscher bis zur nächsten Raumstation retten kann. Auch die Realisierung der künstlichen Schwerkraft in der Raumstation des Filmes Elysium (2013) und die Zeitdilatation im Film Interstellar (2014) kann mit physikalischen Gesetzen hinterfragt werden. Im Folgenden werden wir drei der oben aufgeführten Fragestellungen näher untersuchen, die mit den in diesem Buch behandelten Methoden der klassischen Mechanik analysiert werden können.

Bezüglich der Physik des Science-Fiction-Films Interstellar gibt es ein interessantes Video von Neil DeGrasse Tyson [1], der auch den Film Gravity aus naturwissenschaftlicher Sicht analysiert [2].

P. Kersten, *Mechanik – smart gelöst*, DOI 10.1007/978-3-662-53706-0_9

9.1 Künstliche Schwerkraft im Stanford-Torus

Eine interessante Frage ist, wie bei zukünftigen Reisen zu anderen Planeten oder bei längeren Aufenthalten in Raumstationen eine künstliche Schwerkraft aufgebaut werden kann. Eine Möglichkeit könnte darin bestehen, eine Raumstation als sogenannten Stanford-Torus auszuführen. Durch die Drehung um seine eigene Achse wirkt eine Fliehkraft auf die Innenseite des Torus, mit der man eine künstliche Schwerkraft simulieren könnte.

Diese Idee wird auch in dem im Jahr 2013 erschienenen Science-Fiction-Film Elysium aufgegriffen. Im Jahre 2154 leben die Privilegierten in der Raumstation Elysium, die als Stanford-Torus aufgebaut ist. Die resultierende Fliehkraft wird mit der Drehzahl so eingestellt, dass diese dem Betrag der Erdbeschleunigung $g = 9,81\ \text{m s}^{-2}$ entspricht.

Beispiel

Künstliche Schwerkraft im Stanford-Torus: Nehmen wir einmal einen Stanford-Torus mit einem Durchmesser von $D = 1,8$ km an. Mit welcher Drehzahl in U min^{-1} müsste sich dieser um seine Achse drehen, um eine Fliehkraft zu erzeugen, die dem Betrag der Erdbeschleunigung $g = 9,81\ \text{m s}^{-2}$ entspricht?

Um mit Hilfe der der Fliehkraft eine künstliche Schwerkraft zu simulieren, muss eine Zentripetalbeschleunigung erreicht werden, die in etwa dem Wert der Erdbeschleunigung $g = 9,81\ \text{m s}^{-2}$ entspricht. Den Betrag der Zentripetalbeschleunigung a_{ZP} können wir mit der in Kap. 5 hergeleiteten Formel berechnen.

$$a_{ZP} = \omega^2 \cdot r$$

Mit Wolfram|Alpha geben wir die Gleichung für die Zentripetalbeschleunigung mit den Werten $a_{ZP} = 9,81\ \text{m s}^{-2}$ und $D = 1.800$ m ein und lösen die Gleichung dann nach der Variablen n auf. Da wir unser Ergebnis in der Einheit U min^{-1} für die Drehzahl angeben wollen, berücksichtigen wir dies bereits bei der Eingabe. Da die Formel für die Zentripetalbeschleunigung die Eingabe einer Winkelgeschwindigkeit voraussetzt, rechnen wir den Wert für die Drehzahl n zuvor in den Wert für die Winkelgeschwindigkeit ω um.

```
Wolfram|Alpha (1)
> 9.81 = 1800/2*(n/60*2*pi)^2, solve U <RETURN>
Result: n~~±0.99698
```

Auch mit MATLAB können wir mit Hilfe des symbolischen Rechnens die Formel nach n auflösen.

```
MATLAB Command Window (1)
> syms n <RETURN>
> double(solve(1800/2*(n/60*2*pi).^2 == 9.81,n)) <RETURN>
ans =
    0.9970
   -0.9970
```

Der Torus müsste sich also mit einer Drehzahl von $n \approx 1$ U min^{-1} um seine eigene Achse drehen, um die Schwerkraft der Erde zu simulieren.

9.2 Reise durch den Erdmittelpunkt

In dem im Jahr 2012 erschienenen Science-Fiction-Film Total Recall sind nach einem Weltkrieg nur noch zwei Länder bewohnbar und zwar Großbritannien und Australien. Großbritannien und Australien, im Film auch als „die Kolonie“ bezeichnet, werden durch einen Tunnel durch die Erde verbunden, der nahe am Erdmittelpunkt vorbeiführt. In dem Tunnel pendelt der Hochgeschwindigkeitstransporter „The Fall“ im freien Fall von einer Seite zur anderen. Auch wenn die technische Realisierung für eine solche Verbindung unmöglich erscheint, wäre es natürlich interessant zu wissen, mit welcher Reisezeit wir für eine solche Fahrt rechnen müssten.

Beispiel

Reise durch den Erdmittelpunkt: In einem Tunnel durch den Erdmittelpunkt bewegt sich ein Hochgeschwindigkeitstransporter im freien Fall von einer Seite zur anderen. Der mittlere Erdradius beträgt $R = 6.371.000$ m. Welche maximale Geschwindigkeit $v_{\max}$ erreicht der Hochgeschwindigkeitstransporter und an welchem Punkt? Wie lange dauert eine Reise von Großbritannien nach Australien, wenn wir von einem reibungsfreien System ausgehen?

Da wir Reibungskräfte ausgeschlossen haben, können wir zur Berechnung der maximalen Geschwindigkeit den Energieerhaltungssatz der Mechanik verwenden. Dieser besagt, dass die Summe aus potenzieller und kinetischer Energie konstant bleibt. Am Erdmittelpunkt wird die gesamte potenzielle Energie in kinetische Energie umgeformt. Die potenzielle Energie ergibt sich aus der Integration der Gewichtskraft über den Weg. Die Gewichtskraft in Abhängigkeit vom Abstand zum Erdmittelpunkt ist schematisch in Abb. 9.1 dargestellt.

Unter der vereinfachten Annahme, dass wir die Erde durch eine Kugel mit homogener Masseverteilung mit dem Radius R modellieren können, nimmt die Gewichtskraft vom Erdmittelpunkt an gemäß Gl. 9.1 linear zu, bis diese den maximalen Wert von $F_G = m \cdot g$ an der Erdoberfläche erreicht.

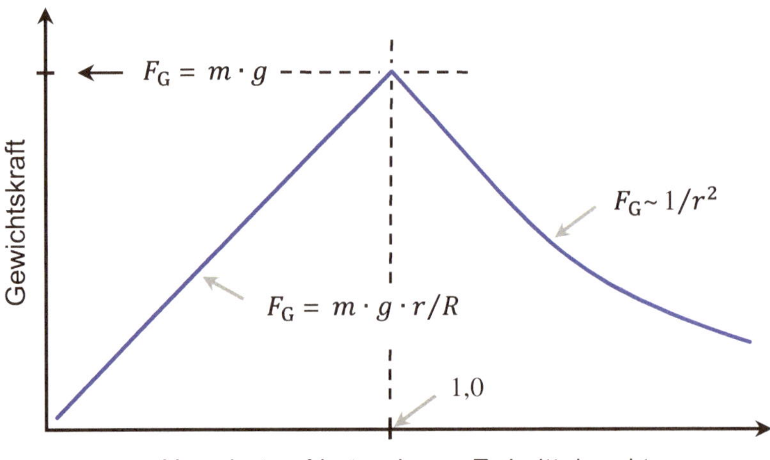

Abb. 9.1 Gewichtskraft in Abhängigkeit des normierten Abstandes zum Erdmittelpunkt

$$F_G = m \cdot g \cdot \frac{1}{R} \cdot r \tag{9.1}$$

Die potenzielle Energie an der Erdoberfläche können wir durch Integration der Gewichtskraft F_G vom Erdmittelpunkt $(r = 0)$ bis zur Erdoberfläche $(r = \mathrm{R})$ berechnen.

$$E_{\text{pot}} = \int_0^R m \cdot g \cdot \frac{1}{R} \cdot r dr = \left[\frac{1}{2} \cdot m \cdot g \cdot \frac{1}{R} \cdot r^2\right]_0^R = \frac{1}{2} \cdot g \cdot m \cdot R$$

Das bestimmte Integral zur Berechnung der potenziellen Energie können wir natürlich auch mit Wolfram|Alpha und MATLAB berechnen.

```
Wolfram|Alpha (2)
> integrate m*g*1/R*r from r = 0 to R <RETURN>
Definite integral: integral_0^R (m g r)/R dr = (g m R)/2
```

Die Berechnung des Integrals mit MATLAB erfolgt mit Hilfe des symbolischen Rechnens.

```
MATLAB Command Window (2)
> syms E(r) m g R <RETURN>
> E(r) = m*g*1/R*r; <RETURN>
> int(E(r),0,R) <RETURN>
ans =
(R*g*m)/2
```

Die so berechnete potenzielle Energie $E_{pot} = 1/2 \cdot g \cdot m \cdot R$ formt sich am Erdmittelpunkt vollständig in die kinetische Energie E_{kin}^{trans} um, wodurch an diesem Punkt die maximale Geschwindigkeit v_{max} erreicht wird.

$$E_{kin}^{trans} = E_{pot}$$

$$\frac{1}{2} \cdot m \cdot v_{max}^2 = \frac{1}{2} \cdot g \cdot m \cdot R \tag{9.2}$$

Durch Einsetzen der Werte für g und R in Gl. 9.2 können wir die maximale Geschwindigkeit v_{max} berechnen.

$$v_{max} = \sqrt{g \cdot R} = \sqrt{9{,}81 \text{ m s}^{-2} \cdot 6.371.000 \text{ m}} = 7.906 \text{ m s}^{-1}$$

Eine reibungsfreie Bewegung angenommen, erreicht der Hochgeschwindigkeitstransporter somit am Erdmittelpunkt die Geschwindigkeit $v_{max} = 7.906 \text{ m s}^{-1} = 28.461 \text{ km h}^{-1}$.

Das Ergebnis können wir mit Wolfram|Alpha noch einmal nachrechnen, indem wir die gegebenen Werte in Gl. 9.2 einsetzen und dann nach v_{max} auflösen.

```
Wolfram|Alpha (3)
> 1/2*m*9.81*6371000 = 1/2*m*v^2, solve v <RETURN>
Result: v~~±7905.7
```

Auch mit MATLAB können wir das Ergebnis noch einmal nachprüfen. Mit der Eingabe des Befehls `vpa(...,5)` lassen wir uns das Ergebnis mit fünf signifikanten Stellen anzeigen.

```
MATLAB Command Window (3)
> syms m v <RETURN>
> g=9.81; <RETURN>
> R=6371000; <RETURN>
> vpa(solve(1/2*m*g*R==1/2*m*v^2,v),5) <RETURN>
ans =
  7905.7
```

Wie lange dauert aber die einfache Fahrt? Um diese Frage zu beantworten, müssen wir die folgende Differenzialgleichung lösen.

$$m \cdot \ddot{r}(t) - m \cdot \frac{g}{R} \cdot r(t) = 0$$

$$\ddot{r}(t) - \frac{g}{R} \cdot r(t) = 0$$

Die Form dieser Differenzialgleichung ähnelt der Form, die wir bereits in Kap. 8 für das ungedämpfte Masse-Feder-System kennengelernt haben. Nach Einsetzen der Werte für $g = 9,81\ \mathrm{m\ s^{-2}}$ und für $R = 6.371.000\ \mathrm{m}$ können wir folgende Differenzialgleichung formulieren:

$$\ddot{r}(t) - \frac{9,81\ \mathrm{m\ s^{-2}}}{6.371.000\ \mathrm{m}} \cdot r(t) = 0$$

Als Lösung dieser linearen Differenzialgleichung zweiter Ordnung erwarten wir eine harmonische Schwingung mit der Funktion $r(t)$ in folgender Form:

$$r(t) = A \cdot \cos(\omega_0 \cdot t + \delta) \qquad (9.3)$$

Zur Berechnung der speziellen Lösung müssen wir noch die Anfangswerte berücksichtigen. Wir gehen davon aus, dass die Kabine zum Zeitpunkt $t = 0$ keine Anfangsgeschwindigkeit besitzt $v(0) = \dot{r}(0) = 0$ und in der Nähe der Erdoberfläche startet: $r(0) = R = 6.371.000$ m. Mit diesen Informationen können wir mit folgender Eingabe die Differenzialgleichung mit Wolfram|Alpha lösen:

```
Wolfram|Alpha (4)
> r[t]'' + 9.81/6.371e6*r[t] == 0, r[0] == 6.371e6, r'[0] ==
0 <RETURN>
ODE classification:
second-order linear ordinary differential equation
Differential equation solution:
r(t) = 6371000 cos(0.00124088 t)
```

Zur Lösung dieser Aufgabe mit MATLAB definieren wir zunächst die Variable $r(t)$, mit der wir nachfolgend symbolisch rechnen. Mit dem Befehl `dr = diff(r)` definieren wir die erste und mit dem Befehl `d2r = diff(r,2)` die zweite Ableitung. Mit dem Befehl `dr(0) == 0` geben wir den Anfangswert für die Geschwindigkeit $\dot{r}(0) = 0$ ein. Mit dem Befehl `vpa(sol,5)` lassen wir uns das Ergebnis, das wir in der Variablen `sol` zugewiesen haben, auf fünf signifikante Stellen anzeigen.

```
MATLAB Command Window (4)
> syms r(t) <RETURN>
> R = 6371000; <RETURN>
> g = 9.81; <RETURN>
> dr = diff(r); d2r = diff(r,2); <RETURN>
> sol=dsolve(d2r == -g/R*r,r(0) == R,dr(0) == 0); <RETURN>
> vpa(sol,5) <RETURN>
ans =
6.371e6*cos(0.0012409*t)
```

Vergleichen wir die mit Wolfram|Alpha und MATLAB berechnete Lösung mit der erwarteten Form der Ortsfunktion in Gl. 9.3, können wir folgenden Wert für die Eigenkreisfrequenz ω_0 feststellen:

$$\omega_0 \approx 0,00124\ \text{s}^{-1}$$

Damit können wir nun auch die Schwingungsdauer T berechnen.

$$T = \frac{2 \cdot \pi}{\omega_0}$$

Die Schwingungsdauer beträgt also $T \approx 5.063\ \text{s} = 84,4\ \text{min}$.

Um die Geschwindigkeitsfunktion $v(t)$ des Hochgeschwindigkeitstransporters zu bestimmen, leiten wir die Ortsfunktion einmal nach der Zeit ab.

$$r(t) = R \cdot \cos(\omega \cdot t) \tag{9.4}$$

$$\frac{dr(t)}{dt} = v(t) = -\omega \cdot R \cdot \sin(\omega \cdot t) \tag{9.5}$$

Mit der Geschwindigkeitsfunktion können wir nun auch die zuvor bestimmte Maximalgeschwindigkeit berechnen. Diese wird erwartungsgemäß am Erdmittelpunkt erreicht. Beim ersten Durchgang durch den Erdmittelpunkt ($\omega \cdot t = \pi/2$) nimmt die Sinusfunktion den Wert 1 an und wir erreichen die maximale Geschwindigkeit. Das negative Vorzeichen resultiert daraus, dass die Geschwindigkeit an diesem Punkt entgegengesetzt zum Ortsvektor in der Startposition bei $t = 0$ gerichtet ist. Nach dem Einsetzen der Werte für ω und R erhalten wir als Betrag der maximalen Geschwindigkeit einen Wert von $v \approx 7.900\ \text{m}\ \text{s}^{-1}$. Dieses Ergebnis entspricht dem, das wir zuvor mittels Energieerhaltungssatz berechnet haben. Damit konnten wir unsere Geschwindigkeitsfunktion $v(t)$ in Gl. 9.5 zu einem weiteren Zeitpunkt überprüfen.

Auch hier erhalten wir den Wert $T \approx 84$ min für die gesamte Schwingungsdauer. Für die einfache Fahrt von der Nord- zur Südhalbkugel müssten wir also die Zeit $T/2 \approx 42$ min einplanen. Nicht schlecht, wenn man bedenkt, dass man selbst mit modernen Langstreckenflugzeugen für einen Flug von London nach Sydney immer noch eine Zwischenlandung einplanen muss.

9.3 Rettung durch den Feuerlöscher

In dem im Jahr 2013 erschienenen Kinofilm Gravity sind der Astronaut Matt Kowalski und die Missionsspezialistin Dr. Ryan Stone zur Reparatur des Hubbleteleskops in einem Außeneinsatz im Weltraum, als sie von den Trümmerteilen eines Satelliten getroffen werden. Nach vielen spannenden Szenen kann sich die Missionsspezialistin mit Hilfe des Rückstoßes eines Feuerlöschers mit letzter Kraft zu einer chinesischen Raumstation retten.

Beispiel

Rettung durch einen Feuerlöscher: Um die Bewegungsänderung der Missionsspezialistin durch das Betätigen eines Feuerlöschers abzuschätzen, treffen wir folgende Annahmen:

- Die Masse der Missionsspezialistin einschließlich ihres sehr schweren Schutzanzuges beträgt 200 kg
- Es handelt sich um einen ABC-Pulverlöscher mit 6 kg Löschpulver
- Das Eigengewicht des Feuerlöschers wird vernachlässigt
- Die Reichweite des Feuerlöschers auf der Erde wird mit 3 bis 8 m angegeben

Wie schnell kann die Missionsspezialistin aus dem Stand ($v_0 = 0$) werden, wenn das gesamte Löschpulver eingesetzt wird?

Diese Aufgabe können wir mit der Impulserhaltung berechnen. Da von außen keine zusätzlichen Kräfte wirken, bleibt der Gesamtimpuls des Systems Missionsspezialistin und Feuerlöscher, einschließlich des darin enthaltenen Löschpulvers, erhalten. Der Impuls vor der Betätigung des Feuerlöschers beträgt null, da die Astronautin, der Feuerlöscher und das Löschpulver keine Geschwindigkeit haben.

Nach dem Stoß bezeichnen wir den Impuls der Missionsspezialistin und des leeren Feuerlöschers mit $\vec{p}_M$. Das ausgeströmte Löschpulver mit der Masse m_{LP} und der Geschwindigkeit v_{LP} besitzt den Impuls $\vec{p}_{LP}$. Damit können wir folgende Gleichung aufstellen.

$$\vec{p}_{nach} = \vec{p}_M + \vec{p}_{LP} = m_M \cdot \vec{v}_M + m_{LP} \cdot \vec{v}_{LP} = \vec{p}_{vor} = 0$$

Um die Geschwindigkeit v_M berechnen zu können, fehlt uns noch die Geschwindigkeit des ausströmenden Löschpulvers. In den Datenblättern des Feuerlöschers finden wir darüber aber keine Angaben, jedoch wird die Reichweite von 3 bis 8 m des Löschpulvers angegeben, wenn dieser auf dem Planeten Erde eingesetzt wird. In Kap. 5 haben wir die Reichweite bei einem schrägen Wurf in Abhängigkeit der Geschwindigkeit und des Winkels berechnet. Die maximale Reichweite lässt sich folgendermaßen berechnen:

$$R = v^2/g$$

Damit könnten wir nun die Geschwindigkeit des Löschpulvers abschätzen. Wir gehen im optimalen Fall daher von einer Reichweite $R = 8$ m aus.

$$v = \sqrt{R \cdot g} = \sqrt{8\ \text{m} \cdot 9{,}81\ \text{m s}^{-2}} \approx 8{,}9\ \text{m s}^{-1}$$

Damit ergibt sich für die Geschwindigkeit des ausströmenden Gases ein Wert von $v \approx 8,9\ \mathrm{m\,s^{-1}}$, mit dem wir nun den Impuls der Missionsspezialistin berechnen können, nachdem der Feuerlöscher vollständig entleert wurde.

$$\vec{p}_{\mathrm{M}} = -\vec{p}_{\mathrm{LP}}$$

$$m_{\mathrm{M}} \cdot \vec{v}_{\mathrm{A}} = -m_{\mathrm{LP}} \cdot \vec{v}_{\mathrm{LP}}$$

$$\vec{v}_{\mathrm{A}} = -\frac{m_{\mathrm{LP}} \cdot \vec{v}_{\mathrm{LP}}}{m_{\mathrm{M}}} = -\frac{6\ \mathrm{kg} \cdot 8,9\ \mathrm{m\,s^{-1}}}{200\ \mathrm{kg}} = -0,27\ \mathrm{m\,s^{-1}}$$

Die Missionsspezialistin könnte also mit diesem Trick ihre Geschwindigkeit lediglich um den Wert $\Delta v \approx 0,27\ \mathrm{m\,s^{-1}}$ steigern. Dieses Manöver wäre daher in „Wirklichkeit" wesentlich unspektakulärer als im Kinofilm [3]. Das negative Vorzeichen weist darauf hin, dass die Bewegung der Missionsspezialistin in der entgegengesetzten Richtung zum austretenden Löschpulvers erfolgt.

Wenn wir davon ausgehen, dass physikalische Gesetze universelle Geltung haben, können wir auch Ereignisse und Szenarien in der Zukunft analysieren, was die Anwendung der Physik auf das Genre Science Fiction sehr interessant macht.

Literatur

1. (2014) Neil deGrasse Tyson Explains the end of ‚Interstellar'. [YouTube-Video]. https://www.youtube.com/watch?v=R1cexcjdyIE&feature=youtu.be. Zugegriffen am 10.04.2016
2. Neil deGrasse Tyson: ‚Gravity' Is great, but here's what it got wrong. [YouTube-Video]. https://www.youtube.com/watch?v=6Di8hFlDx2U&feature=youtu.be. Zugegriffen am 24.08.2016
3. (2013) Gravity – Official main trailer. [YouTube-Video]. https://www.youtube.com/watch?v=OiTiKOy59o4&nohtml5=False. Zugegriffen am 09.04.2016

Sachverzeichnis

P. Kersten, *Mechanik – smart gelöst*, DOI 10.1007/978-3-662-53706-0